男人靠吃也靠补，吃好吃对健康一生。男人究竟该怎么吃？怎么补？了解男性养生药膳不仅能补肾壮阳增强体质，而且有益于养生健康！

男性养生药膳
大全

尤优 主编

北京联合出版公司
Beijing United Publishing Co.,Ltd.

北京科学技术出版社

图书在版编目（CIP）数据

男性养生药膳大全/尤优主编 . —北京: 北京联合出版公司,
2014.1（2024.8 重印）
ISBN 978-7-5502-2399-8

Ⅰ . ①男… Ⅱ . ①尤… Ⅲ . ①男性—食物养生—食谱 Ⅳ .
① R247.1 ② TS972.164

中国版本图书馆 CIP 数据核字（2013）第 293158 号

男性养生药膳大全

主　　编：尤　优
责任编辑：孙志文
封面设计：韩　立
内文排版：盛小云

北京联合出版公司　出版
北京科学技术出版社
（北京市西城区德外大街 83 号楼 9 层　100088）
鑫海达（天津）印务有限公司印刷　新华书店经销
字数 350 千字　　720 毫米 ×1020 毫米　1/16　20 印张
2014 年 1 月第 1 版　2024 年 8 月第 4 次印刷
ISBN 978-7-5502-2399-8
定价：68.00 元

"男人活得太累"已成为当代普遍存在的状况。作为家庭的主力军，既要应对繁重的工作来养家，又要赡养老人、教育子女，从而成为社会上心理负担最重、工作与生活压力最大的人群。男人为了家庭和事业往往会忽视了健康的隐患，对自己身体的种种不良反应及一些疾病的前兆缺乏认识，以致在身体发生不良反应时，没有足够重视，再加上受自身体质、生活习惯、外界环境以及心理压力等因素的影响，使得许多病症都悄无声息地袭击着看似健康的男人，最终"养痈成患"。

男人如车，需要及时保养，若等到身体某个零件松了，某个部位罢工了，再去求医，则为时已晚。人生漫漫长路，男人这辆车，承载着女人的快乐、家人的幸福，必须好好爱护与珍惜。生了病必须要去医治，不能仅仅依靠药物治疗。所谓求医不如求己，防病远胜于治病。健康最大的敌人不是疾病，而是自己，提高自身的保健意识、掌握科学的养生之道对男性的身体健康有着十分重要的意义。

现代养生提倡的原则是在不伤根本的前提下，无所不用其极，比如汤药、食疗、运动、按摩等手段都一起用上，尽快把病根治了。时下很多男性会选择昂贵的保健品来保养自己的身体，其实很多常见的药材和食物在疗效与营养上完全能胜过所谓的保健品，这亦是药膳养生为何这样受人们推崇的原因。药膳养生，是男性养护五脏、防病治病的一条最安全、最有效、最便捷的途径，正确合理的食疗可以使男性精力充沛、魅力绽放。

本书的编写参考了《黄帝内经》、《本草纲目》这两本医学著作，对《黄帝内经》里所讲的男性养生进行了扩充、讲解，结合《本草纲目》里的药材和食物功效，将对男性有益的食物均搭配合理的药膳进行调理。此外，还分别从男性常见的亚健康症状、中老年男性常见病、男科常见病三个角度来分析男性疾病，对50种常见的男性病症进行了总结和分析，列举对症药膳供广大男性患者选择。希望男性读者能从中受益，做好日常保健护理，远离疾病的困扰。需要提醒读者的是，药膳只是辅助治疗与调理的手段，一旦生病，一定要及时就送，切不可延误病情。

目录

第一章｜博古通今，全面了解男性养生

第二章 《本草纲目》解析75种男性保健食物

第三章 | 14种男性亚健康症状食疗药膳

第四章 | 22种中老年男性高发病症食疗药膳

第五章　14种常见男科疾病食疗药膳

第一章

博古通今，全面了解男性养生

　　男性养生保健不仅关系着男人的自身健康，而且也关系到整个家庭的幸福。在男人的潜意识里，自己是家庭的顶梁柱，是强壮的，所以用心专注事业，往往会忽视健康的隐患，因此"40岁前拿身体挣钱，40岁后拿钱买身体"似乎成了大多数男人最真实、最贴切的写照。为了改变这种状况，男性的养生保健不可忽视。本章内容"古""今"结合，"古"源自于《黄帝内经》，融合了《黄帝内经》里所讲的男性养生知识，并对其进行了扩充，从男性健康的必备条件、五种男性体质调理以及五脏养生、以"八"为律的阶段养生等方面进行了介绍；"今"则立足于科学养生，通过了解药材、食材、药膳的应用常识，熟悉药膳的烹饪工艺、药膳的选用原则、药材的配伍宜忌等常识，更好地帮助读者掌握正确的男性养生的方法和方式，做到不盲目养生，科学养生。

《黄帝内经》中的男性阶段养生秘诀

《黄帝内经》认为，所有生命现象都表现出一种周期性，具体到人体也是如此，都有一个从生到死的生理周期。养生除了要遵循自然规律和生活规律之外，人体的生理变化规律也不容忽视。以人体生理变化规律为理论基础，根据人在每个周期内的变化而进行相应的养生行为，就叫阶段养生。阶段养生与人的生理变化周期相关，《黄帝内经》中对于阶段养生，有"女七男八"的观点，这里我们依据《素问·上古天真论篇》中的分法，以"八"为律，介绍男性的阶段养生。

1."一八""二八"——发育期和青春期

"一八"，即8岁，《黄帝内经》中讲："丈夫八岁，肾气实，发长齿更。"即男孩到了8岁的时候，肾气开始充实，头发茂盛，牙齿更换。男子肾气充足的一个表现就是头发乌黑粗壮，8岁后男孩子的头发生长较快，这是精血充盈的表现，另外，乳牙开始脱落，换上恒牙。

"二八"，即16岁，《黄帝内经》中讲："二八，肾气盛，天癸至，精气溢泻，阴阳和，故能有子。"天癸是一种主宰男子生殖能力的基本物质。男子16岁时，肾气充盛，精子已经发育成熟，骨骼也在不断发育，饭量增加，此时是身体生长发育的高峰。

（1）营养需求——均衡营养、合理补钙

"一八""二八"这两个阶段的男子正值身体发育的时期，从长头发、换牙、骨骼发育到精子成熟，这些过程都要求平日饮食营养要均衡，钙质要充足，多食富含蛋白质、维生素，以及钙、锌、硒等矿物质的食物，以保证健康成长。

此阶段的男子应常喝牛奶，以保证钙质的摄入，促进骨骼的生长；多食富含蛋白质的食物，如

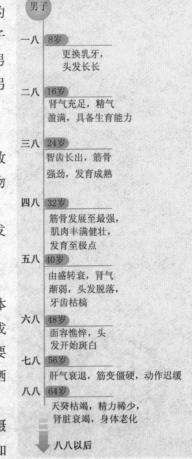

男子

一八　8岁　更换乳牙，头发长长

二八　16岁　肾气充足，精气盈满，具备生育能力

三八　24岁　智齿长出，筋骨强劲，发育成熟

四八　32岁　筋骨发展至最强，肌肉丰满健壮，发育至极点

五八　40岁　由盛转衰，肾气渐弱，头发脱落，牙齿枯槁

六八　48岁　面容憔悴，头发开始斑白

七八　56岁　肝气衰退，筋变僵硬，动作迟缓

八八　64岁　天癸枯竭，精力稀少，肾脏衰竭，身体老化

八八以后

鱼类、蛋类、瘦肉类、虾等。多吃蔬菜、瓜果、菌类食物以保证维生素C、维生素E的摄入。饮食不宜太精细，多吃五谷杂粮，如糙米、玉米、高粱、小米、荞麦等，以保证B族维生素和维生素D的摄入。适当食用坚果类食物，如核桃、花生、杏仁、松子、芝麻等，有补脑益智的作用，对大脑发育有着积极的作用。

（2）养生药膳：番茄蘑菇排骨汤

配方：猪排骨600克，鲜蘑菇120克，番茄120克，料酒12毫升，盐、味精各适量。

制作：①排骨洗净，剁成块，加适量料酒、盐，腌15分钟；蘑菇洗净，切片；番茄洗净，切片，待用。②锅中加适量水，用武火加热，水沸后放入排骨，去浮沫，加料酒，汤煮开后，改用文火煮30分钟。③加入蘑菇片再煮，至排骨烂熟，加入番茄片和盐，煮开后加入味精即可。

专家点评：此汤具有养血健骨、补脾润肠、益气生津的功效，对青少年的骨质生长大有益处，同时还能增强人体免疫力。

2. "三八" "四八"——青壮年期

"三八"，即24岁，《黄帝内经》中讲："三八，肾气平均，筋骨劲强，故真牙生而长极。"从16岁到24岁，男人的肾气除了支撑生育功能外，剩余的部分则分布到全身的各个部位，此时人长得很快，且非常有劲，皮肤、筋和肌腱都很有弹性，会长智齿。

"四八"，即32岁，《黄帝内经》中讲："四八，筋骨隆盛，肌肉满壮。"男性到32岁，不再长高，但剩下的精气会充实到身体的各个部位。在这个阶段男性身体会变宽、变厚，体重也会稍微有所增加，使生理发育达到另外一个高峰。

（1）营养需求——科学用餐、蛋白饮食

"三八" "四八"这两个阶段，男子从24岁的青年成熟期到32岁青壮期过渡，此时身体的各方面正处于最佳的状态，生命力旺盛，这个时期要求营养均衡，除继续补充充足的钙质外，还应注重科学用餐，坚持补充蛋白质、维生素A以及锌等微量元素，从而有效地为男性补充能量，增强抵抗力，促进身体各种功能的正常运行。

此阶段的男子应注意，由于身体对营养的消耗量较大，男性往往会食欲大

增，暴饮暴食，引起肥胖，所以，该阶段的男性应在适度饮食的同时适当补充天然深海鱼油、银杏，减少肥胖等原因引起的心脑血管疾病等慢性疾病。还应少食肥甘厚味，常食富含蛋白质的食物，如鱼类、蛋类、瘦肉、虾，保证蛋白质的摄入，多食用一些富含维生素和矿物质的蔬菜和水果，如黄瓜、胡萝卜、萝卜、西红柿、西瓜、梨等；再搭配一些谷类，如玉米、小米、荞麦等，才能为身体提供更全面的营养。

（2）养生药膳：白芍红豆鲫鱼汤

配方：鲫鱼1条（约350克），红豆500克，白芍10克，盐适量。

制作：①将鲫鱼洗净；红豆洗净，放入清水中泡发。②白芍用清水洗净，放入锅内，加水煎10分钟，取汁备用。③另起锅，放入鲫鱼、红豆及白芍药汁，加3000毫升水清炖，炖至鱼熟豆烂，加盐调味即可。

专家点评：本品具有疏肝止痛、利尿消肿的功效，适合病毒性肝炎、肝硬化腹水、下肢或全身水肿、小便不畅的患者食用。

3. "五八" "六八" ——中年期

"五八"，即40岁，《黄帝内经》中讲："五八，肾气衰，发堕齿槁。"男子到了40岁，开始由盛转衰，肾气逐渐衰退，头发开始脱落，牙齿也变得更为枯槁。

"六八"，即48岁，《黄帝内经》中讲："六八，阳气衰竭于上，面焦，发鬓颁白。"男子到了48岁，由于阳气衰退，无法充分到达头部和面部，所以面容开始憔悴，头发及双鬓也变得斑白。

（1）营养需求——补肾养肝、预防肥胖

"五八" "六八"这两个阶段男子的身体状态从最旺盛期的一个高峰开始回落，肾气开始衰竭，头发脱落，牙齿枯槁，应及时补益肝肾、补肾益气。营养供给上应重补益，同时还需兼顾预防肥胖。

此阶段的男子应坚持科学饮食，同时辅助药物补益。多食用一些具有滋补强壮、填精益血等功效的食物，如羊肉、狗肉、乌鸡、猪肾、猪脊髓等，还可食用一些加入了熟地、杜仲、锁阳、肉苁蓉、龟板、菟丝子等补益中药材的药膳，以补益肝肾、滋阴补阳、提升肾气。同时，五谷杂粮和蔬果也是不能缺少的。如黑芝麻、黑米、黑豆等五谷杂粮以及黄花菜、南瓜子、西葫芦、板栗、马蹄、紫菜、香菇、

紫葡萄等果蔬也是不能缺少的，还可适当食用如核桃、榛子、腰果、胡桃等坚果类食物，营养全面才能确保阴阳调和。

（2）养生药膳：熟地当归羊肉汤

配方：羊肉175克，熟地15克，当归10克，洋葱50克，盐5克，香菜3克。

制作：①将羊肉洗净，切片；洋葱洗净，切块备用。②汤锅上火倒入水，下入羊肉、洋葱，调入盐、熟地、当归煲至熟。③最后撒入香菜即可。

专家点评：此汤能够补肾，有助阳气生发之功效，可辅助治疗阳虚怕冷、血虚血瘀型痛经、冻疮等症。

4. "七八" "八八" ——中老年期

"七八"，即56岁，《黄帝内经》中讲："七八，肝气衰，筋不能动。" 男子到了56岁，肝气开始衰退，筋变得僵硬，不能随意运动，动作也显得不灵活。

"八八"，即64岁，《黄帝内经》中讲："八八，天癸竭，精少，肾脏衰，形体皆极，则齿发去。" 男子到了64岁，天癸逐渐枯竭，精力衰少，肾脏衰弱，身体各部分也开始逐渐老化，牙齿和头发也纷纷脱落。

（1）营养需求——强身健体、防癌抗癌

"七八" "八八" 这两个阶段男子的身体状态继续呈向下趋势，筋骨变得僵硬，肌腱失去弹性，精血枯竭，应及时补益肝肾、强肾健体。同时，由于身体精气不足，容易发生疾病，还应多预防各类疾病的侵扰。

此阶段的男子多食用一些能强身体、健筋骨、补虚弱、益精血的食物，如牛肉、猪骨、猪蹄筋、猪肚、海参、虾、牛尾、羊蹄筋、鹿肉、猪腰、羊腰等，还可食用一些添加冬虫夏草、枸杞、巴戟天、何首乌、牛膝等补益中药材的药膳，以补肾助阳、益精生血。同时还应注意蛋白质、糖类、脂肪、矿物质、维生素、水、膳食纤维的均衡，多食黄花菜、韭菜、红枣、红薯、核桃、马蹄、榴莲、豇豆等蔬果，防癌抗癌。同时忌吃得太辣、太咸，以免增加肾脏负担。

（2）养生药膳：当归牛尾虫草汤

配方：当归30克，冬虫夏草3克、牛尾1条，瘦肉

100克，盐适量。

制作： ①瘦肉洗净，切大块；当归用水略冲；冬虫夏草洗净。②牛尾去毛，洗净，切成段。③将以上所有材料一起放入砂锅内，加适量清水，煮沸后改文火，待肉熟，调入盐即可。

专家点评： 此汤具有添精补髓、补肾壮阳的功效。

5. "八八"之后——老年期

"八八"之后，即64岁以后，男性全面步入老年期，《黄帝内经》中讲："今五脏皆衰，筋骨解堕，天癸尽矣，故发鬓白，身体重，行步不正，而无子耳。"男子到了64岁以后，五脏的气都在衰退，筋骨惰性更盛，动作更迟缓，精气血亏，发鬓斑白，身体负担感很重，走路会有些歪，耳朵也不灵光了。

（1）营养需求——抗病补虚、延年益寿

"八八"之后，老年男子脏腑功能衰退，对营养的吸收能力降低，所以往往会营养不良，导致各种疾病的发生，因此，需保证营养的全面，同时针对不同的疾病积极防病抗病，补虚强身，才能益寿延年。

此阶段的男性应注意饮食的多样化，日常膳食应保证谷类、豆类等主食的定量摄入，少量瘦肉有益于老年男性身体的保健。饮食还要以清淡为主，多食如胡桃粥、玉米粥、龙眼粥等，不仅有利于消化吸收，还可强精健体，延年益寿。药物辅助也是必不可少的，如人参、党参、红枣、当归、黄精、灵芝、枸杞等也可加入平常的膳食中，同时多食新鲜青菜、红豆、芝麻、虾、牛奶、鸡蛋等食物，烹调时以蒸、炖为主，少放油、盐；少食多餐，才能让身体更健康。

（2）养生药膳：人参红枣粥

配方： 人参5克，红枣5颗，粳米50克，白糖适量。

制作： ①将人参洗净；粳米洗净，泡软；红枣洗净，泡发。②砂锅中放入人参，倒清水煮沸，转小火煎煮，滤出残渣，保留人参的汤汁备用。③加粳米和红枣，续煮至粳米熟透即可熄火，起锅前，加入适量白糖搅匀即可。

专家点评： 人参含人参皂苷、挥发性成分、葡萄糖等，能大补元气、复脉固脱、补脾益肺、生津安神、补血益气，红枣富含大枣皂苷、胡萝卜素、维生素C，能补脾和胃、益气生津，这款粥的搭配非常适合老年人食用。

《黄帝内经》中的男性四季养生原则

中医养生的最高境界，就是顺应天时、地利，最后达到人和。《黄帝内经》认为天人合一，人的生命与天地自然相同，人的活动也应该顺应天时之变，按照四季的不同来调身养形，此乃"寿命之本"。万物春生、夏长、秋收、冬藏，人的活动也应顺时而变，采用春养生、夏养长、秋养收、冬养藏的方法，以自然之道，养自然之生，取得天人合一。《黄帝内经》四季饮食养生的方法也是天人相应、因地制宜养生法则的具体体现。

1.万物生发：春季养"生"

春三月是指立春、雨水、惊蛰、春分、清明、谷雨六个节气。春天从冬天过来，冬天属阴，春天属阳，也可以说春天是从阴到阳的过渡阶段，是阳气开始发动的时候。到了春天，万物复苏，百花齐放，这就是"发陈"。"天地俱生"，天地之气都一起发生了，因此春天最大一个特征就是"生"。

（1）情志

立春时节，大地回春，万物更新，人们的精神调摄也要顺应春季自然界蓬勃向上的生机，做到心胸开阔，情绪乐观，热爱生活，广施博爱，戒怒戒躁，保持精神愉悦，顺应春季肝气升发的特性，使气血和畅。

（2）起居

立春是春天的开始，此时虽然天气开始暖和，但春天是以"风"为主气，气候特点是变化较大，忽冷忽热，乍暖还寒，此时做好"春捂"是顺应春天阳气升发的养生需要，也是一种预防疾病的自我保健良法。立春时节，顺应阳气生发的特点，在起居方面也要相应改变，做到夜卧睡早起、免冠披发、舒展形体，同时多参加一些轻柔舒缓的室外运动，克服倦困思眠的状态，力求身心和谐，精力充沛。

按季节规律作息

（3）饮食

春天人体的抗病能力比较低，若维生素、膳食纤维等摄入不足，不少人会出现口舌生疮、牙龈肿痛、大便秘结等内热上火症状。根据春温阳气生发、肠胃积滞较重、肝阳易亢以及春季瘟疫易于流行的特点，男性养生应从护肝为先、疏肝去烦、调补气血、清热泻火四个方面着手，逐步调整食物结构，减少高脂肪膳食，增加植物性食物，注意摄入水果和蔬菜。饮食应以辛温、甘甜、清淡为主，可使人体抗拒风寒、风湿之邪的侵袭，健脾益气，增强体质，减少患病。

男性春季饮食宜减咸酸，增辛辣味，助肾补肺，安养胃气，顺养肝气。食品可选择芹菜、豆豉、葱、香菜、花生、鸡、猪肉、鱼、牛肉等灵活地进行配方选膳。另外，还可选择一些药膳以进行食补，其原则是助肾补肺，安养胃气，同时顺应肝气的升发。

男性春季养生药膳推荐：党参枸杞猪肝汤

配方：党参、枸杞各15克，猪肝200克，盐适量。

制作：①猪肝洗净切片，余水后备用。②将党参、枸杞用温水洗净后备用。③净锅上火倒入水，将猪肝、党参、枸杞一同放进锅里煲至熟，用盐调味即可。

专家点评：本汤具有滋补肝肾、补中益气、明目养血等功效，适合春季食用，常食可改善头晕耳鸣、两目干涩、视物昏花等症状。

体虚者常食，可改善肤色萎黄、贫血、神疲乏力等症状。

2.茂盛华丽，夏季养"长"

夏天三个月为"蕃秀"。"蕃秀"就是指万物繁荣秀丽，也就是说阳气更加旺盛了。天地之气开始上下交合，树木万物开花结果。夏天是炎热的，赤日炎炎似火烧。这个季节里人容易浮躁，容易发生肠胃疾病，需要做好防治工作。

（1）情志

夏季的气候是长昼酷暑，易伤精耗气，人容易疲倦，情绪易烦躁。因此，要注意顺应夏天阳气旺盛的特点，振作精神，切勿生厌倦之心，使气宣泄，免生郁结。同时也要注意调整情绪，不要因为事情较为繁杂就心生急躁、恼怒之情，避免阳气暴冲而伤正气。

（2）起居

夏季作息，一般宜晚些入睡，早点起床，以顺应自然界阳盛阴虚的变化。《黄帝内经》里也说，在夏季人们每天要早点起床，以顺应阳气的充盈与盛实；要晚些入睡，以顺应阴气的不足。此外，夏季多阳光，不要厌恶日长天热，仍要适当活动，以适应夏季的养长之气。夏季由于晚睡早起，相对的睡眠时间要稍短，因此，需午休来作为适当的补偿。

（3）饮食

按照五行学说，夏属火，其气热，通于心，暑邪当令。这一时期天气炎热，耗气伤津，体弱者易为暑邪所伤而致中暑；人体脾胃功能也趋于减弱，食欲普遍降低，若饮食不节，贪凉饮冷，易致脾阳损伤，会出现腹痛、腹泻、食物中毒等脾胃及肠道疾病；又夏季湿邪当令，最易侵犯脾胃，令人患暑湿病症；夏季人体代谢旺盛，营养消耗过多，随汗还会丢失大量的水分、无机盐、水溶性维生素等。

根据夏季的季节特点，男性养生应从敛汗固表、防暑避邪、发汗泻火、运脾化湿四个方面着手，逐步调整食物结构，减少高脂肪、高热量膳食，增加饮水量，多摄入水果和蔬菜。饮食应以寒凉、清淡、甘润为主，宜选清暑利湿，益气生津，清淡平和的食物，避免难以消化的食物；勿过饱过饥；不宜过多食用生冷及冰镇的饮料及食物，以免损伤脾阳；不宜热性食物，以免助热生火。宜进食如绿豆、甘蔗、猪瘦肉、黄瓜、苦瓜等清热解暑食物，清心泻火祛暑热；还可进食如山药、西红柿、苹果、葡萄、菠萝、鸭肉、咸鸭蛋等益气生津食物，清热除烦、生津止呕；如薏米、冬瓜、赤小豆等清热利湿食物，还可清热解暑、利尿除湿。此外，男性在夏季还应抓住治冬病的好时机，如久咳、哮喘、痹证、泄泻等疾病，用冬病夏治的方法治疗效果较好。因为许多冬季常发生的疾病或因体质阳虚而发生的病症，可通过在夏天增强人体抵抗力，减少发病概率。

男性夏季养生药膳推荐：绿豆炖鲫鱼

配方：绿豆50克，鲫鱼1条，西洋菜150克，姜10克，胡萝卜100克，盐、鸡精、胡椒粉、香油各适量。

制作：①胡萝卜去皮洗净切片；鲫鱼刮去磷，去内脏去鳃，洗净备用；西洋菜择洗干净，姜去皮切片。②净锅上火，油烧热，放入鲫鱼煎炸，煎至两面呈金黄色时捞出。③砂煲上旺火，将绿豆、鲫鱼、姜片、胡萝卜全放入煲内，倒入高汤，武火炖约40分钟，放入西洋菜稍煮，调入盐、鸡精、胡椒粉，淋上香油即可。

专家点评：本品具有清热利水、除湿通淋的功效，对尿频、尿急、尿痛、小便淋沥不出等尿路感染症状有食疗作用，非常适合夏季食用。

3.肃杀凋零，秋季养"收"

秋是肃杀的季节，气候处于"阳消阴长"的过渡阶段，由于阳气渐收，而阴气逐渐生长起来。万物收，是指万物成熟，到了收获之时。从秋季的气候特点来看，由热转寒，人体的生理活动，随"夏长"到"秋收"，而相应改变。因此，秋季养生不能离开"收养"这一原则，也就是说，秋天养生一定要把保养体内的阴气作为首要任务。

（1）情志

从脏象学说来看，肺与秋气相应，它属金，主气司呼吸，在志为忧。肺气虚者对秋天气候的变化特别敏感，秋风冷雨，花木凋零，万物萧条，常会让人在心中引起悲秋、凄凉、垂暮之感，易产生抑郁情绪。因此，秋季应以注重调摄精神为情志养生的要务。

（2）起居

"春捂秋冻，不生杂病"是民间流传的谚语。它符合了《黄帝内经》所提到的秋天"薄衣御寒"的养生之道。但对"秋冻"要有正确的理解。自"立秋"节气后，气温日趋下降，昼夜温差逐渐增大，寒露过后，北方冷空气会不断入侵，出现"一场秋雨一场寒"。这时我们应循序渐进地练习"秋冻"，加强御寒锻炼，增强机体适应自然气候变化的抗寒能力，有利于预防呼吸道感染性疾病的发生。如果到了深秋，遇天气骤变，气温明显下降，要注意天气变化，防寒保暖。因此，秋季应做到"秋冻"有节，与气候变化相和谐。

（3）饮食

按照五行学说，秋属金，其气燥，通于肺，燥邪当令。秋季的主气是"燥"，人体燥邪耗伤津液，也会出现一派干涸之象，如鼻干、喉干、咽干、口干、舌干、皮肤干燥皲裂。

秋季气候凉爽，五脏归肺，男性养生应从滋阴润燥、养肺固表、益肾敛精、疏肝和胃四个方面着手，逐步调整食物结构，进补前先调理脾胃，滋阴润燥的食物要适当进补。饮食应以滋阴润燥、补肝清肺为主。针对男性在秋季养生进补，还有一定的原则，不能"滥补"。首先，进补前先调理脾胃，可多食用一些如粳米、籼米、薏米、山药、牛肉、兔肉、牛肚、葡萄、红枣、胡萝卜、马铃薯、香菇等补脾益气、醒脾开胃的食品，与之相配的中药有银耳、春砂、陈皮、胡椒、土茯苓、扁豆、莲子等。其次，滋阴润燥食品进补要适当，对于平时体质瘦弱、虚火重、容易情绪激动、长期吸烟的人，推荐进补这类食品，如银耳、燕窝、芝麻、甲鱼、藕、菠菜、乌骨鸡、猪肺、蜂蜜、龟肉等。

男性秋季养生药膳推荐：雪梨银耳瘦肉汤

配方： 雪梨500克，银耳20克，猪瘦肉500克，红枣11颗，盐5克。

制作： ①雪梨去皮洗净，切成块状；猪瘦肉洗净，入开水中氽烫后捞出。②银耳浸泡，去除根蒂硬部，撕成小朵，洗净；红枣洗净。③将1600毫升清水放入瓦煲内，煮沸后加入全部原料，武火滚开后，改用文火煲2小时，加盐调味即可。

专家点评： 此汤具有养阴润肺、生津润肠、降火清心的功效，适合秋季肺燥咳嗽、心烦等症的人食用。

4.生机潜伏，冬季养"藏"

冬天的三个月，是生机潜伏，万物蛰藏的时令。这段时间，水寒成冰，大地龟裂，人应该早睡晚起，待到日光照耀时起床才好，不要轻易地扰动阳气，万事操劳，要使神志深藏于内，安静自若。要躲避寒冷，求取温暖，不要使皮肤开泄而令阳气不断地损失，这是适应冬季气候而保养人体闭藏功能的方法。

（1）情志

冬天是万木凋零、生机潜伏闭藏的季节，人体的阳气也随着自然界的转化而潜藏于内。冬季养生，在精神调摄方面，要做到"使志若伏若匿，若有私意，若已有得"。也就是要保持精神情绪的宁静，避免烦扰妄动，使体内阳气得以潜藏。唐代养生大家孙思邈也明确指出："神疲心易役，气弱病相侵"。冬季调养精神，要保证有充足的睡眠时间，一般要做到"早卧晚起"。此外，积极适宜的运动，也会让人精神愉悦，身心健康。

（2）起居

在寒冷的冬季，不要因扰动阳气而破坏人体阴阳转换的生理功能。而要养精蓄锐，使阳气内藏。人体阳气好比天上的太阳，赐予自然界光明与温暖，失去它万物无法生存。同理，人体如果没有阳气，将失去新陈代谢的活力。所以，冬季的起居调养切记"养藏"。

（3）饮食

按照五行学说，冬属水，其气寒，通于肾，寒邪当令，易伤阳气。中医认为，"肾元蛰藏"，即肾为封藏之本。而肾主藏精，肾精秘藏，则使人精神健康，如若肾精外泄，则容易被邪气侵入而致疾病。且古语云："冬不藏精，春必病温"，冬季没有做好"藏养生"，到春天会因肾虚而影响机体的免疫力，使人容易生病。这一时期，人体阳气偏虚，阴寒偏盛，阴精内藏，脾胃功能较为强健，故冬季饮食养生宜温补助阳，补肾益精。

冬季饮食调养要遵循"秋冬养阴"、"不扰阳气"、"虚者补之，寒者温之"的古训。冬季天气寒冷，易受寒邪，而寒邪伤肾阳，所以应少食生冷食物，以免损伤脾胃的阳气，应多食用一些滋阴潜阳的食物，宜温补。通过膳食摄入一些热能高的食物，提高耐寒性。同时，还需注意维生素的缺乏，因为冬季新鲜水果、蔬菜较少，应注意适当进补。总的来看，需要体现"高蛋白、高脂肪、高热能、高维生素"，膳食多用热性的食物，有助于保护人体的阳气。

男性养生应从养肾藏精、补虚壮阳、宣肺散寒、濡养脾胃四个方面着手，逐步调整食物结构，以温补助阳为主，建议进食高蛋白、高热量、高维生素C的食物，但有心脑血管疾病的则以清淡、高蛋白、高维生素、低脂肪为主。可多吃些能增强机体御寒能力的食物，如羊肉、狗肉、牛肉、龟肉、鹿肉、荔枝、海带、牡蛎等，还应多吃些富含糖、蛋白质、脂肪、维生素和无机盐的食物，如海产品、肉类、家禽类食物。此外，还可选择一些甘寒食品来压住燥气，如兔肉、鸭肉、鸡肉、鸡蛋、海带、芝麻、银耳、莲子、百合、白萝卜、白菜、芹菜、菠菜、冬笋、香蕉、梨、苹果等。

男性冬季养生药膳推荐：**肾气乌鸡汤**

配方：熟地15克，山茱萸10克，山药15克，丹皮10克，茯苓10克，泽泻10克，牛膝8克，乌鸡腿1只，盐1小匙。

制作：①将鸡腿洗净，剁块，放入沸水汆烫，去掉血水。②将鸡腿及所有的药材放入煮锅中，加适量水至盖过所有的材料。③以武火煮沸，然后转文火续煮40分钟左右即可，放入盐调味即可。

专家点评：此汤具有滋阴补肾、温中健脾的功效，对因肾阴亏虚引起的性欲减退、阳痿不举、遗精早泄等症状均有很好的效果。

《黄帝内经》中的男性体质养生要领

　　体质即机体素质，是指人体秉承先天（指父母）遗传、受后天多种因素影响，所形成的与自然、社会环境相适应的功能和形态上相对稳定的固有特性。中医体质理论源于《黄帝内经》，《黄帝内经》中，运用阴阳五行学说，结合人体肤色、形体、禀性、态度以及对自然界变化的适应能力等方面的特征，将大部分男性体质分为木型、火型、土型、金型、水型五种，不同的体质也应采用相应的养生方法，纠正其体质上之偏，达到延年的目的。

1.木型男性体质养生

（1）体质鉴别

　　此型人五行属木，木性条达曲直，性禀风质，风性属阳，其性开泄。木型人在形体上，皮肤的气色一般较为苍白，头形较小，脸形较长，肩膀宽阔广大，背部挺直，身材小，手足四肢较为灵活；有才干，办事利索；心智能力强，体力却较不足，属于脑力工作者居多；喜思考，比较容易忧虑伤神；性格较为外向，善外交不善内务；此型人易过敏、猜忌、波动。对于季节的适应性而言，木型人比较安适于春、夏的季节，比较无法安适于秋、冬两季，甚至如果感受到秋、冬寒凉的气候，就比较容易生病。

　　由于风气通于肝，肝与神经系统的关系较为密切，故木型人肝气较旺，易出现肝火旺盛、烦躁易怒或精神抑郁、多愁善感，还易出现肝风内动，如眩晕、头痛、高血压、中风等症，多具有肝、胆及现代医学神经精神系统的潜在易感性。

　　因此，木型人要注重精神调节，多选择清泻肝火的药材及食物，如菊花、决明子、赤小豆、绿豆、苦瓜等；宜选择疏肝解郁的药材及食物，如柴胡、佛手瓜、陈皮、猕猴桃、黄花菜；宜常食活血化瘀的药材和食物，如山楂、丹参、木耳等。

（2）木型体质男性推荐药膳

　　柴胡绿茶对于木型体质的男性来说是个很好的选择，其做法也非常简单，取柴胡5克、绿茶3克，将柴胡和绿茶洗净，放入杯中，冲入沸水后加盖冲泡10分钟，等茶水稍温后即可饮用。可反复冲泡至茶味渐淡。此茶具有疏肝解郁、清肝泻火、降压降脂的功效，适合肝火旺盛、烦躁易怒或心情郁闷以及易患高血压、高血脂、肝病的木型体质者常饮。另外，在闲暇之余煲一款西米猕猴桃粥也是不错的选择，先

取鲜猕猴桃200克、西米100克、白糖适量，将猕猴桃冲洗干净，去皮，取瓤切粒；西米用清水浸泡发好。取锅放入清水，武火烧开，加入猕猴桃、西米，武火煮沸。再改用文火略煮，然后加入白糖调味即成。此粥可清肝泻火、疏肝除烦、利尿通淋，对肝火较旺的木型体质者有一定的调理作用，可改善烦热、口渴、小便黄等症状。

2.火型男性体质养生

（1）体质鉴别

此型人五行属火，火性炎上，其性燥热，易伤阴液。火型人在形体上一般皮肤的气色呈现较为红赤，头形较小，脸形较瘦，肩膀及背脊的肌肉比较丰隆而且宽广，肩背胸腹等各个部位都很匀称，手足四肢相对比较小。走路时，脚步给人的感觉很安稳；肩膀在行进时会有摆动感；性情比较急，行事作为很有魄力。由于火气通于心，心与精神情志的关系较为密切，故火型人心火较旺，易出现急躁易怒，失眠，咽干口燥，口舌生疮，小便黄赤等症，此类人养生关键在于滋阴抑阳，调养心肾，以水济火。饮食上以清淡阴柔之品为宜，可选择豆制品、鱼类、瘦肉类、绿叶蔬菜、凉性水果（如苹果、梨、桃、西瓜、山竹、葡萄、桑葚等），还可多吃如黑米、紫米、黑芝麻、香菇、紫菜、海带、乌骨鸡等食物。此外，由于火型人易耗伤阴液，因此会出现血液黏稠运行不畅，易患高血压、冠心病、心肌梗死等病症，这类人应多食活血化瘀、滋阴养血的食物，如丹参、桃仁、当归、三七、木耳等食物。

火型体质的男性应平心静气、清新宁神，养成遇事冷静、沉着、心平气和的习惯，避免与人产生争执，还可养花鸟以悦心，钓鱼作画以静神。

（2）火型体质男性推荐药膳

何首乌跟猪肝搭配是一道很好的男性保健菜，其味道浓厚，做法简单。取何首乌15克，当归10克，猪肝300克，韭菜花250克，原味豆瓣酱8克，盐3克，淀粉5克。

首先将猪肝洗净，氽烫，捞出切成薄片备用。韭菜花洗净，切小段；将何首乌、当归洗净，加水煮10分钟后离火，滤取药汁后，与淀粉混合均匀。起油锅至热，下豆瓣酱，与猪肝、韭菜花同炒，入与药汁混合后的水淀粉至熟，加盐即可食用。本品具有补血养心、活血化瘀的功效，火型体质的男性可经常食用，另外心血不足的心律失常患者也可长期食用。

黑芝麻山药糊是一道比较常见的药膳，对于心肾不足的火型体质男性来说再合适不过，其做法也很平常。取山药、何首乌各250克，黑芝麻250克，白糖适量，将黑芝麻、山药、何首乌均洗净、沥干、炒熟，再研成细粉，分别装瓶备用。再将三种粉末一同盛入碗内，加入开水和匀。可根据个人口味，调成黏状或是稍微稀一些的糊状。最后调入白糖，和匀即可。本品有滋补肝肾的功效，非常适合火型体质的男性食用，另外，对血虚头晕、神经衰弱、慢性肝炎、脾虚食少、肾虚遗精的患者有一定的疗效。

3.土型男性体质养生

（1）体质鉴别

此型人五行属土，土性具有生化、承载、受纳的特性，土型人在形体上一般皮肤的气色呈现较为黄，头形较大，脸面呈圆形，肩膀及背部很健壮，腹部大，下肢由大腿到足跟，肌肉都十分结实，手足较为粗短而厚实，身体的上下部比例颇为均等，走路时脚离地面不高，步伐稳重轻快，时常能够保持心情安定的状态，喜欢帮助别人，且善于与人结交。

由于土气通于脾，因此土型人容易患胃肠疾病，容易出现腹泻、食欲缺乏、胃脘不适等症状，这多因脾气虚、脾阳虚所致。因此，土型人的饮食要顺应四季变化，春天应以辛甘之品为主，姜、葱、韭菜要适度进食，黄绿色蔬菜如胡萝卜、菜花、小白菜、甜椒等都宜常食，至于寒凉、油腻、黏滞之品易伤脾胃阳气，则应尽量少食。夏天饮食应该清淡，少食高脂厚味、辛辣上火之物，如西红柿、黄瓜、苦瓜、冬瓜、丝瓜、西瓜等新鲜蔬菜瓜果，可起到清热、祛暑、敛汗、补液等作用，还有助于增进食欲。秋天要少吃辣，火锅之类的食物要远离，要多吃酸的食物。冬天可适当增加温肾壮阳、滋补肾阴的食物。

（2）土型体质男性推荐药膳

对于土型体质的男性，推荐茯苓芝麻菊花猪瘦肉汤，此汤具有滋阴润燥、补虚养血、利水渗湿的功效，对水肿、目赤火旺、热病伤津、便秘、燥咳等症也有一定的食疗作用。取猪瘦肉400克，茯苓20克，菊花、白芝麻少许，盐5克，鸡精2克。将瘦肉洗净，切件，汆去血水；茯苓洗净，切片；菊花、白芝麻洗净。将瘦肉放入煮锅中汆水，捞出备用。将瘦肉、茯苓、菊花放入炖锅中，加入适量清水，炖2小时，调入盐和鸡精，撒上白芝麻关火，加盖焖一下即可。

4.金型男性体质养生

（1）体质鉴别

此型人五行属金，金有沉降、肃杀、收敛的作用，金型人在形体上一般皮肤的气色呈现较为白，头形较小，脸面呈方形，肩膀、背部及腹部都比较小，手足四肢也都较小，足跟的部分却非常坚韧厚实，整个人的骨架很坚固，行动也很轻快，性情较为急躁，但能沉着坚毅，擅长于应付必须果决处断的公务。

由于金属肺，通于秋气，因此，金型人大多在秋天出生，身体内阳气多而阴气少，一生健康的好坏全在于调理肺肾。养肺要少抽烟，注意作息，每天坚持跑步、散步、打太极拳、做健身操等运动，以增强体质，提高肺脏的抗病能力。饮食调理以阴柔淡养之品为主，应多吃冬虫夏草、沙参、鱼腥草、川贝、老鸭、杏仁、玉米、黄豆、黑豆、冬瓜、番茄、藕、红薯、猪皮、贝类、梨等养肺食物。金型人大都皮肤干燥、大便干结，容易出现肺燥咳嗽，应多吃具有滋阴润燥、宁心安神功效的食物，如百合、麦冬、沙参、玉竹、银耳、燕窝、龙眼等。

（2）金型体质男性推荐药膳

根据以上推荐的金型男性宜吃食物，根据每一种食物不同的功效来选择搭配制作出适合自己的药膳是非常不错的做法。例如玉竹沙参焖老鸭，此道药膳具有益气补虚、润肺生津的功效。除了适合金型体质的男性有保健作用外，对气阴两虚型肺部疾病也有一定的食疗作用。取老鸭1只，玉竹、北沙参各15克，生姜、盐、葱花各适量，将老鸭洗净，汆去血水，斩件备用。北沙参、玉竹、生姜洗净，北沙参切块，玉竹切片，生姜去皮切片，备用。净锅上火，加入老鸭、玉竹、北沙参、生姜，用武火煮沸，转文火煨煮1小时，加盐、葱花调味即可。

养好肺脏对于金型体质的男性来说是非常重要的一项养生任务，正所谓"以形补形"，杏仁白菜猪肺汤就有很好的润肺止咳、补虚通便的功效。取白菜50克，杏仁20克，猪肺750克，黑枣5颗，姜2片，盐5克。将杏仁洗净，温水浸泡，去皮、尖；黑枣、白菜洗净。猪肺注水、挤压，反复多次，直到血水去尽，猪肺变白，切成块状，汆水，烧锅放姜，将猪肺爆炒5分钟。将清水2000毫升放入瓦煲内，再放入备好的所有材料，武火滚开后改用文火煲3小时，加盐调味即可。

5.水型男性体质养生

（1）体质鉴别

此型人五行属水，水性润下，具有滋润、下行、寒凉之意，易袭阴位，易伤阳气。水型人在形体上一般皮肤的气色呈现较为黑，头形较大，后腮部位呈现方棱形，面部有凹陷，脸部的肌肉不平满，肩膀较为窄小、腹部比较大，全身比例自腰以下到臀部显得较长，背部看起来也较一般人长。水型体质的人个性内向，喜独处，易患抑郁症。水性寒，寒气通于肾，肾与泌尿生殖的关系较为密切，故水型人肾气、肾阳较虚弱，易出现畏寒肢冷、腰膝酸软等症状，所以此类人易患肾方面的疾病，如水肿腰痛、不孕症等。水多阴寒，寒性凝滞，寒性收引，故水型体质的人易气血不足而患经络痹阻的关节骨痛等症，可多食鳝鱼、蛇肉、桂枝、当归、川芎等。因水型人多阴少阳，加之水性寒凉易伤阳气，因此，水型人常常阳气不足，阴气偏盛，而易患肾阳虚食，命火不足之疾患。因此，水形人养生的关键在于温阳益气，多补火性。肉桂、牛肉、羊肉、狗肉、花椒、生姜、荔枝、榴莲、洋葱等都是火性的，要多吃。

（2）水型体质男性推荐药膳

由于水型人的食补应以温补肾脏为主，当归、羊肉、虫草都是很好的补肾食物，将其搭配制作成药膳能得到很好的补肾效果。

当归羊肉汤也是一道很好的保健药膳，有益气补虚、温肾助阳的功效，可增强免疫力，同时对肾气虚弱、精气不足、体虚胃寒有食疗作用。取当归25克，羊肉500克，盐2小匙，姜1段。首先将羊肉汆烫，捞起冲洗干净；当归洗净；姜洗净，切段，微拍裂。将羊肉、姜放入炖锅中，加6碗水，以武火煮开，转文火慢炖小时。加入当归，续煮15分钟，加盐调味即可。

男性养心首选药材及药膳

《黄帝内经·素问》曰："心者，君主之官也，神明出焉。"是把心看作人体的精神、意识、思维活动，乃至生命的主宰。由此可见心在五脏六腑中的主导地位何等重要。只有心力足身体才旺，所以我们一定要保养好心脏。养护心脏，日常饮食在于"两多、三少"，多吃杂粮、粗粮；多食新鲜蔬菜、大豆制品。少吃高脂肪、高胆固醇食品；少饮酒；少吃盐。此外，多选择对心脏有益的药材和食物，如莲子、猪心、苦参、当归、五味子、龙眼、苦瓜等。

莲子　　猪心　　苦参　　当归　　五味子　　龙眼　　苦瓜

猪肠莲子枸杞汤

|配 方| 猪肠150克，红枣、枸杞、党参、莲子各适量，盐适量，葱段5克
|制 作| ①猪肠切段，洗净，氽水；红枣、枸杞、党参、莲子去心，均洗净。②瓦煲注水烧开，下猪肠、红枣、枸杞、党参、莲子，炖煮2小时，加盐调味，撒上葱段即可。
功效 此汤具有补脾润肠、祛风解毒、益肾涩精、养心安神的功效。

猪肝炖五味子

|配 方| 猪肝180克，五味子15克，红枣2颗，姜、鸡精各适量，盐1克
|制 作| ①猪肝洗净切片，氽水；五味子、红枣洗净；姜去皮，洗净切片。②炖盅装水，放入猪肝、五味子、红枣、姜片炖3小时，调入盐、鸡精即可食用。
功效 本品具有滋肾温精、养血安神的功效，对失眠多梦、头晕目眩等症有食疗作用。

核桃仁当归瘦肉汤

|配 方| 瘦肉500克，当归30克，核桃仁15克，姜少许，盐6克
|制 作| ①瘦肉洗净，切件，氽水；核桃仁洗净；当归洗净，切片；姜洗净去皮切片。②瘦肉、核桃仁、当归、姜放入炖盅，加水武火慢炖1小时，调入盐，转文火炖熟即可食用。
功效 此汤具有补肾益智、润肠通便的功效，对便秘有食疗作用。

男性养肝首选药材及药膳

《黄帝内经·素问》曰："肝者，将军之官，谋虑出焉。"肝是人体内最大的解毒器官，肝脏将有毒物质变为无毒的或消融度大的物质，随胆汁或尿液排出体外。只有肝胆相互协作，将人体内的毒素分解、排出，人们的身体才会健康。养肝护胆应先从调畅情绪开始，养肝最忌发怒，因此，平时应尽量保持稳定的情绪。其次，饮食保健也是重要的方面，应多食柔肝养血、排毒护肝的食物，如枸杞、猪肝、西红柿、花菜、天麻、柴胡、菊花、车前草等。

枸杞　西红柿　天麻　菊花
猪肝　花菜　柴胡　车前草

枸杞炖甲鱼

配方 枸杞30克，桂枝20克，莪术10克，红枣8枚，盐、味精各适量，甲鱼250克

制作 ①甲鱼宰杀后洗净。②枸杞、桂枝、莪术、红枣洗净。③将除盐、味精外的材料共入煲内，加开水适量，文火炖2小时，再加盐、味精调味即可。

功效 本品具有滋阴养血、活血化瘀、散结消肿的功效。

菊花决明饮

配方 菊花10克，决明子15克，白糖适量

制作 ①将决明子洗净打碎。②将菊花和决明子一同放入锅中，加水600毫升，煎煮成400毫升即可。③过滤，取汁，加入适量白糖即可饮用。

功效 本品具有清热解毒、清肝明目、利水通便的功效，常用来辅助治疗高血压、便秘。

柴胡莲子田鸡汤

配方 柴胡10克，莲子150克，陈皮5克，甘草3克，田鸡3只，盐适量

制作 ①柴胡、陈皮、甘草均洗净，装入棉布袋，扎紧。②莲子洗净，与棉布袋共入锅，加水煮开，文火煮30分钟。③田鸡宰杀，洗净，剁块，放入汤内煮沸，捞起丢弃棉布袋，加盐调味即可。

功效 本品具有疏肝除烦、行气宽胸的功效。

男性养脾首选药材及药膳

《黄帝内经·素问》中里有记载："脾胃者，仓廪之官，五味出焉。"将脾胃的受纳运化功能比作仓廪，可摄入食物，并输出精微营养物质以供全身之用。同时，胃与脾相表里。脾主运化，胃主受纳；脾气主升，胃气主降。因此，调理脾胃，滋养后天，是身体健康的根本。脾胃为后天之本，气血生化之源，关系到人体的健康，以及生命的存亡。因此，对于保养脾胃的饮食也不可忽视。常用的健脾益胃药材和食材有：山药、白术、党参、黄芪、黄豆、薏米等。

| 山药 | 白术 | 党参 | 黄芪 | 黄豆 | 薏米 |

山药白术羊肚汤

|配 方|羊肚250克，红枣、枸杞各15克，山药、白术各10克，盐、鸡精各适量

|制 作|①羊肚洗净，切块，氽水；山药洗净，去皮，切块；白术洗净，切段；红枣、枸杞洗净，浸泡。②锅中烧水，放所有食材和药材，加盖炖2小时，调入盐和鸡精即可。

功效 此汤具有补气健脾、益气安胎的功效。

淮山鹿茸山楂粥

|配 方|淮山30克，鹿茸适量，山楂片少许，大米100克，盐2克

|制 作|①淮山去皮洗净，切块；大米洗净；山楂片洗净，切丝。②鹿茸入锅，倒入一碗水熬至半碗，去渣装碗待用。原锅注水，加放大米煮至米粒绽开，入淮山、山楂同煮。③倒入鹿茸汁，小火煮熟，放盐调味即成。

功效 此粥具有补精助阳、强筋健骨的功效。

党参麦冬瘦肉汤

|配 方|瘦肉300克，党参15克，麦冬10克，山药适量，盐4克，鸡精3克，生姜适量

|制 作|①瘦肉洗净，切块，氽水；党参、麦冬均洗净；山药、生姜洗净，去皮，切片。②锅中注水烧沸，入瘦肉、党参、麦冬、山药、生姜，大火炖至山药变软，转小火炖熟，加盐、鸡精调味即可。

功效 此汤具有益气滋阴、健脾和胃的功效。

男性养肺首选药材及药膳

《黄帝内经》中说肺是"相傅之官"，相当于一个王朝的宰相。且肺与心同居膈上，上连气管，通窍于鼻，与自然界之大气直接相通。肺主气、司呼吸；主宣发、肃降。饮食养肺也是非常重要的一个方面，可多吃老鸭、杏仁、玉米、黄豆、黑豆、冬瓜、西红柿、藕、红薯、猪皮、贝类、梨等养肺食物。常用的养肺药材有：冬虫夏草、沙参、鱼腥草、川贝母、杜仲等，但要按照个人体质、肠胃功能酌量选用。

冬虫夏草　　沙参　　　　鱼腥草　　　　川贝母　　　　杜仲

虫草炖乳鸽

|配方|乳鸽1只，冬虫夏草20克，五花肉20克，蜜枣10克，红枣10克，生姜20克，盐5克，味精3克，鸡精2克

|制作|①五花肉洗净，切条；乳鸽洗净；蜜枣、红枣泡发；生姜去皮，切片。②将所有原材料装入炖盅。③加水以中火炖1小时，最后调入调味料即可。

功效 此汤具有补肾益肺、强身抗衰之功效。

川贝母炖豆腐

|配方|豆腐300克，川贝母25克，蒲公英20克，冰糖适量

|制作|①川贝母打碎或研成粗米状；冰糖亦打成粉碎；蒲公英洗净，煎取药汁去汁备用。②豆腐放炖盅内，上放川贝母、冰糖，盖好，隔滚水文火炖约1小时，吃豆腐及川贝母。

功效 此汤具有清热化痰、消痈排脓、软坚散结的功效。

山药杏仁糊

|配方|山药粉2大匙，杏仁粉1小匙，鲜奶200毫升，细砂糖少许

|制作|鲜奶倒入锅中以小火煮，倒入山药粉与杏仁粉，并加糖调味，边煮边搅拌，以免烧焦粘锅。煮至汤汁成糊状，即成。

功效 此品补中益气、温中润肺。适用于肺虚久咳、脾虚体弱等症。

男性养肾首选药材及药膳

《黄帝内经》说："肾者，作强之官，技巧出焉。"这就肯定了肾的创造力。肾位于腹腔腰部，左右各一，与六中的膀胱相表里。肾主藏精，精气盛衰关系到生殖和生长发育的能力。肾脏所藏之精来源于先天，充实于后天。要养护肾脏，根据中医里"五色归五脏"的说法，黑色食物或药物对肾脏具有滋补作用，如黑芝麻、黑豆、黑米等。此外，熟地、杜仲、海参、核桃、羊肉、板栗、韭菜、西葫芦、马蹄也是良好的养肾食物。

黑芝麻　黑米　杜仲　核桃　板栗　西葫芦

黑豆　熟地　海参　羊肉　韭菜　马蹄

熟地当归鸡

|配方| 熟地25克，当归20克，白芍10克，鸡腿1只，盐适量

|制作| ①鸡腿洗净剁块，放入沸水汆烫、捞起冲净；药材用清水快速冲净。②将鸡腿和所有药材放入炖锅中，加水6碗以武火煮开，转文火续炖30分钟。③起锅后，加盐调味即成。

功效 本品具有养血补虚的功效，适合贫血患者食用。

葱油韭菜豆腐干

|配方| 韭菜400克，豆腐干200克，葱花10克，盐4克，鸡精2克，老抽、香油各少许

|制作| ①将韭菜洗净，切段；豆腐干洗净，切成细条。②炒锅加油烧至七成热，下入豆腐干翻炒，再倒入韭菜同炒至微软。③加葱花、盐、鸡精、老抽和香油一起炒匀。

功效 本品具有降血压、降血脂的功效。

杜仲艾叶鸡蛋汤

|配方| 杜仲25克，艾叶20克，鸡蛋2个，精盐5克，生姜丝少量

|制作| ①杜仲、艾叶均洗净。②鸡蛋打入碗中，搅成蛋浆，加入洗净的姜丝，入油锅内煎成蛋饼，切块。③将以上材料放入煲内，加水以武火煲滚，改文火续煲2小时，加盐调味即可。

功效 本品具有补肝肾、理气暖身、温经散寒的功效。

寒、凉、温、热，四性各显其功

中医讲究辨证施治，无论是养生还是治病，都需要根据每个人不同的体质和症状加以施膳。药膳养生是按药材和食材的性、味、功效进行选择、调配、组合，用药物、食物之偏性来矫正脏腑机能之偏，使体质恢复正常平和。中医将药材和食材分成四性、五味、五色，"四性"即寒、热、温、凉四种不同的性质，也是指人体食用后的身体反应。如食后能减轻体内热毒的食物属寒凉之性，食后能减轻或消除寒证的食物则属温热性。

1.寒凉性药材与食物——清热、泻火、祛暑、解毒

寒凉性质的药材和食物均有清热、泻火、祛暑、解毒的功效，能解除或减轻热证，适合体质偏热，如易口渴、喜冷饮、怕热、小便黄、易便秘的人。

代表药材：金银花、知母、黄连、栀子、菊花、桑叶、板蓝根、蒲公英。

代表食物：绿豆、西瓜、苦瓜、西红柿、香蕉、梨、苹果、田螺、猪肠、柚子、山竹、海带、紫菜、竹笋、油菜、莴笋、芹菜、薏米、赤小豆、白萝卜、冬瓜等。

2.温热性药材与食物——抵御寒冷、温中补虚、暖胃

温热性质的药材和食物均有抵御寒冷、温中补虚、暖胃的功效，可以消除或减轻寒证，适合体质偏寒，如怕冷、手脚冰冷、喜欢热饮的人食用。如辣椒适用于四肢发凉等怕冷的症状；姜、葱、红糖对缓解感冒、发热、腹痛等症状有很好的功效。

代表药材：黄芪、当归、何首乌、大枣、桂圆肉、肉苁蓉、锁阳、肉桂、补骨脂等。

代表食物：葱、姜、韭菜、荔枝、杏、栗子、糯米、羊肉、狗肉、虾、鲢鱼、鳝鱼、辣椒、花椒、胡椒、洋葱、蒜、椰子、榴莲等。

3.平性药材与食物——开胃健脾、强壮补虚⋯⋯⋯⋯●

平性的药材与食物介于寒凉和温热性药材和食物之间，具有开胃健脾、强壮补虚的功效并容易消化，各种体质的人都适合食用。

代表药材：党参、灵芝、蜂蜜、莲子、甘草、黑芝麻、玉竹、茯苓、乌梅等。

代表食材：胡萝卜、土豆、大米、黄豆、花生、蚕豆、牛肉、鲫鱼、鲤鱼、牛奶等。

酸、苦、甘、辛、咸，五味各不同

"五味"为酸、苦、甘、辛、咸五种味道，分别对应人体五脏，酸对应肝、苦对应心、甘对应脾、辛对应肺、咸对应肾。酸味药材与食物：五味子、荔枝、葡萄、橘子、醋等；苦味药材与食物：绞股蓝、白芍、苦瓜、茶叶、青果等；甘味药材与食物：丹参、锁阳、沙参、黑芝麻、茄子、牛肉、羊肉等；辛味药材与食物：红花、川芎、紫苏、葱、大蒜、韭菜、酒等；咸味药材与食物：蛤蚧、鹿茸、龟甲、海带、海参等。

1.酸味药材与食物——"能收能涩"

酸味药材和食物对应于肝脏，大体都有收敛固涩的作用，可以增强肝脏的功能，常用于盗汗、自汗、泄泻、遗尿、遗精等虚症。食用酸味还可开胃健脾、增进食欲、消食化积。酸性食物能杀死肠道致病菌，但过量食用会引起消化功能紊乱，引起胃痛等症状。

2.苦味药材与食物——"能泻能燥能坚"

苦味药材和食物有清热、泻火、燥湿和利尿的作用，与心对应，可增强心的功能，多用于治疗热证、湿证等病证，但食用过量，也会导致消化不良。

3.甘味药材与食物——"能补能和能缓"

甘味药材和食物有补益、和中、缓急的作用，可补充气血、缓解肌肉紧张和疲劳，也能中和毒性，有解毒的作用。多用于滋补强壮、缓和因风寒引起的痉挛、抽搐、疼痛，适用于虚证、痛证。甘味对应脾，可以增强脾功能。但不能过量食用。

4.辛味药材与食物——"能散能行"

辛味药材和食物有宣发、发散、行血气、通血脉的作用，可以促进肠胃蠕动，促进血液循环，适用于表症、气血阻滞或风寒湿邪等病症。但过量会使肺气过盛，痔疮、便秘的老年人要少吃。

5.咸味药材与食物——"能下能软"

咸味药材和食物有通便补肾、补益阴血、软化体内酸性肿块的作用，常用于治疗热结便秘等症。当发生呕吐、腹泻不止时，适当补充些淡盐水可有效防止发生虚脱。但心脏病、肾脏病、高血压的老年人不能多吃。

药膳选用原则

说到饮食养生，自然离不开药膳的调理，药膳是药物与食物巧妙结合而配制的食品，它兼具药品与食品的作用，取药物之性，用食物之味，二者相辅相成。药膳具有保健养生、防病治病等多方面的作用，在选用时应遵循一定的原则。药物是祛病治疾的，见效快，重在治病；药膳多以养生防病为目的，见效慢，重在"养"与"防"。因此，药膳在保健、养生、康复中有很重要的地位，但不能代替药物治病。

1.因证用膳

中医讲辨证施治，药膳也应在辨证的基础上选料配伍，如血虚的患者多选用补血的食物红枣、花生等，阴虚的患者多使用枸杞、百合、麦冬等。只有因证用料，才能最大限度地发挥药膳的保健作用。

2.因时用膳

中医认为，人与日月相应，人的脏腑气血的运行和自然界的气候变化密切相关。"用寒远寒，用热远热"，意思就是说在采用性质寒凉的药物时，应避开寒冷的冬天，而采用性质温热的药物时，应避开炎热的夏天。这一观点同样适用于药膳。

3.因人用膳

人的体质不同，用药膳时也应有所差异。小儿体质娇嫩，选用原料不宜大寒大热；老人多肝肾不足，用药不宜温燥；孕妇恐动胎气，不宜用活血滑利之品。这些都是在药膳选用过程中应注意的。

4.因地而异

不同的地区，气候条件、生活习惯均有一定差异，人体生理活动和病理变化也会不同。有的地方气候潮湿，此地的人们饮食多温燥辛辣；有的地方天气寒冷，此地的人们饮食多热而滋腻。在制作药膳时也应遵循同样的道理。

科学煎煮，功效更大

煎煮中药应注意火候与煎煮时间。煎一般药宜先用大火后用小火。煎解表药及其他芳香性药物，应先用大火迅速煮沸，再改用小火煎10～15分钟即可。有效成分不易煎出的矿物类、骨角类、贝壳类、甲壳类药及补益药，宜用小火久煎，以使有效成分更充分地溶出。中药材的煎煮方法很重要，一般药物可以同时煎，但部分药物须作特殊处理。同一药物因煎煮时间不同，其性能与临床应用也存在差异。所以，煎制中药汤剂时应特别注意以下几点。

1.先煎

如制川乌、制附片等药材，应先煎半小时后再放入其他药同煎。生用时煎煮时间应加长，以确保用药安全。川乌、附子等药材，无论生用还是制用，因久煎可以降低其毒性、烈性，所以都应先煎。磁石、牡蛎等矿物、贝壳类药材，因其有效成分不易煎出，也应先煎30分钟左右再放入其他药材同煎。

2.后下

如薄荷、白豆蔻、大黄、番泻叶等药材，因其有效成分煎煮时容易挥散或分解破坏，不耐长时间煎煮，煎煮时宜后下，待其他药材煎煮将成时投入，煎沸几分钟即可。

3.包煎

如车前子、葶苈子等较细的药材，含淀粉、黏液质较多的药材，辛夷、旋覆花等有毛的药材，煎煮时宜用纱布包裹入煎。

4.另煎

如人参、西洋参等贵重药材宜另煎，以免煎出的有效成分被其他药渣吸附，造成浪费。

5.烊化

如阿胶、鹿角胶、龟胶等胶类药，容易熬焦，宜另行烊化，再与其他药汁兑服。

6.冲服

如芒硝等入水即化的药材及竹沥等汁液性药材，宜用煎好的其他药液或开水冲服。

配伍宜忌要牢记

最初治疗疾病多采用单味药物，随着药物品种的日益增多，对药性特点的不断明确，用药也由简到繁，出现了多种药物配合应用的方法。"配伍"是根据病情需要和药性特点，有选择地将两种或两种以上的药物配合在一起应用。配伍既能照顾复杂病情，又可增强疗效，减少毒副作用，因而被广泛采用。历代医家将中药材的配伍关系概括为七种，称为"七情"。即单行、相使、相须、相畏、相反、相恶、相杀。但也不是所有的中药都可配伍使用，中药的配伍也存在相宜相忌。

1.中药材的七种配伍关系

单行：用单味药治病。如清金散，单用黄芩治轻度肺热咳血；独参汤，单用人参补气救脱。

相使：将性能功效有共性的药配伍，一药为主，一药为辅，辅药能增强主药的疗效。如黄芪与茯苓配伍，茯苓能助黄芪补气利水。

相须：将药性功效相似的药物配伍，可增强疗效。如桑叶和菊花配伍，可增强清肝明目的功效。

相畏：即一种药物的毒性作用能被另一种药物减轻或消除。如附子配伍干姜，附子的毒性能被干姜减轻或消除，所以说附子畏干姜。

相杀：即一种药物能减轻或消除另一种药物的毒性或副作用。如干姜能减轻或消除附子的毒副作用，因此说干姜杀附子之毒。由此而知，相杀、相畏实际上是同一配伍关系的两种说法。

相恶：即两药物合用，一种药物能降低甚至去除另一种药物的某些功效。如莱菔子能降低人参的补气功效，所以说人参恶莱菔子。

相反：即两种药物合用，能产生毒副作用，或增加其原有的毒副作用，如配伍禁忌中的"十八反""十九畏"中的药物。

家庭药膳配伍，可取单行、相须、相使、相畏，而相恶、相反的配伍一般禁用于家庭药膳中。

2.中药材用药之忌

配伍禁忌： 目前，中医学界共同认可的配伍禁忌为"十八反"和"十九畏"。"十八反"即甘草反甘遂、大戟、海藻、芫花，乌头反贝母、瓜蒌、半夏、白蔹、白芨，藜芦反人参、沙参、丹参、玄参、苦参、细辛、芍药。"十九畏"即硫黄畏朴硝，水银畏密陀僧，狼毒畏密陀僧，巴豆畏牵牛，丁香畏郁金，川乌、草乌畏犀角，牙硝畏三棱，官桂畏石脂，人参畏五灵脂。

妊娠用药禁忌： 根据临床实践，将妊娠禁忌药物分为"禁用药"和"慎用药"两大类。禁用的药物多属剧毒药或药性峻猛的药，以及堕胎作用较强的药；慎用药主要是大辛大热药、破血活血药、破气行气药、攻下滑利药以及温里药中的部分药。

禁用药： 水银、砒霜、雄黄、轻粉、甘遂、大戟、芫花、牵牛子、商陆、马钱子、蟾蜍、川乌、草乌、藜芦、胆矾、瓜蒂、巴豆、麝香、干漆、水蛭、三棱、莪术、斑蝥。

慎用药： 桃仁、红花、牛膝、川芎、姜黄、大黄、番泻叶、牡丹皮、枳实、芦荟、附子、肉桂、芒硝等。

服药食忌： 服药食忌是指服药期间对某些食物的禁忌，即通常说的忌口。忌口的目的是避免疗效降低或发生不良反应，影响身体健康及病情的恢复。一般而言，服用中药时应忌食生冷、辛辣、油腻、有刺激的食物。但不同的病情有不同的禁忌，如热性病应忌食辛辣、油腻、煎炸及热性食物，寒性病忌食生冷、肝阳上亢、头晕目眩、烦躁易怒者应忌食辣椒、胡椒、酒、大蒜、羊肉、狗肉等大热助阳之品，脾胃虚弱、易腹胀、易泄泻者应忌食黏腻、坚硬、不易消化之品，疮疡、皮肤病者应忌食鱼、虾、蟹等易发易过敏及辛辣刺激性食物。

第二章

《本草纲目》解析
75种男性保健食物

　　《本草纲目》有言："药补不如食补""饮食为生人之本"，由此可见，饮食的目的在于养生保健，只有树立科学的饮食观才能保证男性的健康。从《黄帝内经》中男子阶段养生来看，男性当以肾为本，肾又谓之"命门"，即生命之门户，可见肾气是否充足是男性身体好坏的关键所在。

　　本章从《本草纲目》里挑出了75种对男性有益的食物和中药材，并巧妙地将人和食物连接在一起，告诉读者什么食物对其有益，益处在哪，如何搭配其他食物做成药膳来养生保健，让男性读者学会选择适合自己的食物，为自己的健康保驾护航。

莲子

养心益肾、固精止遗

《本草纲目》中有记载，莲子鲜者性平，味甘、涩；干者性温，味甘、涩，归心、脾、肾经，能益心肾、固精气、强筋骨、补虚损、利耳目，久服轻身耐老，主治男子遗精、心烦失眠、脾虚久泻、大便溏泄、久痢、腰疼、记忆衰退等症。莲子一般人群皆可食用，尤其适合男性遗精早泄者、脾虚腹泻者、失眠者、记忆力衰退者食用。

应用指南 ①治疗对男子肾阳亏损、肝肾精力不足所致的遗精：选用上好的莲子50克，放入锅内，加水适量煮熟，加入炒熟白果仁10枚熬煮成粥，加白糖调味食用。②治疗阳痿不举、遗精、早泄和脾虚所致的泄泻：用大米500克、莲子50克、芡实50克，均洗净同入铝锅内，加适量水，如焖米饭样焖熟食用。

健康吃法 1 白果莲子乌鸡汤

配 方 白果30克，莲子50克，乌鸡腿1只，盐5克

制 作 ①鸡腿洗净、剁块，氽烫后捞出冲净；莲子洗净。②将鸡腿块放入锅中，加水至没过材料，以武火煮开，转文火煮20分钟。③加入莲子，续煮15分钟，再加入白果煮熟，最后加盐调味即成。

适宜人群 腰膝酸软、遗精滑泄者；夜尿频多的老年人以及肺虚咳嗽者。

· 滋阴润肺+止咳化痰 ·

健康吃法 2 芡实莲须鸭汤

配 方 鸭肉1000克，芡实50克，蒺藜子、龙骨、牡蛎各10克，莲须、鲜莲子各100克，盐8克

制 作 ①将蒺藜子、莲须、龙骨、牡蛎洗净，放入棉布袋扎紧口；鸭肉氽水，捞出洗净；莲子、芡实洗净。②将全部材料放入锅中，加水武火煮开，转文火续炖40分钟，加盐调味即成。

适宜人群 一般人群皆可食用，尤其适合遗精、早泄、慢性腹泻的患者。

· 补肾固精+止遗止泻 ·

黑米

益气强身、养精固肾

《本草纲目》中有记载，黑米性平，味甘，归脾、胃经，富含蛋白质、碳水化合物、B族维生素、维生素E、钙、磷、钾、镁、铁、锌等营养成分，具有养精固肾、健脾开胃、补肝明目、益气强身的食疗作用，主治肾阴亏虚，血虚头昏，须发白发，眼疾，阴虚咳嗽等。黑米一般人群皆可食用，尤其适合肾阴亏虚的男性患者食用。

应用指南 ①治疗肾阴亏虚引起的潮热盗汗、失眠、早泄、遗精等症：取黑米60克，小米40克，核桃、莲子各30克，将以上四味分别洗净，放入锅中煮成稠粥食用。②治疗肾虚须发早白、脱发症：取黑米60克、黑芝麻40克、首乌10克，将以上三味分别洗净，首乌切小片，一起放入锅中煮粥食用。

健康吃法 1 黑米红豆椰汁粥

配 方 黑米60克，红豆30克，椰汁、陈皮各适量，片糖适量

制 作 ①黑米、红豆均泡发洗净；陈皮洗净，切丝。②锅置火上，倒入清水，放入黑米、红豆煮至开花。③注入椰汁，加入陈皮、片糖同煮至浓稠状即可。

适宜人群 一般人群都可食用，但头晕、眩晕、贫血的患者不宜食用。

· 健脾开胃+消肿利尿 ·

健康吃法 2 党参红枣黑米粥

配 方 黑米80克，党参、红枣各适量，白糖4克

制 作 ①黑米泡发洗净；红枣洗净，切片；党参洗净，切段。②锅置火上，倒入清水，放入黑米煮至开花。③加入红枣、党参同煮至浓稠状，调入白糖拌匀即可。

适宜人群 一般人群都可食用，但脾胃虚弱、贫血、气虚患者不宜食用。

· 补脾养胃+健运中气 ·

粳米

养阴生津、健脾补气

粳米性平，味甘。归脾、胃经。具有养阴生津、除烦止渴、健脾胃、补中气、固肠止泻的功效，而且用粳米煮米粥时，浮在锅面上的浓稠液体俗称米汤、粥油，具有补虚的功效，对于病后产后体弱的人有良好的食疗效果。粳米适合体虚、高热、久病初愈、脾胃虚弱、烦渴、营养不良、病后体弱等患者食用。

应用指南 ①中老年体质虚弱：黑芝麻25克、粳米50克。黑芝麻炒熟研末备用，粳米洗净与黑芝麻入锅同煮，旺火煮沸后，改用文火煮至成粥。
②脾弱、食欲缺乏：香菇20克，粳米50克。将香菇洗净、去蒂、切碎和粳米一起放入砂锅中，加水适量，文火煎成粥。每日1&2次温服。

健康吃法1 百合粳米粥

配方 百合50克，粳米50克，冰糖适量
制作 ①将粳米洗净、泡发，备用。②发好的粳米倒入砂锅内，加适量水，武火烧沸后，改文火煮40分钟。③放入百合，稍煮片刻，在起锅前，加入冰糖调味即可。

适宜人群 失眠、心悸患者；体虚、久病初愈、脾胃虚弱、烦渴、营养不良者。

· 养心安神+养阴生津 ·

健康吃法2 酸枣仁粳米粥

配方 酸枣仁15克，粳米100克，白糖适量
制作 ①将酸枣仁、粳米分别洗净，备用。酸枣仁用刀切成碎末。②砂锅洗净，置于火上，倒入粳米，加水煮至粥将熟，加入酸枣仁末，搅拌均匀，再煮片刻。③起锅前，加入白糖，拌匀即可。

适宜人群 虚烦不眠、惊悸怔忡、心烦易怒、失眠多梦、虚汗患者。

· 养心安神+养肝敛汗 ·

小米

最养胃的食物

小米性凉，味甘、咸；陈者性寒，味苦；归脾、肾经。小米有健脾、和胃、安眠等食疗作用，对体虚乏力、食欲缺乏等症有食疗效果，并有缓解精神压力、紧张情绪等作用。小米中所含的锰，能维持性功能，有利于性欲，还可促进精子数量、生殖功能健康正常。小米适合阴虚体质者食用，尤其适合体虚乏力、食欲缺乏、失眠、精神紧张的男性食用。

应用指南 ①治疗男性更年期综合征：取小米50克、莲子30克、芡实30克，以上三味分别洗净，放入锅中，加水煮成稠粥食用。②治疗男子潮热盗汗、失眠多梦、遗精：取小米80克、覆盆子20克、白果20克、五味子10克，将以上材料分别洗净，放入锅中煮粥食用。

健康吃法 1 小米樱桃粥

配 方 豌豆30克，樱桃、山药各20克，小米70克，白糖5克，蜂蜜6克

制 作 ①小米洗净；豌豆洗净，泡发半小时后捞起沥干；樱桃、山药均洗净，切丁。②锅置火上，倒入清水，放入小米、豌豆、山药煮至米粒开花。③加入樱桃同煮至浓稠状，调入白糖、蜂蜜拌匀即可。

适宜人群 消化不良者；瘫痪、四肢麻木者；体质虚弱、面色无华者。

· 增强体质+渗水利湿 ·

健康吃法 2 火龙果西红柿小米粥

配 方 火龙果、西红柿各适量，小米90克，冰糖10克，葱少许

制 作 ①小米洗净；火龙果去皮洗净，切小块；西红柿洗净，切块；葱洗净，切为葱花。②锅置火上，注入清水，放入小米用大火煮至米粒绽开后，再放入冰糖煮至融化，粥浓稠。③待粥凉后，撒上火龙果、西红柿丁及葱花即可。

适宜人群 食欲缺乏、消化不良者。

· 促进消化+健脾开胃 ·

薏米

利水消肿，健脾补肺

薏米药食两用，其性凉，味甘、淡，归脾、胃、肺经，具有利水渗湿、抗癌、解热、镇静、镇痛、抑制骨骼肌收缩、健脾止泻、除痹、排脓等功效，还可美容健肤，对于治疗扁平疣等病症有一定食疗功效。薏米有增强人体免疫功能、抗菌抗癌的作用。可入药，用来治疗水肿、脚气、脾虚泄泻，也可用于肺痈、肠痈等病的治疗。

应用指南 ①清热利尿、健脾利湿，辅助治疗尿路感染、前列腺炎：将15克大米，15克绿豆，15克薏米洗净，加水熬粥，或将薏米粉加上绿豆粉一起做成豆沙，煮成绿豆薏米糊。②利尿排石，辅助治疗肾结石、尿路结石：将金钱草30克，放入砂锅加水煎煮半小时滤渣留汁，再放入薏米100克煮成粥，加适量糖即成。

健康吃法 1 薏米板栗瘦肉汤

配　方 瘦肉200克，板栗100克，薏米60克，高汤、盐、葱花各适量，味精3克

制　作 ①瘦肉洗净，切丁，汆水；板栗、薏米洗净备用。②净锅上火倒入高汤，加入瘦肉、板栗、薏米煲熟，调入盐、味精，撒上葱花即可。

适宜人群 泄泻、湿痹、水肿、肠痈、肺痈、淋浊、慢性肠炎患者；肾虚患者。

· 补肝护肾+利水消肿 ·

健康吃法 2 薏米鸡块汤

配　方 鸡肉200克，山药50克，薏米20克，精盐5克

制　作 ①将鸡肉洗净，斩块，汆水；山药去皮，洗净，均切成块；薏米淘洗净，泡至回软备用。②汤锅上火倒入水，下入鸡块、山药、薏米，调入精盐煲至熟即可。

适宜人群 风湿性关节炎、水肿、泄泻、癌症患者。

· 利水渗湿+健脾益胃 ·

黑豆

滋阴补肾、健脾利水

黑豆性平，味甘，归心、肝、肾经，具有滋肾阴、润肺燥、止盗汗、健脾利水、消肿下气、活血解毒、乌发黑发以及延年益寿的功能，可有效地缓解男性尿频、腰酸、下腹部阴冷等症状。常食黑豆，能软化血管，对高血压、心脏病也有食疗效果，还能滋润皮肤，延缓衰老。黑豆一般人群皆可食用，尤其适合肾虚尿频、腰膝酸软、阴虚盗汗、肾炎水肿等男性患者食用。

应用指南 ①补肾壮腰，治疗肾虚腰痛：黑豆100克，塘虱鱼1条，杜仲10克，加水适量煮至黑豆熟透，去杜仲，加油、盐调味，一天分2次服。②补肾乌发，防治须发早白：黑豆80克，黑芝麻30克，首乌20克，将以上3味分别洗净，入锅加水煮至黑豆熟透，加盐调味即可食用。

健康吃法 1 黑豆红枣莲藕猪蹄汤

配方 莲藕200克，猪蹄150克，黑豆25克，红枣8颗，当归3克，清汤适量，精盐6克，姜片3克，葱花少许
制作 ①将莲藕洗净，切成块；猪蹄洗净，斩块；黑豆、红枣洗净浸泡20分钟备用。②净锅上火倒入清汤，下入姜片、当归，调入精盐烧开，下入猪蹄、莲藕、黑豆、红枣煲熟，撒上葱花即可。

适宜人群 体弱多病、营养不良者以及高血压、食欲缺乏、缺铁性贫血者。

· 清热解毒＋补血护肾 ·

健康吃法 2 黑米黑豆莲子粥

配方 糙米40克，燕麦30克，黑米、黑豆、红豆、莲子各20克，白糖5克
制作 ①糙米、黑米、黑豆、红豆、燕麦均洗净，泡发；莲子洗净，泡发后，挑去莲心。②锅置火上，加入适量清水，放入糙米、黑豆、黑米、红豆、莲子、燕麦开大火煮沸。③最后转小火煮至各材料均熟，粥呈浓稠状时，调入白糖拌匀即可。

适宜人群 失眠多梦、遗精、肾虚患者。

· 益肾涩精＋补脾止泻 ·

黄豆

健脾益气、宽中润燥

黄豆性平，味甘，归脾、大肠经。含蛋白质及铁、镁、钼、锰、铜、锌、硒等矿物质，以及人体八种必需氨基酸，能通便、去肝火，改善肝脏的代谢，还能帮助吸收钙质。此外，黄豆还能促进人体造血、营养神经，既可减慢老化、增强脑力、提高肝脏的解毒功能，又能降低血脂、解除疲劳、预防癌症。一般人群即可食用。

应用指南 ①补肾抗衰老，治疗肾虚早衰：黄豆80克，乳鸽1只，冬虫夏草5枚，枸杞10克，将以上材料分别洗净，放入锅中，加水适量，煮至乳鸽熟烂，加盐调味食用。②利尿通淋，治疗尿道炎、前列腺炎：黄豆60克，赤小豆40克，绿豆30克，将以上三种豆类洗净，放入碗中，用温水浸泡一夜，再放入豆浆机中打成豆浆饮用。

健康吃法1 小米黄豆粥

配方 小米80克，黄豆40克，白糖3克，葱5克

制作 ①小米淘洗干净；黄豆洗净，浸泡至外皮发皱后，捞起沥干；葱洗净，切成葱花。②锅置火上，倒入清水，放入小米与黄豆，以大火煮开。③待煮至浓稠状，调入白糖拌匀，撒上葱花即可。

适宜人群 高血脂患者；脾胃虚弱患者。

· 健脾开胃+降低胆固醇 ·

健康吃法2 黄豆猪蹄汤

配方 猪蹄半只，黄豆45克，枸杞、精盐、青菜各适量

制作 ①将猪蹄洗净，切块，汆水；黄豆用温水浸泡40分钟备用。②净锅上火倒入水，调入精盐，下入猪蹄、黄豆、枸杞、青菜煲60分钟即可。

适宜人群 脾胃虚弱者；气血不足、营养不良、癌症等患者。

· 补脾益胃+养血通乳 ·

赤小豆

利水消肿、解毒排脓

赤小豆性平，味甘、酸，归心、小肠经，含有蛋白质、粗纤维、维生素A、B族维生素、维生素C以及钙、磷、铁、铝、铜等营养成分，有利尿、消肿、滋补强壮、健脾养胃、抗菌消炎等食疗作用，还能增进食欲，促进胃肠消化吸收，对湿热腹泻、尿路感染、前列腺炎、肾炎水肿等患者均有食疗效果。

应用指南 ①利尿消肿、消炎排毒，治疗急、慢性肾炎：赤小豆80克，马蹄200克，白茅根10克，将以上三味分别洗净，马蹄去皮，一起放入锅中，煮成汤食用。②解毒排脓、利尿止血，治疗前列腺炎、尿血、尿痛：赤小豆60克，鱼腥草20克，槐米10克，将以上三味分别洗净，放入锅中煮成汤食用。

健康吃法1 赤小豆核桃粥

配方 赤小豆30克，核桃仁20克，大米70克，白糖3克，葱花适量

制作 ①大米、赤小豆均泡发洗净；核桃仁洗净。②锅置火上，倒入清水，放入大米、赤小豆同煮至开花。③加入核桃仁煮至浓稠状，调入白糖拌匀，撒上葱花即可。

适宜人群 肾脏性水肿、心脏性水肿、肝硬化腹水、营养不良性水肿患者。

· 温补肺肾+定喘润肠 ·

健康吃法2 赤小豆煲乳鸽

配方 乳鸽1只，赤小豆100克，胡萝卜50克，盐3克，胡椒粉2克，姜10克

制作 ①胡萝卜去皮洗净切片；乳鸽去内脏洗净，焯烫；赤小豆洗净，泡发；姜去皮洗净切片。②锅上火，加适量清水，放入姜片、赤小豆、乳鸽、胡萝卜片，武火烧开后转文火煲约2小时。③起锅前调入盐、胡椒粉即可。

适宜人群 体虚头晕者、肾脏性水肿、心脏性水肿、肝硬化、肝腹水患者。

· 利水除湿+滋补肾阴 ·

绿豆

清热解毒、利尿通淋

绿豆性凉，味甘，归心、胃经，富含蛋白质、多种维生素、钙、磷、铁等营养成分，具有降压降脂、保肝护胆、清热解毒、利尿通淋的作用，对高血压、动脉硬化、糖尿病、暑热烦渴、湿热泄泻、肾炎、尿路感染、前列腺炎等均有较好的辅助治疗作用。常服绿豆对接触有毒、有害化学物质而可能中毒者有一定的防治效果。

应用指南 ①利尿止渴，治疗消渴、小便频数：绿豆300克，洗净，用水2500毫升，煮烂细研，过滤取汁，早晚饭前各服100毫升。②利尿、降压、降脂，治疗尿路感染、高血压、高血脂：绿豆100克、海带200克均洗净，先将绿豆放入锅中，加水适量，煮至5成熟，再下入海带，直至熟烂，加盐调味即可。

健康吃法1 百合绿豆凉薯汤

配方 百合150克，绿豆300克，凉薯1个，瘦肉1块，盐5克，味精3克，鸡精2克
制作 ①百合泡发；瘦肉洗净，切成块。②凉薯洗净，去皮，切成大块。③将所有备好的材料放入煲中，以大火煲开，转用小火煲15分钟，加入盐、味精、鸡精调味即可。

适宜人群 高血压、动脉硬化、糖尿病、失眠心烦患者。

· 养心安神＋降压降脂 ·

健康吃法2 绿豆薏米汤

配方 薏米10克，绿豆10克，低脂奶粉25克
制作 ①先将绿豆与薏米洗净，浸泡大约2小时即可。②砂锅洗净，将绿豆与薏米加入水中煮滚，待水煮开后转文火，将绿豆煮至熟透，汤汁呈黏稠状。③滤出绿豆、薏米中的水，加入低脂奶粉搅拌均匀后，再倒入绿豆、薏米中即可。

适宜人群 上火、体质偏热者；高血压病、水肿、结膜炎等病症患者。

· 清热解毒＋利水渗湿 ·

黑芝麻

补肝肾、润五脏

黑芝麻性平，味甘，归肝、肾、肺、脾经，富含脂肪、蛋白质、膳食纤维、维生素B$_1$、维生素B$_2$、维生素E、卵磷脂、钙、铁、镁等营养成分，具有益肾、养发、润肠、通乳、补肝、强身、抗衰老等食疗作用，对于肝肾不足所致的视物不清、腰酸腿软、耳鸣耳聋、发枯发落、眩晕、眼花、头发早白等中老年男性患者食疗效果显著。

应用指南 ①滋阴补肝肾，治疗肾虚须发早白、视物不清：黑芝麻50克，核桃30克，黑豆30克，将三者洗净，放入豆浆机中，加入适量沸水，打成糊，加入适量白糖食用。②润肠通便，治疗中老年肠燥便秘症：黑芝麻50克，香蕉1个，蜂蜜适量，将黑芝麻磨成粉，香蕉捣碎，加入适量温开水，和芝麻粉搅拌成糊状，再加入少量蜂蜜食用。

健康吃法 1 芝麻润发汤

配 方 乌鸡300克，红枣4粒，黑芝麻50克，盐适量，水1500毫升

制 作 ①乌鸡洗净，切块，汆烫后捞起备用；红枣洗净。②将乌鸡、红枣、黑芝麻放入锅中，加水以文火煲约2小时，再加盐调味即可。

适宜人群 骨质疏松、佝偻病、缺铁性贫血症、头发早白患者。

· 益肾养发 + 强身健体 ·

健康吃法 2 黑芝麻山药糊

配 方 山药、何首乌各250克，芝麻250克，白糖适量

制 作 ①黑芝麻、山药、何首乌均洗净、沥干、炒熟，再研成细粉，分别装瓶备用。②再将三种粉末一同盛入碗内，加入开水和匀。可根据个人口味，调成黏稠或是稍稀的糊。③最后调入白糖，和匀即可。

适宜人群 脾胃虚弱、头发早白者。

· 健脾益胃 + 养发护肾 ·

板栗

补脾健胃、补肾强筋

板栗性温，味甘、平，归脾、胃、肾经，富含蛋白质、氨基酸、钙、磷、铁、钾等无机盐及胡萝卜素、B族维生素等营养成分。中医认为板栗能补脾健胃、补肾强筋、活血止血，对肾气虚亏、腰膝无力有良好的食疗作用，故又称"肾之果"，常吃还可以防治高血压、冠心病、动脉硬化、骨质疏松等疾病，是抗衰老、延年益寿的滋补佳品。

应用指南 ①补肾强腰，治疗腰膝酸软、骨质疏松：板栗100克，排骨350克，杜仲15克，将排骨洗净，氽水；板栗去壳去皮；将以上三味放入锅中一起炖汤食用。②养肝补肾、强筋壮骨，治疗肝肾亏虚、腰痛无力：用板栗300克、白糖50克、生粉50克、桂花少许，将板栗去壳去皮，栗肉上笼蒸熟，做成泥状，锅内略加清水、栗肉泥、桂花、白糖，略焖，再用生粉勾薄芡即成。

健康吃法1 板栗排骨汤

配 方 鲜板栗250克，排骨500克，胡萝卜1根，盐3克

制 作 ①板栗入沸水中用小火煮约5分钟，捞起剥膜。②排骨放入沸水中氽烫，捞起，洗净；胡萝卜削皮，洗净，切块。③将以上材料放入锅中，加水盖过材料，以武火煮开，转文火续煮30分钟，加盐调味即可。

适宜人群 肾气虚亏、腰脚无力者。

·保肝护肾+补脾生津·

健康吃法2 板栗冬菇老鸡汤

配 方 老鸡200克，板栗肉30克，冬菇20克，精盐5克，葱花适量

制 作 ①将老鸡洗净，斩块，氽水；板栗肉洗净；冬菇浸泡洗净，切片备用。②净锅上火倒入水，调入精盐，下入鸡肉、板栗肉、冬菇煲至熟，撒上葱花即可。

适宜人群 高血压、冠心病、肝硬化患者；气虚、贫血患者。

·滋阴助阳+益胃和中·

核桃

益智补脑、养足肾气

核桃仁性温，味甘，归肾、肺、大肠经，含蛋白质、钙、磷、铁、锌、胡萝卜素、核黄素及维生素A、B族维生素、维生素C、维生素E等营养成分，具有温补肺肾、定喘润肠的功效，是"滋补肝肾、强健筋骨之要药"，可用于治疗由于肝肾亏虚引起的腰腿酸软、筋骨疼痛、牙齿松动、须发早白、虚劳咳嗽、小便频数等症。

应用指南 ①养肾补脑、安神助眠，治疗肾虚引起的失眠症：核桃仁6个，白糖30克，捣烂如泥，放入锅里加黄酒50毫升，小火煎30分钟，每日1剂，分两次服。②治疗神经衰弱、健忘、失眠多梦、遗精、梦遗等症：核桃肉、黑芝麻、桑叶各30克，捣如泥状，作丸，每服10克，一日两次服用。

健康吃法1 核桃牛肉汤

配方 核桃100克，牛肉210克，腰果50克，盐6克，鸡精2克，香葱8克

制作 ①将牛肉洗净，切块，汆水。②核桃、腰果洗净备用。③汤锅上火倒入水，下入牛肉、核桃、腰果，调入盐、鸡精，煲至熟，撒入香葱即可。

适宜人群 高血压、冠心病、血管硬化和糖尿病患者；老年人；身体虚弱者。

· 滋补肝肾+补脾益气 ·

健康吃法2 核桃乌鸡粥

配方 乌鸡肉200克，核桃100克，大米80克，枸杞30克，姜末5克，鲜汤150克，盐3克，葱花4克

制作 ①核桃去壳，取肉；大米淘净；枸杞洗净；乌鸡肉洗净，切块。②油锅烧热，爆香姜末，下入乌鸡肉过油，倒入鲜汤，放入大米烧沸，下核桃肉和枸杞，熬煮。③文火将粥焖煮好，调入盐调味，撒上葱花即可。

适宜人群 体虚血亏、肝肾不足等患者。

· 滋阴补肾+养血补虚 ·

南瓜子

预防肾结石佳品

南瓜子性平，味甘，归大肠经，含有丰富的氨基酸、不饱和脂肪酸、维生素及胡萝卜素等营养成分。现代医学研究证明，常吃南瓜子，可预防肾结石的发生，还可促进患者排出结石，更重要的是，南瓜子中的活性成分和丰富的锌元素，能提高精子质量，对前列腺有保健作用，对前列腺疾病、尿失禁、敏感性膀胱症等有辅助治疗作用。

应用指南 ①健脾利水，治疗脾虚水肿、小便短少：南瓜子20克，薏米30克，先将南瓜子去壳留仁；薏米洗净备用，将南瓜子与薏米一起放入锅中，加水煮汤食用。②治疗前列腺增生，提高男性精子质量：南瓜子40克，核桃仁30克，花生40克，黑芝麻30克，将以上材料均洗净，放入豆浆机中，加入开水适量，搅打成糊食用。

健康吃法① 南瓜子小米粥

| 配 方 | 南瓜子仁适量，枸杞10克，小米100克，盐2克

| 制 作 | ①小米泡发洗净；南瓜子仁、枸杞洗净。②锅置火上，加入适量清水，放入小米，以大火煮开，再倒入南瓜子仁、枸杞。③不停地搅动，以小火煮至粥呈浓稠状，调入盐拌匀即可。

适宜人群 糖尿病、高血压、百日咳、痔疮患者；蛔虫病、肾结石、前列腺患者。

· 健脾益胃 + 润肠驱虫 ·

健康吃法② 凉拌玉米瓜仁

| 配 方 | 玉米粒100克，南瓜子仁30克，枸杞10克，香油4克，盐适量

| 制 作 | ①将玉米粒洗干净，沥干水。②再将南瓜子仁、枸杞与玉米粒一起入沸水中焯熟，捞出，沥干水后，加入香油、盐，拌均匀即可。

适宜人群 糖尿病、高血压患者；蛔虫病患者；儿童。

· 开胃益智 + 降糖降压 ·

花生

健脾胃的"植物肉"

花生性平，味甘，归脾、肺经，含有蛋白质、多种维生素、钙、磷、铁、不饱和脂肪酸、卵磷脂、胡萝卜素等营养成分，有益智、抗衰老、延长寿命的作用。花生可以促进人体的新陈代谢、增强记忆力，对心脏病、高血压和脑出血有食疗作用。花生富含锌，对男性前列腺大有益处；还富含钙，常食对骨质疏松有食疗作用。

应用指南 ①治疗水肿、须发早白：花生100克，黑豆200克，盐、花椒各适量，先将黑豆慢火煲1小时后，加入花生再煲半小时，加盐、花椒猛火一滚，即可食用。②润肺止咳、润肠通便，治疗久咳气短、肠燥便秘：花生、甜杏仁各30克，蜂蜜适量，将花生、甜杏仁捣烂成泥状，每次取10克，加蜂蜜，开水冲服，早、晚饭后食用。

健康吃法1 牛奶炖花生

|配 方| 花生100克，枸杞20克，银耳30克，牛奶1500毫升，冰糖适量
|制 作| ①将银耳、枸杞、花生洗净。②锅上火，放入牛奶，加入银耳、枸杞、花生，煮至花生烂熟。③调入冰糖即可。

适宜人群 心脏病、高血压患者；骨质疏松、前列腺炎患者；营养不良者。

· 生津润肠+增强记忆力 ·

健康吃法2 花生香菇鸡爪汤

|配 方| 鸡爪250克，花生45克，香菇4朵，高汤适量，盐4克
|制 作| ①将鸡爪洗净；花生米洗净浸泡；香菇洗净切片备用。②净锅上火倒入高汤，下入鸡爪、花生米、香菇煲至熟，调入盐即可。

适宜人群 气虚、贫血者；营养不良、脾胃失调者。

· 活血止血+强筋健骨 ·

松子

强身补骨、润燥滑肠

松子性平，味甘，归肝、肺、大肠经，含有油酸酯、亚油酸酯、蛋白质、挥发油、磷、铁、钙等营养成分，具有强肾补骨、滋阴养液、补益气血、润燥滑肠之功效，可用于肝肾阴虚所致的头晕眼花、须发早白、耳鸣咽干、腰膝酸软，以及病后体虚、肌肤失润、肺燥咳嗽、口渴便秘、自汗、心悸等病症。

应用指南 ①治虚羸少气、五脏劳伤、骨蒸盗汗、心神恍惚、遗精滑泄：松子仁30克，麦门冬(不去芯)30克，金樱子、枸杞各20克，煎汤食用，每早晚一次。②治疗肝肾阴虚、头晕眼花、急躁易怒、耳鸣咽干、腰膝酸软：松子40克，黑芝麻30克，枸杞10克，菊花5克，将以上4味洗净后，煎汁饮用，分2次温服。

健康吃法 1 松仁玉米

配方 松仁50克，玉米粒150克，青豆50克，盐、味精、鸡精各适量

制作 ①将油锅烧热，放入松仁，炸至香酥后，捞出沥油备用。②在锅中加入清水煮沸后，放入玉米粒和青豆余烫至熟，捞出沥干水分备用。③将锅中油烧热后，放入青豆和玉米粒，加入盐、味精、鸡精炒熟入味，装入盘中再撒上松仁即可。

适宜人群 便秘、水肿、小便不利等症患者。

· 开胃益智+润燥滑肠 ·

健康吃法 2 松仁核桃粥

配方 松子20克，核桃仁30克，大米80克，盐2克

制作 ①大米泡发洗净；松子、核桃仁均洗净。②锅置火上，倒入清水，放入大米煮至米粒开花。③加入松子、核桃仁同煮至浓稠状，调入盐拌匀即可。

适宜人群 头晕眼花、须发早白、耳鸣咽干、腰膝酸软、病后体虚、肺燥咳嗽、口渴便秘、自汗、心悸患者。

· 滋阴润肺+延年益寿 ·

榛子

健脾益胃、益气明目

榛子性平，味甘，归脾、胃、肾经，含有蛋白质、胡萝卜素、维生素、人体必需的8种氨基酸及钙、磷、铁等微量元素，具有补脾胃、益气、明目的功效，适宜饮食减少、体倦乏力、眼花、身体消瘦、癌症、糖尿病患者食用，还能有效地延缓衰老，防治冠心病、血管硬化，润泽肌肤。但榛子性滑，泄泻便溏者应少食。

应用指南 ①养肝益肾、明目健脑、抗衰老：榛子仁30克，枸杞15克，粳米50克，先将榛子仁捣碎，然后与枸杞一同加水煎汁，去渣后与粳米一同用文火熬成粥即成。每日1剂，早晚空腹服食。②治疗糖尿病、高血压，体虚食少等症：榛子仁15克、藕粉30~50克、白糖适量。先将榛子炒黄，不可炒焦，研成细末，掺入藕粉内，用滚开水冲后，加糖调匀食用。

健康吃法① 桂圆榛子粥

配 方 榛子30克，桂圆肉20克，玉竹20克，大米90克

制 作 ①将榛子去壳、去皮洗净，切碎；桂圆肉、玉竹洗净；大米泡发洗净。②锅置火上，注入清水，放入大米，用武火煮至米粒开花。放入榛子、桂圆肉、玉竹，用中火煮至熟后即可。

适宜人群 饮食减少、体倦乏力、眼花、身体消瘦、癌症、阴血亏虚的糖尿病患者。

· 壮阳补肾+补益心脾 ·

健康吃法② 榛子枸杞粥

配 方 榛子仁30克，枸杞15克，粳米50克，葱花适量

制 作 ①将榛子仁捣碎，然后与枸杞一同加水煎汁。②去渣取汁与粳米一同用文火熬成粥，撒上葱花即成。

适宜人群 体虚、视昏者；饮食减少、体倦乏力、身体消瘦、癌症、糖尿病人适宜食用。

· 养肝益肾+明目丰肌 ·

猪腰

补肾气、止消渴

猪腰性平，味甘、咸，归肾经，具有补肾气、通膀胱、消积滞、止消渴之功效。对肾虚腰痛、遗精盗汗、产后虚羸、身面浮肿等症有食疗作用。一般人群均可食用，尤其适宜肾虚腰酸腰痛、遗精、盗汗者以及肾虚耳聋、耳鸣的中老年男性食用，但猪腰胆固醇含量高，因此血脂偏高者、高胆固醇者忌食。

应用指南 ①补肾固精，治疗肾虚腰酸腰痛、遗精盗汗：猪腰3只，去皮核桃仁30克，枸杞20克，分别洗净，一起放入锅中，炖煮2小时，加盐调味即可。
②利水消肿，治疗急、慢性肾炎：猪腰一对，茯苓20克，黄芪10克，车前子20克，将以上材料分别洗净，放入锅中，炖煮1小时，加盐调味食用。

健康吃法 1 参归山药猪腰汤

配方 猪腰1个，人参、当归各10克，山药30克，麻油、葱、姜各适量

制作 ①猪腰剖开，去除筋膜，冲洗干净，在背面用刀划斜纹，切片备用。②人参、当归放入砂锅中，加清水煮沸10分钟。③再加入猪腰片、山药，略煮至熟后加麻油、葱、姜即可，佐餐食用，每日1次，连服7天。

适宜人群 心肾阳虚型冠心病患者。

· 补肾壮腰 + 补中益气 ·

健康吃法 2 木瓜车前草猪腰汤

配方 猪腰300克，木瓜200克，车前草、茯苓各10克，味精、盐、米醋、花生油各适量

制作 ①将猪腰洗净，切片，焯水；车前草、茯苓洗净；木瓜洗净，去皮切块。②净锅上火倒入花生油，加入适量水，调入盐、味精、米醋，放入猪腰、木瓜、车前草、茯苓，文火煲至熟即可。

适宜人群 阳亢火旺体质者；急、慢性肾炎患者；尿路感染患者。

· 补肾益精 + 清热利尿 ·

猪肚

补虚损、健脾胃

猪肚性微温，味甘，归脾、胃经，富含蛋白质、脂肪、维生素A、维生素E以及钙、钾、镁、铁等营养成分，具有补虚损、健脾胃的功效，对中气不足，气虚下陷所致的男子遗精、女子带下、小便颇多症状以及脾胃虚弱引起的食欲缺乏、泄泻下痢均有食疗效果。适用于气血虚损、身体瘦弱者食用。

应用指南 ①治男子肌瘦气弱，咳嗽渐成劳瘵：白术、牡蛎（烧）各200克，苦参150克。研为细末，以猪肚1个，煮熟研成膏，和丸如梧桐子大。每次服用三四十丸，以米汤送服，每日3~4次。②治疗胃寒、心腹冷痛：猪肚1个，白胡椒15克。把白胡椒打碎，放入猪肚内，并留少许水分。然后把猪肚头尾用线扎紧，慢火煲1个小时以上（至猪肚酥软），加盐调味即可。

健康吃法1 竹香猪肚汤

|配 方| 熟猪肚100克，水发腐竹50克，色拉油25克，味精3克，香油4克，姜末5克，精盐6克，香芹碎适量

|制 作| ①将熟猪肚切成丝；水发腐竹洗净，切成丝。②净锅上火倒入色拉油，将姜末炝香，下入猪肚、水发腐竹煸炒，倒入水，调入精盐、味精、香芹碎煮沸，淋入香油即可。

适宜人群 中气不足患者；遗精、小便频多患者；食欲缺乏、泄泻下痢患者。

·补脾健胃+健脑降脂·

健康吃法2 健胃肚条煲

|配 方| 猪肚500克，薏米300克，枸杞20克，姜5克，高汤200克，盐3克，鸡精1克，蒜适量

|制 作| ①猪肚洗净，切条，汆水沥干；薏米、枸杞洗净；姜、蒜洗净，切碎。②锅倒油烧热，加入姜、蒜爆香，倒入高汤、猪肚、薏米、枸杞大火烧开。③加入盐、鸡精炖至入味即可。

适宜人群 气血虚损、身体瘦弱者；水肿患者。

·健脾养胃+利水消肿·

牛肉

补中益气，滋养脾胃

牛肉性平，味甘，归脾、胃经，富含蛋白质、维生素B₁、维生素B₂、钙、磷、铁、牛磺酸、氨基酸等成分，具有补脾胃、益气血、强筋骨的功效，对虚损瘦弱、脾弱不运、水肿、腰膝酸软等病症有一定的食疗作用。古有"牛肉补气，功同黄芪"之说，凡体弱乏力、中气下陷、面色萎黄、筋骨酸软、气虚自汗者均可食用牛肉。

应用指南 ①治脾胃久冷、不思饮食：牛肉500克，胡椒、砂仁各3克，荜茇、橘皮、草果、高良姜、生姜各6克，共研成细末；姜汁、葱汁、食盐和水适量。一同将肉拌匀，腌2日，煮熟收汁即可。②治脾胃虚弱、气血不足、虚损羸瘦、体倦乏力：牛肉250克，切块，山药、莲子、茯苓、小茴香（布包）、大枣各30克。加水适量，小火炖至烂熟，酌加食盐调味，饮汤吃肉。

健康吃法1 胡萝卜炖牛肉

配方 酱牛肉250克，胡萝卜100克，高汤、葱花各适量

制作 ①将酱牛肉洗净、切块；胡萝卜去皮，洗净，切块备用。②净锅上火倒入高汤，下入酱牛肉、胡萝卜，煲至熟透上葱花即可。

适宜人群 癌症、高血压、夜盲症、眼干眼症、营养不良、食欲缺乏、皮肤粗糙者。

·健脾和胃+补肝明目·

健康吃法2 家常牛肉煲

配方 酱牛肉200克，西红柿150克，土豆100克，高汤适量，精盐少许，香葱5克

制作 ①将酱牛肉、西红柿、土豆洗净，均切块备用。②净锅上火倒入高汤，下入酱牛肉、西红柿、土豆，调入精盐煲至成熟，撒入香葱即可。

适宜人群 高血压、冠心病、血管硬化和糖尿病患者；身体虚弱者。

·补脾健胃+补血益气·

羊肉

补虚劳、益肾气

羊肉性热，味甘，归脾、胃、肾、心经，羊肉含有膳食纤维、维生素A、维生素C、维生素E、锌等营养成分，具有补虚劳、益肾气、助元阳、益精血、祛寒湿、养气血的功效，主治肾虚腰疼，阳痿精衰，形瘦怕冷，腰膝酸软、腹中冷痛、病后虚寒，适合阳虚体质者食用。但感冒发热、高血压、肝病、急性肠炎和其他感染性疾病患者忌食羊肉。

应用指南 ①病后体虚、腰疼怕冷、食欲缺乏：羊肉500克切块，萝卜500克切块，草果2个（去皮），甘草3克，生姜5片，同放锅内煮汤，加少量食盐调味食用。②治病后气血虚弱、营养不良、贫血、低热多汗、手足冰冷：羊肉500克切小块；生姜片25克；黄芪、党参各30克；当归20克，装入纱布内包好，同放锅内加水煮至熟烂，随量经常食用。

健康吃法 1 锅仔金针菇羊肉

配 方 羊肉300克，金针菇100克，白萝卜50克，盐4克，香菜20克，姜20克，料酒、香菜各适量

制 作 ①将羊肉洗净，切成薄片；金针菇洗净；白萝卜洗净，切块；香菜洗净，切段；姜洗净，切片。锅中烧热水，放入羊肉氽烫片刻，捞起。②另起锅，烧沸水，放入所有材料，倒入料酒，煮熟，撇净浮沫，调入盐，撒上香菜即可。

适宜人群 气血不足、营养不良等患者。

· 补血益精 + 补肝益胃 ·

健康吃法 2 羊肉锁阳粥

配 方 锁阳15克，精羊肉100克，大米80克，料酒8克，生抽6克，姜末10克，盐3克，味精1克，葱花少许

制 作 ①精羊肉洗净切片，用料酒、生抽腌渍；大米淘洗干净；锁阳洗净。②锅入水和米大火煮开，下羊肉、锁阳、姜末，转中火熬至米粒软烂。③转小火熬成粥，加盐、味精调味，撒入葱花。

适宜人群 肾亏所致的腰膝酸软、畏寒怕冷症状患者。

· 补肾助阳 + 益气补虚 ·

狗肉

补肾益精、温补壮阳

狗肉性温，味咸、酸，归胃、肾经，富含蛋白质、维生素A、维生素B₂、维生素E、氨基酸和铁、锌、钙等矿物元素，具有补肾、益精、温补、壮阳等食疗作用，适合肾阳亏虚、腰膝冷痛、四肢冰冷、小便清长频数、水肿、阳痿、精神不振等男性患者，但咳嗽、感冒、发热、腹泻和阴虚火旺者应忌食。

应用指南 ①治脾胃冷弱、肠中积冷、胀满刺痛：肥狗肉250克，与米、盐、豆豉等煮粥，频吃一二顿。②治浮肿：狗肉500克，细切，和米煮粥，空腹吃，作羹吃亦佳。狗肉与粳米一同煮粥还能补肾壮阳，是肾虚男性患者的良方。

健康吃法 1 杜仲狗肉煲

配 方 狗肉500克，杜仲10克，盐、黄酒各适量，姜片、香菜段各5克

制 作 ①狗肉洗净，斩块，汆熟；杜仲洗净浸透。②将狗肉、杜仲、姜片放入煲中，加入清水、黄酒煲2小时。③调入盐，撒上香菜段即可。

适宜人群 肾虚、腰膝酸软、阳痿早泄、精冷不育的患者。

· 温肾壮阳＋滋补肝肾 ·

健康吃法 2 附子生姜炖狗肉

配 方 熟附子10克，生姜100克，狗肉500克，胡椒10克，精盐、料酒各5克，八角、葱段、生油各适量

制 作 ①将狗肉洗净，切块；生姜切片，备用。②锅中加水煨炖狗肉，煮沸后加入生姜片、熟附子，再加生油、料酒、八角、葱段等。③共炖2小时左右，至狗肉熟烂后加入盐调味即成。

适宜人群 寒湿型肩周炎患者，症见肩周冷痛、遇寒痛甚、得温则减等。

· 破气散结＋活血止痛 ·

鸭肉

养肺气、补虚损

鸭肉性寒，味甘、咸，归脾、胃、肺、肾经，具有大补虚劳、利水消肿、养胃滋阴、清肺解热的食疗作用，用于治疗咳嗽痰少、咽喉干燥、阴虚阳亢之头晕头痛、水肿、小便不利。鸭肉不仅脂肪含量低，且所含脂肪主要是不饱和脂肪酸，能起到保护心脏的作用。但脾胃虚寒、感冒未愈、便泻肠风者忌食。

应用指南 ①产后失血过多，眩晕心悸或血虚所致的头昏头痛：老鸭1只，母鸡1只（或各半），取肉切块，加水适量，以文火炖至烂熟，加盐少许调味服食。②防治高血压、血管硬化：鸭1只，去肠杂等切块；海带60克，泡软洗净。加水一同炖熟，略加食盐调味服食。

健康吃法 1 薄荷水鸭汤

配 方 水鸭400克，薄荷100克，生姜10克，盐7克，味精3克，胡椒粉2克，鸡精3克

制 作 ①水鸭洗净，斩成小块；薄荷洗净，摘取嫩叶；生姜切片。②锅中加水烧沸，下鸭块焯去血水，捞出。③净锅加油烧热，下入生姜、鸭块炒干水分，加入适量清水，倒入煲中煲30分钟，再下入薄荷、调味料调匀即可。

适宜人群 外感风热、头痛目赤、咽喉肿痛者；肾炎水肿、小便不利、体虚等患者。

· 疏散风热+补虚清肺 ·

健康吃法 2 冬瓜薏米煲老鸭

配 方 红枣、薏米各10克，冬瓜200克，鸭1只，姜片10克，盐3克，鸡精、胡椒粉各2克，香油5克

制 作 ①冬瓜洗净，切块；鸭洗净，剁件；红枣、薏米洗净。②锅上火，油烧热，爆香姜片，加入清水烧沸，下鸭余烫后捞起。③将鸭转入砂钵内，放入红枣、薏米烧开后，放入冬瓜煲至熟，调入调味料即可。

适宜人群 心烦气躁、口干烦渴者。

· 清热祛湿+利水消肿 ·

乌鸡

滋阴补肾、退热补虚

乌鸡性平，味甘，归肝、肾经，含有18种氨基酸、铁、磷、钙、锌、镁、维生素B_1、烟酸、维生素E等营养成分，具有滋阴补肾、养血填精、退热、补虚的食疗作用，可治疗肝肾阴虚引起的失眠多梦、五心烦热、潮热盗汗、男子遗精早泄、须发早白等症，可提高生理功能、延缓衰老、强筋健骨。

应用指南 ①气虚乏力，食少便溏，中气下陷：乌鸡1只、黄芪若干、枸杞若干、冬瓜1块。煮汤食用。②面色萎黄、体弱：红豆200克，黄精50克，陈皮1角，乌鸡1只。将所有材料洗净，一齐放入开水中，继续用中火煲3小时左右，加少许盐调味，即可佐膳饮用。

健康吃法① 参麦五味乌鸡汤

配方 人参片15克，麦冬25克，五味子10克，乌鸡腿1只，盐1匙

制作 ①将鸡腿洗净剁块，入沸水汆去血水；药材洗净。②乌鸡腿及所有药材盛入煮锅中，加适量水直至盖过所有的材料。③以大火煮沸，然后转小火续煮30分钟左右，快熟前加盐调味即成。

适宜人群 气血不足、体虚、惊悸、健忘、头昏、贫血、神经虚弱者。

· 健脾益肺+收敛固涩 ·

健康吃法② 地黄乌鸡汤

配方 生地黄、丹皮各15克，红枣8枚，午餐肉100克，乌鸡1只，姜、葱、盐、味精、料酒、骨头汤各适量

制作 ①将药材洗净沥水；午餐肉切片；姜切片；葱切段。②乌鸡去内脏及爪尖，切块，入开水中汆去血水。③将骨头汤倒入净锅中，放入乌鸡块、肉片、地黄、红枣、姜，烧开后加入盐、料酒、味精、葱调味即可。

适宜人群 体虚血亏、肝肾不足、脾胃弱者。

· 清热生津+补血益气 ·

鹌鹑

温肾助阳、补虚益气

鹌鹑性平，味甘，归大肠、脾、肺、肾经，是一种高蛋白、低脂肪、低胆固醇食物，含有多种无机盐、卵磷脂、激素和多种人体必需的氨基酸，具有补五脏、益精血、温肾助阳的食疗作用，男子经常食用鹌鹑，可增强性功能，并增气力，壮筋骨。鹌鹑肉中含有维生素P等成分，常食有防治高血压及动脉硬化之功效。

应用指南 ①治脾虚不运、少食乏力、便溏腹泻、脾虚水肿：鹌鹑2只，赤小豆30克，生姜3克，加水煮熟食用。②治肝肾虚弱、腰膝酸软或疼痛：鹌鹑1只，枸杞30克，杜仲15克，煎水取汁饮，并食鹌肉。该方用鹌鹑、枸杞、杜仲补肝肾而健筋骨，强腰膝。

健康吃法1 赤豆薏苡炖鹌鹑

配 方 鹌鹑2只，赤小豆25克，薏米、芡实各12克，生姜3片，盐、味精各适量

制 作 ①鹌鹑洗净，去其头、爪和内脏，斩成大块。②赤小豆、薏米、芡实用热水浸透并淘洗干净。③将所有用料放进炖盅，加沸水1碗半，把炖盅盖上，隔水炖至熟烂，加入适量盐、味精调味后便可服用。

适宜人群 小便不利、大便秘结者。

·利水渗湿+滋阴补肾·

健康吃法2 海底椰贝杏鹌鹑汤

配 方 鹌鹑1只，川贝、杏仁、蜜枣、枸杞、海底椰、盐各适量

制 作 ①鹌鹑洗净；川贝、杏仁均洗净；蜜枣、枸杞均洗净泡发；海底椰洗净，切薄片。②锅上水烧开，下入鹌鹑，煮尽血水，捞起洗净。③瓦煲注适量水，放入全部材料，武火烧开，改文火煲3小时，加盐调味即可。

适宜人群 血虚引起的面色萎黄或苍白、精神萎靡者；中风、精神烦躁患者。

·养肝护肾+滋阴壮阳·

鸽肉

补益肾气、强壮性功能

鸽肉性平，味咸，归肝、肾经，其含蛋白质、维生素A、维生素B_1、维生素B_2、维生素E及造血用的微量元素等营养成分。鸽肉具有补益肾气、强壮性功能的作用，对男子性欲减退、阳痿、早泄、腰膝酸软等症均有食疗作用，此外，对贫血、体虚、心脑血管疾病等患者也有一定的辅助疗效。经常食用鸽肉，可使皮肤变得白嫩、细腻。

应用指南 ①肾虚所致的性欲减退、阳痿、早泄等症：取白鸽半只，巴戟天10克，怀山药10克，枸杞10克，炖服，喝汤食肉。可滋阴健脾、补肾壮阳。②抗炎、解热、增强免疫：鸽子1只，金银花、猪肉、香菇、笋干适量，枸杞少许。炖汤食用。

健康吃法 ① 菟丝当归鸽子汤

|配 方| 酒炒当归、制香附、狗脊、炒续断、菟丝子、炒赤芍各9克，焦白术6克，炙桂枝、炒延胡索各2克，炮姜炭、茴香、煨木香各3克，鸽1只，葱、姜、料酒、盐各适量

|制 作| ①鸽子洗净备用；姜拍松、葱切段。②将所有药材洗净装入布袋。③锅上火加水，入鸽子、药包及调味料于武火上烧沸转文火炖50分钟即成。

适宜人群 肝脾不和、气血不足患者。

· 滋补肝脾+益气补血 ·

健康吃法 ② 洋葱炖乳鸽

|配 方| 海金沙、鸡内金各10克，鸽500克，洋葱250克，姜5克，高汤、胡椒粉、味精、盐各适量

|制 作| ①乳鸽洗净斩块，洋葱洗净切成角状；海金沙、鸡内金洗净；姜切片。②锅加油下洋葱、乳鸽、海金沙、鸡内金、姜爆炒，加高汤炖20分钟，放盐、胡椒粉、味精至入味后出锅即可。

适宜人群 脾胃虚弱、消化不良和胃酸不足者；体虚头晕、神经衰弱及结石患者。

· 利胆除湿+补虚排石 ·

甲鱼

益气补虚、滋阴壮阳

甲鱼性平，味甘，归肝、肾经，富含蛋白质、无机盐、维生素A、维生素B$_1$、维生素B$_2$、烟酸、碳水化合物、钙、磷、铁等营养成分，具有益气补虚、滋阴壮阳、益肾健体、净血散结等食疗作用，适合体质衰弱，肝肾阴虚，骨蒸潮热，营养不良，心脑血管疾病，癌症等患者食用。但肝病患者，肠胃炎、胃溃疡、胆囊炎等消化系统疾病者不宜食用。

应用指南 ①肝肾虚损，腰膝酸软，头晕眼花，遗精：甲鱼1只，枸杞、山药各30克，女贞子、熟地黄各15克。加水适量，文火炖至甲鱼熟透为止，去药或仅去女贞子，饮汤食肉。②久疟不愈：甲鱼1只，猪油60克。加水适量，文火炖至烂熟，入食盐少许食用。

健康吃法 1 西洋参无花果甲鱼汤

配方 西洋参9克，无花果20克，甲鱼500克，红枣3颗，姜片、盐各5克

制作 ①甲鱼放血，加水入锅烧沸；西洋参、无花果、红枣洗净。②将甲鱼捞出，洗净，余水。③瓦煲内加水，煮沸后加入所有原材料，武火煲沸后改用文火煲3小时，加盐调味即可。

适宜人群 劳累、精力不足、失眠者。

· 滋阴益气+防癌抗癌 ·

健康吃法 2 香菇甲鱼汤

配方 麦冬10克，甲鱼500克，香菇、腊肉、豆腐皮、盐、鸡精、姜各适量

制作 ①甲鱼洗净；姜切片；香菇洗净对半切；腊肉切片；豆腐皮、麦冬洗净。②甲鱼入沸水焯去血水，放入瓦煲中，加姜片、麦冬，加水煲至甲鱼熟烂，加盐、鸡精调味，放入香菇、腊肉、豆腐皮摆盘。

适宜人群 肝硬化、高血压、糖尿病、癌症、肾炎、气虚、贫血患者。

· 软坚散结+滋阴凉血 ·

海参

滋阴补肾、养血益精

《本草纲目拾遗》中记载：海参，味甘咸，补肾，益精髓，足敌人参，故名海参。海参具有滋阴补肾、养血益精、抗衰老、抗癌等作用，对虚劳羸弱、气血不足、营养不良、肾虚阳痿遗精、小便频数、癌症等均有疗效，且海参是典型的高蛋白、低脂肪、低胆固醇食物，对高血压、冠心病、脂肪肝、糖尿病等均有食疗效果。

应用指南 ①面色苍白、畏寒喜暖、气短懒言、倦怠乏力、手足不温、食欲缺乏、脘腹冷痛、小便清长：海参1&2条、羊肉100克、生姜3片、粳米50&100克。煮粥食用。海参补肾气，羊肉温中暖肾，这两种食材与健脾、益气的粳米同熬成热粥，是冬季的温补食疗方。②治肺虚咳嗽：海参1条，鸭肉100克，煮汤食用。

健康吃法1 鲜腐竹焖海参

|配 方| 鲜腐竹200克，水发海参200克，西蓝花100克，冬菇50克，炸蒜子6只，姜、葱、盐、味精、糖、鸡精、蚝油、老抽各适量

|制 作| ①锅入水、姜片、葱、海参煨入味待用。②将鲜腐竹煎至两面金黄色；西蓝花氽熟。③起锅爆香姜葱，入腐竹、海参、冬菇焖，入所有调料焖至入味后装盘，西蓝花围边即可。

适宜人群 气血不足或肾气亏虚者。

· 养血补虚+健脑益智 ·

健康吃法2 姜片海参炖鸡汤

|配 方| 海参3只，鸡腿1只，姜1段，盐2小匙

|制 作| ①鸡腿氽烫，捞起，备用；姜切片。②海参自腹部切开，洗净腔肠，切大块，氽烫，捞起。③煮锅加6碗水煮开，加入姜片、鸡腿煮沸，转小火炖约20分钟，加入海参续炖5分钟，加盐调味即成。

适宜人群 精血亏虚、性欲低下、心烦易怒、失眠健忘者；高血压、冠心病、高血脂、动脉硬化患者。

· 补肾助阳+降压降脂 ·

鳝鱼

补气养血、温阳健脾

鳝鱼性温，味甘，入肝、脾、肾经，富含蛋白质、钙、磷、铁、烟酸、维生素B_1、维生素B_2，具有补气养血、祛风湿、强筋骨、壮阳、解毒等食疗作用，可治疗肾虚阳痿、风湿骨痛、血虚、痔疮、便血等症，常食鳝鱼对降低血液中胆固醇的浓度，预防因动脉硬化而引起的心血管疾病有显著的食疗作用，还可用于辅助治疗面部神经麻痹。

应用指南 ①用于气血不足而致的面色苍白、神疲乏力、少气懒言、久病体虚：鳝鱼500克，当归15克，党参15克，黄酒，葱、姜、蒜、食盐适量。煮汤食用。每周2次，佐餐，食鳝鱼喝汤。②治面瘫、口眼㖞斜：将鳝鱼宰杀后去头、剖开，将鳝鱼血涂于患处，待4&5小时后再洗去，每日1次或两日1次，10次为1个疗程。鳝鱼血有毒，操作时需谨慎，勿入口鼻。

健康吃法 1 菟丝子烩鳝鱼

配 方 菟丝子10克，干地黄12克，净鳝鱼250克，笋50克，水发木耳10克，酱油、味精、盐、淀粉、米酒、胡椒粉、姜末、蒜末、香油、蛋清各适量

制 作 ①将菟丝子、干地黄洗净煎两次，取汁。笋、木耳洗净。②鳝鱼切片，加水、淀粉、蛋清、盐腌好。③炒锅入油，放入所有材料翻炒，加调味料调味。

适宜人群 身体虚弱者、气血不足者。

·滋补肝肾+固精缩尿·

健康吃法 2 党参鳝鱼汤

配 方 鳝鱼175克，党参3克，色拉油20克，盐5克，味精2克，葱段、姜末各3克

制 作 ①将鳝鱼洗净切段；党参洗净备用。②锅上火倒入水烧沸，下入鳝段汆水，至没有血色时捞起。③净锅上火倒入色拉油，将葱、姜、党参炒香，再下入鳝段煸炒，倒入水，煲至熟，加盐、味精调味即可。

适宜人群 食欲缺乏、身体虚弱、气血不足患者；糖尿病、癌症患者。

·养肝明目+补中益气·

鳗鱼

补虚壮阳、祛风湿、强筋骨

鳗鱼性平,味甘,归肝、肾经,富含蛋白质、脂肪、钙、磷、维生素、肌肽、多糖等营养成分,具有补虚壮阳、祛风湿、强筋骨、调节血糖等功效,对结核发热、赤白带下、性功能减退、糖尿病、虚劳阳痿、风湿痹痛、筋骨软弱等病症有一定的食疗作用。但患慢性病、对水产过敏、风寒感冒发热、支气管哮喘等病症者及孕妇不宜食用。

应用指南 ①治夜盲症:鳗鱼250克,马蹄5颗,盐少许。煮汤随餐食用。②治虚劳体虚:鳗鱼300克,山药20克,盐适量。煮汤食用。③治气血不足:鳗鱼250克,黑木耳30克,盐适量。煮汤或炒食。

健康吃法1 鳗鱼冬瓜汤

配 方 决明子10克,枸杞10克,鳗鱼1条,冬瓜300克,盐少许,葱花适量

制 作 ①将决明子、枸杞洗净;鳗鱼去鳃和内脏洗净;冬瓜切成小块;葱白洗净备用。②锅中加入适量水,将水煮开。③将全部材料放入锅内,煮至鱼烂汤稠,加少许盐,撒上葱花即可。

适宜人群 夜盲症患者。

· 养肝明目+清心利水 ·

健康吃法2 大蒜烧鳗鱼

配 方 鳗鱼300克,大蒜50克,姜片10克,葱段20克,香菇100克,植物油6克,鸡精、酱油、盐、白糖各适量,淀粉少许

制 作 ①将鳗鱼洗净,切段,加盐和料酒腌渍入味;大蒜去皮洗净;香菇泡发洗净,撕开。②将鳗鱼段稍炸,捞出控油。③起油锅,爆香葱姜,入香菇、蒜瓣与鳗鱼炒匀,加调味料,再倒入砂锅中,用慢火烧熟即可。

适宜人群 糖尿病、高血脂、高血压患者。

· 降糖降脂+保肝护肾 ·

干贝

滋阴补肾、和胃调中

干贝性平，味甘、咸，归脾经，富含蛋白质、脂肪、多种维生素、谷氨酸钠及钙、磷、锌等营养成分。具有滋阴补肾、和胃调中功能，能治疗头晕目眩、咽干口渴、虚痨咳血、脾胃虚弱等症，常食有助于降血压、降胆固醇、补益健身。据记载，干贝还具有抗癌、软化血管、防治动脉硬化等功效。

应用指南 ①治高血压及缓解头眩头痛：海参2条，干贝2个，海带20克，夏枯草20克。炖汤食用。②身体虚弱、虚不受补、津液不足、皮肤干燥：小冬瓜500克，干贝20粒，老鸭半只，猪里脊150克，陈皮5克，盐5克，清水2000毫升。煮汤食用。

健康吃法1 干贝瘦肉汤

配方 瘦肉500克，干贝15克，山药、生姜各适量，盐4克

制作 ①瘦肉洗净，切块，汆水；干贝洗净，切丁；山药、生姜洗净，去皮，切片。②将瘦肉放入沸水中汆去血水。③锅中注水，放入瘦肉、干贝、山药、生姜慢炖2小时，加入盐调味即可。

适宜人群 肾阴虚之心烦口渴、失眠、多梦、夜尿多等症患者。

· 清肺利咽+滋阴补肾 ·

健康吃法2 海马干贝猪肉汤

配方 瘦肉300克，海马、干贝、百合、枸杞、盐各适量

制作 ①瘦肉洗净，切块，汆水；海马洗净，浸泡；干贝洗净，切段；百合洗净；枸杞洗净，浸泡。②将瘦肉、海马、干贝、百合、枸杞放入沸水锅中慢炖2小时。③加入盐调味，出锅即可。

适宜人群 食欲缺乏、消化不良或久病体虚、脾胃虚弱、气血不足脾肾阳虚等患者。

· 调中益气+补肾壮阳 ·

虾

补肾、壮阳、抗早衰

虾性温，味甘、咸，归脾、肾经，富含蛋白质、脂肪、碳水化合物、谷氨酸、糖类、维生素B_1、维生素B_2、烟酸以及钙、磷、铁、硒等营养成分，具有补肾、壮阳、抗早衰之功效，对阳痿体倦、腰痛、腿软、筋骨疼痛、失眠不寐、产后乳少以及丹毒、痛疽等症有一定的食疗作用。虾所含有的微量元素硒能有效预防癌症。

应用指南 ①治阳痿早泄：虾仁15克，海马10克，仔公鸡1只，盐、清汤各适量。将仔公鸡宰杀后，去毛及内脏，洗净，装入盆内。将海马、虾仁用温水洗净，放在鸡肉上，加盐、清汤，蒸至烂熟即可。②治肾气不足、阳痿：对虾300克，米酒适量，生姜3克。将对虾去肠洗净放入米酒中浸泡15分钟后取出，加油、生姜猛火炒熟，调味上碟。

健康吃法1 苦瓜虾仁

配 方 苦瓜200克，虾仁150克，油、盐、淀粉、香油各适量

制 作 ①将苦瓜洗净，剖开，去瓤，切成薄片，放在盐水中余一下，装入盘中。②虾仁洗净，用盐和淀粉腌5分钟，下入油锅滑炒至玉白色。③将虾仁捞出，盛放在苦瓜上，再淋上香油即可。

适宜人群 此菜降血糖、清热解毒、补脑益智，适合老年性糖尿病患者食用。

·降低血糖+清热解毒·

健康吃法2 鹿茸枸杞蒸虾

配 方 鹿茸、枸杞各10克，虾500克，米酒50毫升

制 作 ①大虾剪去须脚，在虾背上划开，挑去泥肠洗净备用；枸杞洗净泡发。②鹿茸去除绒毛(也可用鹿茸切片代替)，与枸杞一起用米酒泡20分钟左右。③将备好的大虾放入盘中，浇入鹿茸、枸杞和米酒，再将盘子放在沸水锅中，隔水蒸8分钟即成。

适宜人群 阳痿、精冷、滑精早泄患者。

·温肾壮阳+强筋健胃·

泥鳅

补中益气、强精补血

泥鳅性平，味甘，归脾、肝经，具有暖脾胃、去湿、壮阳、止虚汗、补中益气、强精补血之功效，是治疗急慢性肝病、阳痿、痔疮等症的辅助佳品。此外，泥鳅皮肤中分泌出一种黏液即所谓的"泥鳅滑液"，有较好的抗菌、消炎作用，对小便不通、热淋便血、痈肿、中耳炎有很好的食疗作用。

应用指南 ①治阳痿不举：泥鳅数条，河虾30克，加米酒100毫升及适量水共煮，临睡前服用，连服半个月。②治痔疮下坠：将泥鳅用醋煮熟服用。③降血糖：泥鳅3条，甜椒50克，盐少许，煮汤或炒食。对高血糖患者有疗效。

健康吃法1 溪黄草泥鳅汤

配 方 溪黄草30克，活泥鳅200克，生姜2片，盐适量

制 作 ①活泥鳅宰杀，去内脏；溪黄草洗净。②泥鳅、溪黄草与生姜同入锅，加适量水煮汤，小火煮2小时。③加入盐调味即可。

适宜人群 适宜慢性病毒性肝炎、肝硬化患者食用。

· 清热祛湿+健脾利水 ·

健康吃法2 豆腐红枣泥鳅汤

配 方 泥鳅300克，豆腐200克，红枣50克，盐少许，味精3克，高汤适量

制 作 ①将泥鳅洗净备用；豆腐切小块；红枣洗净。②锅上火倒入高汤，加入泥鳅、豆腐、红枣煲至熟，调入盐、味精即可。

适宜人群 身体虚弱、脾胃虚弱、营养不良、体虚盗汗以及癌症、肿瘤、心血管、阳痿、痔疮等症患者。

· 暖脾祛湿+补中益气 ·

银鱼

益脾润肺、补肾壮阳

银鱼性平，味甘，归脾、胃经。富含蛋白质、钙、磷、铁、碳水化合物、多种维生素及多种氨基酸等营养成分，具有益脾、润肺、补肾、壮阳的功效，对脾胃虚弱、肺虚咳嗽、虚劳诸疾、营养不足、消化不良患者有食疗作用。银鱼还是结肠癌患者的首选辅助治疗食品。银鱼属一种高蛋白低脂肪食品，对高脂血症患者亦有疗效。

应用指南 ①脾胃虚弱，饮食减少或呕逆：银鱼150克，生姜10克。一同煮熟，可加少许食盐调味服食。本方取银鱼益脾健胃，加生姜健胃和中。②营养不良，脾胃虚弱：银鱼200克、鸡蛋300克、姜2克、盐5克、小葱2克、黄酒15克、猪油（炼制）30克。将银鱼和鸡蛋煮汤，加入以上调味料即可。

健康吃法 1 花生炒银鱼

配 方 银鱼、花生米各100克，青、红椒各适量，盐、味精各3克，料酒、水淀粉、熟芝麻各10克

制 作 ①银鱼洗净，加盐、料酒浸渍，再以水淀粉上浆。②油锅烧热，下银鱼炸至金黄色，再入花生、青椒、红椒同炒片刻。③调入味精炒匀，淋入香油，撒上熟芝麻即可。

适宜人群 高血脂、高血压、动脉硬化和冠心病患者；便秘、痔疮、肠癌患者。

· 降胆固醇+润肠通便 ·

健康吃法 2 银鱼苦瓜

配 方 银鱼干200克，苦瓜300克，盐、鸡精、白糖、料酒各适量

制 作 ①银鱼干洗净沥水；苦瓜洗净切片抹盐，去苦味。②起油锅，入银鱼干炸香捞出。③锅内留油，加苦瓜片炒熟，放盐、鸡精、白糖、料酒调味，再加入银鱼干，翻炒均匀即成。

适宜人群 高血压、脑血管意外、冠心病患者。尤其适合肝火亢盛型高血压患者食用。

· 降血压+降血脂 ·

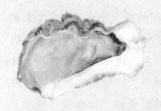

牡蛎 潜阳敛阴、软坚散结的圣药

牡蛎性凉，味甘、咸，归肝、肾经，营养丰富，素有"海底牛奶"之美称，具有敛阴、潜阳、止汗、固精、化痰、软坚的功效，主治惊痫、眩晕、自汗、盗汗、遗精、淋浊、崩漏、带下等症。牡蛎所含丰富的牛磺酸有保肝利胆作用，这也是防治孕期内胆汁淤积症的良药；所含的蛋白质中有多种优良的氨基酸，具有解毒作用，可清除体内毒素。

应用指南 ①治眩晕：牡蛎18克，龙骨18克，菊花9克，枸杞12克，何首乌12克。水煎服。②治小便淋沥：牡蛎、黄柏（炒）等份，为末，每服3克，小茴香汤下取效。③治胃酸过多：牡蛎、海螵蛸各15克，浙贝母12克。共研细粉，每服9克，每日3次。

健康吃法 1 龙骨牡蛎炖鱼汤

配 方 鲭鱼1条，龙骨、牡蛎各50克，盐2克，葱段适量

制 作 ①龙骨、牡蛎冲洗干净，入锅加1500毫升水熬成高汤，熬至约剩3.5碗，捞弃药渣。②鱼去腮、肚后洗净、切段、拭干，入油锅炸至酥黄，捞起。③将炸好的鱼放入高汤中，熬至汤汁呈乳黄色时，加葱段、盐调味即成。

适宜人群 怔忡健忘者、失眠多梦者、自汗盗汗者、遗精者。

· 平肝潜阳+补虚安神 ·

健康吃法 2 牡蛎豆腐汤

配 方 牡蛎肉、豆腐各100克，鸡蛋1个，韭菜50克，盐、味精、葱段、香油、高汤各适量

制 作 ①牡蛎肉洗净；豆腐洗净切成丝；韭菜洗净切末；②起油锅，将葱炝香，倒入高汤，下入牡蛎肉、豆腐丝，调入盐、味精煲至入味。③再下韭菜、打散的鸡蛋，淋香油即可。

适宜人群 病虚多热、自汗盗汗、遗精崩漏者、心血管疾病、糖尿病者。

· 潜阳敛阴+清热润燥 ·

田螺

清热明目、解暑止渴

田螺性寒，味甘，归脾、胃、肝、大肠经，富含氨基酸、碳水化合物、矿物质、维生素A、维生素D、维生素B_1、维生素B_2等营养成分，具有清热、明目、解暑、止渴、醒酒、利尿、通淋等食疗作用，可治疗细菌性痢疾、风湿性关节炎、肾炎水肿、疔疮肿痛、尿赤热痛、尿闭、痔疮、黄疸、佝偻病、脱肛、狐臭、胃痛、胃酸、小儿湿疹、妊娠水肿等。

应用指南 ①消渴饮水，小便数多：田螺肉120克，用水略煮后捞起，去壳取肉；糯米100克，用煮田螺的水煮稀粥，待米煮透心后，放入田螺肉一同煮熟食用。可加猪油，食盐少许调味。②酒疸诸黄：田螺肉100克，捣烂，用黄酒约200毫升，微炖后，过滤取汁饮。

健康吃法1 车前子田螺汤

配方 田螺（连壳）1000克，车前子50克，红枣10个，盐适量

制作 ①先用清水浸养田螺1&2天，经常换水以漂去污泥，洗净，钳去尾部。②用纱布包好车前子；红枣洗净。③把全部用料放入开水锅内，武火煮沸，改文火煲2小时即可。

适宜人群 泌尿系统感染、前列腺炎、泌尿系统结石等属于膀胱湿热症者。

·利水通淋+清热祛湿·

健康吃法2 螺肉煲西葫芦

配方 螺肉170克，西葫芦125克，高汤适量，盐少许

制作 ①将螺肉洗净；西葫芦洗净切方块备用。②净锅上火倒入高汤，下入西葫芦、螺肉，煲至熟，调入盐即可。

适宜人群 急性肾炎、尿路感染、前列腺炎、尿路结石患者。

·清热利尿+消肿散结·

龟

滋阴补血、益肾健骨

龟肉性温，味甘、咸，归心、肝、脾、肾经，富含蛋白质、骨胶原、脂肪酸、维生素A、维生素B_1、维生素B_2、钙、磷、钾等营养成分，具有滋阴补血、益肾健骨、强肾补心、壮阳、益寿之功效，对于肾虚早泄阳痿、多尿、阴虚盗汗有食疗效果。《本草纲目》称："龟，灵而有寿，取其甲以补心、补肾、补血，皆以养阴也。"

应用指南 ①治阴虚失眠、心烦、心悸等症：龟肉250克，百合50克，红枣10枚。共煮汤调味食用。②治肾虚尿多或遗尿：龟肉150克，鸡肉250克。同炖，喝汤食肉。③免疫力低下、容易生病：龟肉200克，牛肉250克。同炖，喝汤食肉。有增强免疫力的作用。

健康吃法 1 龟肉鱼鳔汤

配 方 肉桂15克，龟肉150克，鱼鳔30克，精盐、味精各适量

制 作 ①先将龟肉洗干净，切成小块；鱼鳔洗去腥味，切碎；肉桂洗净。②将龟肉、鱼鳔、肉桂同入砂锅，加适量水，武火烧沸后，用文火慢炖。③待肉熟后，加入精盐、味精调味即可。

适宜人群 遗精早泄、尿频或遗尿，面色苍白，听力减退，腰膝酸软等患者。

· 养阴补血 + 益肾填精 ·

健康吃法 2 乌龟百合红枣汤

配 方 百合30克，红枣10个，酸枣仁10克，乌龟250克，冰糖适量

制 作 ①乌龟去甲及内脏，洗净切成块；百合、红枣、酸枣仁洗净。②先将乌龟用清水煮沸，再加入百合、红枣、酸枣仁。③直至龟肉熟烂，酸枣仁、红枣煮透，最后添加少量冰糖炖化即可。

适宜人群 神经衰弱患者；气血不足、体虚患者。

· 补血益气 + 养心安神 ·

海带

消痰软坚、泄热利水

海带性寒，味咸，归肝、胃、肾经，富含蛋白质、碘、钾、钙、镁、铁、铜、硒、维生素A、藻多糖等营养成分，能化痰、软坚、清热、降血压、防治夜盲症、维持甲状腺正常功能。海带对人体最重要的功能，在于它有助于调理人体的生理功能。海带还含有大量的甘露醇，具有利尿消肿的作用，可防治肾功能衰竭、老年性水肿。

应用指南 ①治高血压：取海带、草决明各30克，水煎，吃海带喝汤，或取海带适量，将其烘干研末，开水冲服，每日3次，每次5克，连用1&3个月为1个疗程。②治高血脂：取海带、绿豆各150克，红糖适量。将海带、绿豆共煮至熟烂后，用红糖调味，每日2次，宜常服。

健康吃法1 海带海藻瘦肉汤

配 方 瘦肉350克，海带、海藻各适量，盐6克

制 作 ①瘦肉洗净，切件，汆水；海带洗净，切片；海藻洗净。②将瘦肉汆一下，去除血腥。③将瘦肉、海带、海藻放入锅中，加入清水，炖2小时至汤色变浓后，调入盐即可。

适宜人群 动脉硬化、高血压、慢性气管炎、慢性肝炎、贫血、水肿等患者。

· 化痰软坚+清热消肿 ·

健康吃法2 海带炖排骨

配 方 海带50克，排骨200克，黄酒、精盐、味精、白糖、葱段、姜片各适量

制 作 ①先将海带用水泡发好，洗净切丝；排骨洗净，斩块。②锅烧热，下排骨煸炒一段时间，加入黄酒、精盐、白糖、葱段、姜片和适量清水，烧至排骨熟透，加入海带烧至入味。③加味精调味即可。

适宜人群 高血压、夜盲症、肾功能衰竭、水肿患者。

· 软坚化痰+清热降压 ·

韭菜

补肾助阳绿色佳品

韭菜性温，味甘、辛，归肝、肾经，含有挥发油及硫化物、蛋白质、脂肪、糖类、B族维生素、维生素C等营养成分，能温肾助阳、益脾健胃、行气理血，适用于肝肾阴虚盗汗、遗尿、尿频、阳痿、阳强（男子阴茎异常勃起不倒数小时）、遗精等症。常食韭菜还有降血脂及扩张血管的作用，可消除皮肤白斑，使头发乌黑发亮。

应用指南 ①治鼻出血：韭菜捣汁1杯，夏日冷服，冬天温服；阴虚血热引起鼻出血，用鲜韭菜根洗净后捣烂堵鼻孔内。②治反胃：韭菜汁100克，牛奶一盏，与生姜汁25克，和匀。温服。③治孕吐：韭菜汁50毫升，生姜汁10毫升，加糖适量，调服。

健康吃法 1 枸杞韭菜炒虾仁

配　方 枸杞10克，虾200克，韭菜250克，盐5克，味精3克，料酒、淀粉各适量

制　作 ①将虾去壳洗净；韭菜洗净切段；枸杞洗净泡发。②虾挑去泥肠，放入淀粉、盐、料酒，腌渍5分钟。③锅置火上放油烧热，下入虾仁、韭菜、枸杞炒至熟，调入盐和味精即可。

适宜人群 肾虚阳痿、男性不育症患者；腰膝虚弱无力、便秘、痔疮患者。

· 温肾助阳+益脾健胃 ·

健康吃法 2 核桃仁拌韭菜

配　方 核桃仁300克，韭菜150克，白糖10克，白醋3克，盐5克，香油8克

制　作 ①韭菜洗净，焯熟，切段。②锅内放入油，待油烧至五成热下入核桃仁炸成浅黄色捞出。③在另一只碗中放入韭菜、白糖、白醋、盐、香油拌匀，和核桃仁一起装盘即成。

适宜人群 肾虚型便秘者。

· 强肾健脑+润肠通便 ·

山药

补益脾胃的最佳之选

山药性平，味甘，归肺、脾、肾经，具有健脾补肺、固肾益精、聪耳明目、助五脏、强筋骨、长志安神、延年益寿的功效，可用于脾虚食少、久泻不止、肺虚喘咳、肾虚遗精、带下、尿频、虚热消渴等常见病症的治疗。山药含有多种营养素，有强健机体、滋肾益精的作用，大凡肾亏遗精，妇女白带多、小便频数等症，皆可服之。

应用指南 ①补益虚损，益颜色，补下焦虚冷，治小便频数、瘦损无力：把山药置砂盆中研细，放进药煲中，加酒一大匙熬出香气，随即添酒200毫升煎搅使之均匀，空腹饮之，每日一服。②治脾胃虚弱、不思饮食：山药、白术各50克，人参20克研为末，水糊成丸如小豆大，每次服下四五十丸。

健康吃法1 山药猪胰汤

配 方 猪胰200克，山药100克，红枣10个，生姜10克，葱15克，盐6克，味精3克

制 作 ①猪胰洗净切块；山药洗净，去皮切块；红枣洗净去核；姜切片；葱切段。②猪胰下热水中稍煮，捞起沥水。③将所有材料放入瓦煲内，加水煲2小时，调入盐、味精拌匀即可。

适宜人群 脾胃虚弱、倦怠无力、食欲缺乏、久泻久痢、糖尿病腹胀者。

· 健脾补肺+益胃补肾 ·

健康吃法2 山药枸杞老鸭汤

配 方 老鸭300克，山药20克，枸杞15克，盐4克，鸡精3克

制 作 ①老鸭洗净，切件，余水；山药洗净，去皮，切片；枸杞洗净，浸泡。②锅中注水，烧沸后放入老鸭肉、山药、枸杞，慢火炖2小时。③调入盐、鸡精，待汤色变浓后起锅即可食用。

适宜人群 食积不消、脘腹胀痛、脾虚食少者。

· 益气消食+健脾开胃 ·

芹菜

清热平肝，凉血降压

芹菜性凉，味甘、辛，归肺、胃经，含有蛋白质、纤维素、B族维生素、维生素P、钙、磷、铁等营养成分，具有清热除烦、平肝、利水消肿、凉血止血的作用，用于肝经有热，肝阳上亢，热淋，尿浊，小便不利或尿血以及烦热不安，眩晕；胃热呕逆，饮食减少等症，现代可用于治疗高血压、高血脂等病症。

应用指南 ①治高血压、肝火头痛、头昏目赤：粳米100克，煮粥，将熟时加入洗净切碎的芹菜150克同煮，食用时最好不加油盐，而用冰糖或白糖调味作晚餐食用。②治中风后遗症、血尿：鲜芹菜洗净捣汁，每次5汤匙，每日3次，连服7天。

健康吃法1 芹菜金针菇响螺瘦肉汤

配 方 猪瘦肉300克，金针菇50克，芹菜100克，响螺适量，盐5克，鸡精5克

制 作 ①猪瘦肉洗净切块；金针菇洗净浸泡；芹菜洗净切段；响螺洗净取肉。②猪瘦肉、响螺肉入沸水中汆去血水后捞出。③锅注水烧沸，放入猪瘦肉、金针菇、芹菜、响螺肉，慢炖2.5小时，加入盐和鸡精调味即可。

适宜人群 高血压、癌症、肝病、心脑血管疾病及缺铁性贫血患者。

·平肝明目+滋阴润肠·

健康吃法2 芹菜瘦肉汤

配 方 芹菜、瘦肉各150克，西洋参20克，盐5克

制 作 ①芹菜洗净，去叶，梗切段；瘦肉洗净，切块；西洋参洗净，切丁，浸泡。②将瘦肉放入沸水中汆烫，洗去血污。③将芹菜、瘦肉、西洋参放入沸水锅中小火慢炖2小时，再改为大火，加入盐调味，拌匀即可出锅。

适宜人群 糖尿病、高血压、高血脂、动脉硬化及缺铁性贫血患者。

·清热除烦+平肝明目·

西红柿　健胃消食、生津止渴

西红柿性凉、味甘、酸，归肺、肝、胃经，富含有机碱、番茄碱、维生素A、B族维生素、维生素C及钙、镁、钾、钠、磷、铁等矿物质。西红柿具有止血、降压、利尿、健胃消食、生津止渴、清热解毒、凉血平肝的功效，可辅助治疗尿路感染、膀胱炎、前列腺炎等。另外还能辅助治疗口疮（可含些西红柿汁，使其接触疮面，每次数分钟，每日数次，效果显著）。

应用指南 ①治溃疡：轻度消化性溃疡患者，可将榨取的西红柿和马铃薯汁各半杯混合后饮用，每天早晚各一次，连服10次，溃疡可愈。②治肝炎：取西红柿丁一匙，芹菜末、胡萝卜末、猪油各半匙，拌入沸粳米粥内烫熟，加入盐、味精适量食用，对治疗肝炎效果极佳。

健康吃法1 西红柿土豆猪骨汤

|配　方| 猪脊骨300克，西红柿、土豆各35克，精盐适量

|制　作| ①将猪脊骨洗净、汆水，西红柿、土豆洗净均切小块备用。②净锅上火倒入水，调入精盐，下入猪脊骨、西红柿、土豆，煲45分钟即可。

适宜人群 高血压患者；口渴、食欲缺乏、夜盲症和近视眼者；尿路感染、膀胱炎、前列腺炎患者。

· 补脾健胃+止血降压 ·

健康吃法2 西红柿牛肉炖白菜

|配　方| 牛肉200克，西红柿150克，白菜150克，盐10克，料酒5毫升

|制　作| ①将牛肉洗净，切成块；西红柿洗净，切成块；白菜洗净，切成块。②牛肉下锅，加水盖过肉，炖开，撇去浮沫，加料酒。③炖至八九成烂时，将西红柿、白菜放入一起炖，最后加盐调味，略炖即成。

适宜人群 脾胃气虚者、大小便不利者、维生素缺乏者。

· 补脾益气+利尿养胃 ·

茭白

利尿止渴、补虚健体

茭白性寒，味甘，归肝、脾、肺经。茭白含17种氨基酸，包括人体必需的8种氨基酸，具有利尿止渴、解酒毒、补虚健体、退黄疸、减肥美容等功效。茭白甘寒，性滑而利，既能利尿祛水，辅助治疗急、慢性肾炎引起的四肢浮肿，小便不利等症，又能清暑解烦而止渴，还能解除酒毒，治酒醉不醒。

应用指南 ①黄疸型肝炎：茭白3根、里脊肉150克、葱2根、辣椒1个、蒜末1小匙。炒食。②用于高血压、大便秘结、心胸烦热：茭白30&60克，旱芹菜30克。水煎服。③肝肾疾病患者：茭白50克，猪肝一具。炒食或炖汤食用。可保肝护肾。

健康吃法1 茭白紫菜粥

配方|茭白、紫菜各15克，大米100克，盐3克，味精1克，五香粉3克，麻油5克，葱花、姜末各少许
制作|①茭白、紫菜洗净；大米泡发洗净；葱切花。②锅置火上注水，入大米，大火煮开。③入茭白、紫菜、姜末，用小火煮至粥成，放入盐、味精、五香粉、麻油，撒上葱花即可。

适宜人群 淋巴结核、淋病、胃溃疡、夜盲症、阳痿、水肿等患者。

· 利尿消肿+解除酒毒 ·

健康吃法2 芒果茭白牛奶

配方|芒果2个，茭白100克，柠檬半个，鲜奶200毫升，蜂蜜适量
制作|①将芒果洗干净，去掉外皮、去子，取果肉；茭白洗干净备用；柠檬去皮，切成小块。②把芒果、茭白、鲜奶、柠檬、蜂蜜放入搅拌机内，打碎搅匀即可。

适宜人群 慢性咽喉炎、音哑者、眩晕者；消化道溃疡、黄疸、大便秘结、阴虚便秘患者。

· 生津止渴+益胃止呕 ·

马蹄 补肾利尿，有"地下板栗"之称

马蹄性微凉，味甘，归肺、胃、大肠经，含有蛋白质、胡萝卜素、B族维生素、维生素C、铁、钙、磷等营养成分，具有清热解毒、凉血生津、利尿通便、化湿祛痰、消食除胀的功效，对黄疸、痢疾小儿麻痹、便秘等疾病有食疗作用。马蹄还能促进人体生长发育和维持生理功能的需要，对牙齿骨骼的发育有很大好处。

应用指南 ①防治鼻出血：马蹄250克，生藕150克，白萝卜100克，洗净切片，煎水代茶饮服。②治疗痔疮出血：马蹄500克，洗净打碎，地榆30克，加红糖150克，水煎约1小时，每日分两次服。③胃火上炎所致的口臭、口舌生疮、尿赤、便秘之症：马蹄7&10只、鲜竹叶30克、鲜白茅根30克，煎水服。

健康吃法 1 胡萝卜马蹄煲龙骨

配方 马蹄100克，胡萝卜80克，龙骨300克，姜、盐、味精、胡椒粉、料酒、高汤各适量

制作 ①胡萝卜洗净切块；姜切片；龙骨斩件；马蹄洗净。②锅中水烧开，入龙骨焯烫去血水，捞出沥水。③将高汤倒入煲中，加入所有材料煲1小时，调入盐、味精、胡椒粉即可。

适宜人群 发热、营养不良、食欲缺乏、皮肤粗糙者、肺癌及食管癌、夜盲症、眼干眼症、癌症、高血压患者。

· 清热解毒+凉血生津 ·

健康吃法 2 银耳马蹄糖水

配方 银耳150克，马蹄12粒，冰糖200克，枸杞少许

制作 ①将银耳放入冷水中泡发后，洗净。②锅中加水烧开，下入银耳、马蹄煲30分钟。③待熟后，再加入枸杞，下入冰糖烧至溶化即可。

适宜人群 发热病人、肺燥咳嗽者、干咳无痰者、食欲缺乏者、皮肤粗糙者、肺癌及食道癌患者。

· 滋阴润燥+清热利湿 ·

洋葱

散寒健胃、发汗杀菌

洋葱性温，味甘、微辛，归肝、脾、胃经。富含蛋白质、粗纤维、胡萝卜素、维生素B₁、维生素B₂和维生素C及多种氨基酸。洋葱具有散寒、健胃、发汗、祛痰、杀菌、降血脂、降血压、降血糖、抗癌之功效，对阳虚怕冷、高血压、高血脂等患者均有食疗作用。常食洋葱可以稳定血压、降低血管脆性、保护人体动脉血管。

应用指南 ①外感风寒引起的头痛、鼻塞、身重、恶寒、发热、无汗：可乐500毫升，加入洋葱丝100克，生姜丝50克，红糖少量，慢火烧开约5分钟，趁热饮。②用于贪食荤腥厚味，脾虚湿困，高血脂、下肢水肿、痰多胸闷等症：高粱米及生薏米各100克，凉水泡4小时后慢火煮粥，待米烂时，南瓜100克切块，洋葱100克切丁入粥同煮至熟，甜、咸自调。

健康吃法 1 洋葱牛肚丝

配 方 洋葱150克，牛肚150克，姜丝3克，蒜片5克，料酒8克，盐、味精、葱花各适量

制 作 ①牛肚洗净，用盐腌去腥味，洗去盐分，入沸水汆熟，捞出沥干水分、切丝；洋葱洗净切丝。②锅上火，加油烧热，放入牛肚丝快火煸炒，再放入蒜片、姜丝。③待牛肚炒出香味后加入剩余调料，放入洋葱丝、葱花略炒即可。

适宜人群 胃寒冷痛、喜温喜按者。

· 温胃散寒 + 益气补虚 ·

健康吃法 2 大蒜洋葱粥

配 方 大蒜、洋葱各15克，大米90克，盐2克，味精1克，葱花、生姜各少许

制 作 ①大蒜去皮洗净切块；洋葱洗净切丝；姜洗净切丝；大米洗净泡发。②锅置火上加水，放入大米用旺火煮至米粒绽开，放入大蒜、洋葱、姜丝。③用文火煮至粥成，加入盐、味精入味，撒上葱花即可。

适宜人群 糖尿病、肺结核、痢疾、肠炎、伤寒、胃酸减少及胃酸缺乏者。

· 杀菌消炎 + 健脾益胃 ·

花菜

爽喉开音、润肺止咳

花菜性凉，味甘，归肝、肺经，含丰富的钙、磷、铁、维生素C、维生素A、维生素B₁、维生素B₂等，具有爽喉、开音、润肺、止咳、抗癌、润肠等功效，花椰菜的维生素C含量极高，不但有利于人的生长发育，更重要的是能提高人体免疫功能，促进肝脏解毒，增强人的体质。但尿路结石者不宜食用花菜。

应用指南 ①口干渴、小便呈金黄色，大便硬实或不畅通：用花菜30克煎汤，频频饮服，有清热解渴，利尿通便之功效。②防癌抗癌：花菜100克，辣椒30克，盐、植物油各适量，炒食。③高血脂：花菜100克，香菇50克，盐少许，炒食。

健康吃法1 珊瑚花菜

配 方 花菜300克，青柿子椒1个，香油5克，白糖40克，白醋15克，盐少许

制 作 ①将花菜洗净，切成小块；青椒去蒂和子，洗净后切成小块。②将青椒和花菜放入沸水锅内烫熟，捞出，用凉水过凉，沥干水分，放入盘内。③花菜、青椒内加入盐、白糖、白醋、香油，一起拌匀即成。

适宜人群 气虚、贫血、高血压、糖尿病。

· 养心润肺+化痰理气 ·

健康吃法2 花菜炒肉片

配 方 花菜200克，瘦肉50克，盐5克，味精3克，姜10克，干椒15克，葱5克

制 作 ①花菜洗净，切成小块；瘦肉洗净，切片；干椒切段；姜去皮，切片；葱切圈。②锅上火，加油烧热，下入干椒炒香，再加入肉片、花菜、姜、葱炒匀，再加少量水，盖上盖稍焖，加盐、味精调味即可。

适宜人群 食欲缺乏、大便干结者。

· 防癌抗癌+润肠通便 ·

大蒜

杀菌消炎、防癌抗癌

大蒜性平，味甘，无毒，归肺、脾经，富含蛋白质、碳水化合物、纤维素、维生素A、维生素C、胡萝卜素、硫胺素等。大蒜能杀菌消炎、降血脂、抗动脉硬化，还有防癌抗癌的功效。科学家给大蒜的一个外号是"血管清道夫"，研究人员发现长期吃大蒜的人血管内壁里的沉积比不吃的人要少很多。

应用指南 ①治疗牙质过敏：将大蒜捣碎，取一小块置过敏点（酸痛点），用齿料充填器在酒精灯上烧至微红，迅灼牙面上之蒜泥，稍压几分钟，痛感即消失。一般采用上法2~3次即可见效。②治疗百日咳：服用20%大蒜浸出液（加适量食糖），5岁以上每次15毫升，并经鼻作15~20次深呼气，每次持续15分钟，每日2次，疗程为5天。

健康吃法1 大蒜鸡爪汤

配 方 大蒜150克，花生米100克，鸡爪2只，青菜20克，色拉油30克，精盐4克，味精2克

制 作 ①大蒜洗净；花生米洗净，浸泡；鸡爪洗净；青菜洗净切段备用。②锅上火倒入油，下大蒜煸至金黄，倒入水，下入鸡爪、花生米，调入精盐、味精煲至熟，撒入青菜即可。

适宜人群 高血脂、动脉粥样硬化患者；癌症患者。

降血脂+防癌抗癌

健康吃法2 蒜肚汤

配 方 芡实、山药各15克，猪肚1000克，大蒜、生姜、盐各适量

制 作 ①将猪肚洗净，去脂膜，切块，大蒜、生姜洗净。②芡实洗净，备用；山药去皮，洗净切片。③将所有材料放入锅内，加水煮2小时，至大蒜被煮烂、猪肚熟即可。

适宜人群 胃寒冷痛、喜温喜按的胃癌患者。

温胃散寒+益气补虚

香菇

化痰理气、益胃和中

香菇性平，味甘，归脾、胃经，富含碳水化合物、钙、磷、铁、维生素B_1、维生素B_2、烟酸以及蛋白质类物质，具有化痰理气、益胃和中、透疹解毒、防癌抗癌之功效，对食欲缺乏、身体虚弱、小便失禁、大便秘结、形体肥胖、癌症等病症有食疗作用。香菇还对糖尿病、肺结核、传染性肝炎、神经炎等有治疗作用。

应用指南 ①降低血压、血脂：香菇30克，鱿鱼100克，盐、油各适量。炒食。②消化不良：香菇40克，猪肉150克，盐、油各适量。炒食。③气血不足、体虚：香菇40克，母鸡肉100克，盐少许，焖煮食用。可补气养血、提高免疫力。

健康吃法① 香菇豆腐汤

配 方 鲜香菇100克，豆腐90克，水发竹笋20克，清汤适量，精盐5克，香菜3克

制 作 ①将鲜香菇洗净，切片；豆腐洗净，切片；水发竹笋切片备用。②净锅上火倒入清汤，调入精盐，下入香菇、豆腐、水发竹笋煲至成熟，撒入香菜即可。

适宜人群 心血管疾病、糖尿病、癌症患者；食欲缺乏、身体虚弱、小便失禁、大便秘结、形体肥胖、癌症等病症患者。

· 补脾健胃+益气宽中 ·

健康吃法② 香菇瘦肉煲老鸡

配 方 老母鸡400克，猪瘦肉200克，香菇50克，花生油30克，精盐6克，味精3克，葱、姜、蒜各6克，香菜5克，高汤适量

制 作 ①将老母鸡洗净，斩块汆水。②猪肉洗净切块汆水；香菇洗净。③锅上火，入油，将葱、姜、蒜炒香，入高汤，下鸡块、猪瘦肉、香菇，加精盐、味精，小火煲至成熟，撒入香菜即可。

适宜人群 虚劳瘦弱、营养不良、气血不足、面色萎黄、体质虚弱者。

· 温中益气+补虚健脾 ·

茶树菇　滋阴壮阳、强身保健

茶树菇性平，味甘，归肝、肾经，富含17种氨基酸（包含人体不能合成的8种氨基酸）和多种矿物质微量元素与抗癌多糖成分，其药用保健疗效高于其他食用菌，有滋阴壮阳、强身保健之功效，对肾虚、尿频、水肿、风湿有独特疗效，对抗癌、降压、抗衰老有较理想的辅助治疗功能，民间称之为"神菇"。

应用指南 ①肾虚尿频、水肿、气喘：干品茶树菇50克，鸡400克，去核红枣10枚，蜜枣1枚，姜片1片。炖汤食用。②小儿低热尿床：茶树菇20克，干蘑菇10克，老鸭1只，春笋2段，火腿20克，精盐2小匙，味精1小匙，葱花适量。煮汤食用。

健康吃法 1　茶树菇蒸草鱼

配方 草鱼300克，茶树菇、红甜椒各75克，盐4克，黑胡椒粉1克，香油6克，高汤50克

制作 ①草鱼抹盐、黑胡椒粉腌5分钟备用。②茶树菇洗净切段，红甜椒洗净切细条，都铺在草鱼上面。③将高汤淋在草鱼上，放入蒸锅中，以大火蒸20分钟，取出淋上香油即可。

适宜人群 高血压、高血脂患者；肥胖、水肿患者。

· 健脾祛湿+利水消肿 ·

健康吃法 2　茶树菇炒豆角

配方 豆角、茶树菇各150克，红椒15克，大蒜、盐、生抽、鸡精各适量

制作 ①茶树菇洗净切段；豆角洗净切段；大蒜切末；红椒洗净切丝。②热锅注油，烧至六成热时，倒入茶树菇、豆角，滑油1分钟至熟捞出。③锅留底油，放入蒜末煸香，倒入茶树菇、豆角炒匀，加生抽、盐、鸡精调味即可。

适宜人群 尤其适合高血压、心血管和肥胖症患者食用。

· 益气健胃+补虚扶正 ·

金针菇 补肝益胃、防癌抗癌

金针菇性凉，味甘，归脾、大肠经，其氨基酸的含量非常丰富，高于一般菇类，具有补肝、益肠胃、抗癌之功效，对肝病、胃肠道炎症、溃疡、肿瘤等病症有食疗作用，其含锌较高，对预防男性前列腺疾病较有助益。金针菇还是高钾低钠食品，可防治高血压，对老年人也有益。

应用指南 ①体虚气血不足：金针菇100克、土鸡250克。去鸡内脏，洗净入砂锅中加水炖至九成熟，再入金针菇，待菇煮熟即可起锅调味食用。②肝病：猪肝300克、金针菇100克。猪肝切片，用淀粉拌匀，与金针菇一同倒入锅中煮，加入少许精盐、香油，待猪肝熟后即可起锅食用。

健康吃法① 金针菇凤丝汤

配方 鸡胸肉200克，金针菇150克，黄瓜20克，高汤适量，精盐4克

制作 ①将鸡胸肉洗净，切丝；金针菇洗净，切段；黄瓜洗净，切丝备用。②汤锅上火倒入水，调入精盐，下入鸡胸肉、金针菇至熟，撒入黄瓜丝即可。

适宜人群 肝病、胃肠道炎症、溃疡、肿瘤等病症患者。

·滋阴生津+益气补血·

健康吃法② 金针香菜鱼片汤

配方 麦冬12克，金针菇30克，鱼肉100克，香菜20克，盐适量

制作 ①香菜洗净，切段；金针菇用水浸泡，洗净，切段备用；麦冬洗净，备用。②鱼肉洗净后，切成片。③金针菇、麦冬加水煮滚后，再入鱼片煮5分钟，最后加香菜、盐调味即成。

适宜人群 气血不足、营养不良者；肝脏病、胃肠道溃疡、心脑血管疾病患者。

·清利湿热+养阴生津·

黑木耳

凉血止血、补血益气

黑木耳性平、味甘、酸，归心、大肠、小肠经。黑木耳含有维生素K和丰富的钙、镁等矿物质，能减少血液凝块，预防血栓的发生，有防治动脉粥样硬化和冠心病的作用。中医认为，黑木耳味甘性平微凉，有凉血、止血作用，主治咯血、吐血、衄血、血痢、崩漏、痔疮出血、便秘带血等。

应用指南 ①用于吐血、便血，痔疮出血，或妇女崩漏失血，而咽干口燥者：黑木耳15~30克，浸泡洗净，以水煮烂后，加白糖适量服。②用于妇女崩中漏下，或有瘀血者：黑木耳60克，炒至见烟为度，加血余炭10克，共研细末。每次服6~10克，温开水或淡醋送下。

健康吃法1 木耳炒鸡肝

配 方 鸡肝150克，黑木耳80克，姜丝、黄酒、盐、味精各适量

制 作 ①将鸡肝洗净，切片；黑木耳用温水泡发，洗净，切丝。②旺火起锅下油，先放姜丝爆香，再放鸡肝片炒匀，随后放黑木耳丝、黄酒和精盐，翻炒5分钟，加少许水，盖上锅盖，稍焖片刻。③最后下味精调匀即可。

适宜人群 白内障患者以及眼睛干涩昏花的患者。

· 养肝补血 + 明目退翳 ·

健康吃法2 三七木耳乌鸡汤

配 方 乌鸡150克，三七5克，黑木耳10克，盐2克

制 作 ①乌鸡洗净斩件；三七浸泡洗净切片；黑木耳泡发洗净撕朵。②锅中入清水烧沸，放入乌鸡余去血沫后捞出洗净。③瓦煲装适量水，煮沸后入乌鸡、三七、黑木耳，武火煲沸后改用文火煲2.5小时，加盐调味即可。

适宜人群 内、外出血者、胸腹刺痛者；体虚患者。

· 补气益血 + 散瘀止血 ·

桑葚

补血滋阴、生津润燥

桑葚性寒,味甘,归心、肝、肾经,具有补血滋阴、生津润肠、乌发明目的功效,用于肝肾阴亏所见的眩晕耳鸣、心悸失眠、目暗昏花、须发早白、关节不利等症,也可用于阴虚津伤口渴、内热消渴、肠燥便秘等症。《滇南本草》曰:"桑葚,益肾脏而固精,久服黑发明目"。常食桑葚可以明目,缓解眼睛疲劳干涩的症状。

应用指南 ①风湿性关节疼痛以及各种神经痛:鲜黑桑葚30&60克,水煎服。或桑葚膏,每服一匙,以温开水和少量黄酒冲服。②风湿筋骨痛:干桑枝切成寸段,劈细,桑叶等分,同置炉内,燃烟熏患处,一日2次,每次20分钟。

健康吃法1 桑葚牛骨汤

配 方 牛排骨350克,桑葚、枸杞各适量,盐少许
制 作 ①牛排骨洗净,斩块后余去血水;桑葚、枸杞洗净泡软。②汤锅加入适量清水,放入牛排骨,用大火烧沸后撇去浮沫。③加入桑葚、枸杞,改用小火慢炖2小时,最后调入盐拌匀即可。
适宜人群 骨质疏松症、眩晕耳鸣、心悸失眠、目暗昏花、须发早白、关节不利患者。

· 滋阴补血+益肾强筋 ·

健康吃法2 桑葚橘子汁

配 方 桑葚80克,橘子2个,芦荟20克,冰块适量
制 作 ①将桑葚、芦荟洗净;橘子去皮,备用。②将桑葚、橘子、芦荟放入果汁机中搅打成汁。③最后加入冰块即可。
适宜人群 系统性红斑狼疮患者出现的口腔、外阴或鼻溃疡。

· 滋阴补肾+清热生津 ·

猕猴桃　生津解热、调中下气

猕猴桃性寒，味甘、酸，归胃、膀胱经，含有多种维生素、蛋白质、钙、磷、铁、镁、果胶等成分，具有生津解热、调中下气、止渴利尿、滋补强身的功效，还具有养颜、提高免疫力、抗癌、抗衰老、抗肿消炎的作用。猕猴桃含有的血清促进素具有镇静作用。但脾胃虚寒、腹泻便溏、糖尿病等患者不宜食用。

应用指南 ①用于热伤胃阴、烦热口渴：猕猴桃60~120克，除去外皮，捣烂，加蜂蜜适量，煎熟食。亦可加水煎汤服用。②用于热壅中焦、胃气不和、反胃呕吐：猕猴桃180克，生姜30克。分别捣烂，绞取汁液，混合均匀。分3次服。

健康吃法1 西米猕猴桃粥

配　方 鲜猕猴桃200克，西米100克，白糖适量

制　作 ①将猕猴桃洗净，去皮，取瓤切粒；西米用清水浸泡发好。②取锅放入清水，武火烧开，加入猕猴桃、西米煮沸。③再改用文火略煮，然后加入白糖调味即成。

适宜人群 烦热、口渴、小便黄等患者。

· 解热止渴＋利尿通淋 ·

健康吃法2 猕猴桃薄荷汁

配　方 猕猴桃1个，苹果半个，薄荷叶2片

制　作 ①猕猴桃洗净，削皮，切成四块；苹果削皮，去核，切块。②将薄荷叶洗净，放入榨汁机中搅碎，再加入猕猴桃、苹果块，搅打成汁即可。

适宜人群 外感风热、头痛目赤、咽喉肿痛者；维生素缺乏者。

· 疏散风热＋止渴利尿 ·

榴莲

强身健体、健脾补气

榴莲性热，味辛、甘，归肝、肾、肺经，含有蛋白质、维生素A、B族维生素、维生素C、碳水化合物、膳食纤维、矿物质、铁、钾、钙等营养成分，被称为"百果之王"。榴莲具有强身健体、健脾补气、补肾壮阳、活血散寒的作用，能改善腹部寒凉、促进体温上升，是寒性体质者的理想补品。

应用指南 ①肾虚：榴莲15克、瘦肉100克、桂圆肉适量，加水煮食。②补血益气、滋润养阴：榴莲100克，鸡1只，姜片10克，核桃仁50克，红枣50克，清水约用1500克，盐少许。煮汤食用。

健康吃法 1 蜜汁榴莲

|配 方| 榴莲肉60克，蜂蜜、凉白开各适量

|制 作| ①先将榴莲肉放入榨汁机中。②然后倒入蜂蜜（可按个人喜好增加或减少）。③加入适量凉白开后，启动榨汁机搅打均匀即可。

适宜人群 适宜体质偏寒者；病后虚弱患者饮用。

· 健脾补气+补虚润燥 ·

健康吃法 2 榴莲牛奶果汁

|配 方| 榴莲肉100克，水蜜桃50克，蜂蜜少许，鲜牛奶200毫升，凉白开200毫升

|制 作| ①将水蜜桃洗净。将榴莲、水蜜桃、蜂蜜倒入榨汁机。②将凉白开倒入，盖上杯盖，充分搅拌成果泥状，加入牛奶，调成果汁即可。

适宜人群 消化道溃疡、病后体虚、大便秘结者。

· 补肺养胃+生津润肠 ·

葡萄

益气补血、健胃生津

葡萄性平，味甘、酸，归肺、脾、肾经，含有矿物质钙、钾、磷、铁以及多种维生素和多种人体必需氨基酸。中医认为，葡萄可以"补血强智利筋骨，健胃生津除烦渴，益气逐水利小便，滋肾宜肝好脸色"，主治筋骨湿痹，益气增加强益，使人体健，耐饥饿风寒，轻身不老延年。食用或研酒饮又可通利小便，催痘疮发出。

应用指南 ①治急性尿路感染：取新鲜葡萄250克，去皮、核捣烂后，加适量温开水饮服，每日1~2次，连服两周。②可治疗男性前列腺炎、前列腺增生：将新鲜葡萄、猕猴桃、西红柿洗净，放入榨汁机中搅打成汁，饮服。

健康吃法 1 葡萄当归煲猪血

配 方｜猪血、葡萄各150克，当归、党参、阿胶各10克，料酒、葱、姜、盐、味精各适量

制 作｜①葡萄洗净去皮；当归、党参洗净入纱布袋。②猪血块洗净，入沸水锅氽透取出切块，与药袋同放砂锅，加水以武火煮沸，烹入料酒，改文火煨煮30分钟，取出药袋，加葡萄，继续煨煮。③放入阿胶溶化，加葱花、姜末、盐、味精即成。

适宜人群 各种类型的贫血症患者。

· 补气益脾+养血补血 ·

健康吃法 2 桑白葡萄果冻

配 方｜椰果60克，葡萄200克，鱼腥草10克，桑白皮10克，果冻粉20克，细糖25克

制 作｜①鱼腥草、桑白皮洗净装袋，入锅中加水加热至沸腾后关火，滤取药汁。②葡萄洗净切半去籽，与椰果一起入模型中；药汁、果冻粉、细糖入锅，以文火加热搅拌，煮沸。③倒入模型中待凉移入冰箱冷藏、凝固，即可。

适宜人群 适宜肺热咳喘、面目浮肿、小便不利者食用。

· 泻肺平喘+利水消肿 ·

苹果

全方位的健康水果

苹果性凉，味甘、微酸，归脾、肺经。中医认为苹果具有生津止渴、润肺除烦、健脾益胃、养心益气、润肠、止泻、解暑、醒酒等功效，有科学家和医师把苹果称为"全方位的健康水果"或称为"全科医生"。前列腺炎患者每天食用3&5个苹果，或者经常饮用浓度较高的苹果汁，可以提高前列腺液中锌蛋白的锌含量，从而提高了前列腺的抗菌、杀菌能力。

应用指南 ①消化不良、少食腹泻，或久泻而脾阴不足者：苹果干50克，山药30克。共研为细末，每次15克，加白糖适量，用温开水送服。②胃阴不足，咽干口渴：鲜苹果1000克，切碎捣烂，绞汁，熬成稠膏，加蜂蜜适量混匀。每次1匙，温开水送服。

健康吃法 1 苹果橘子煲排骨

配方 排骨250克，苹果100克，橘子80克，百合20克，精盐4克，高汤适量

制作 ①将排骨斩块，洗净，汆水；苹果去皮，切块；橘子去皮，扒出瓣；百合洗净备用。②炒锅上火，倒入高汤，下入排骨、苹果、橘子、百合，调入精盐，煲至成熟即可。

适宜人群 维生素缺乏者；便秘患者；气喘患者。

·生津润肺+化痰止咳·

健康吃法 2 苹果雪梨煲牛腱

配方 甜杏仁、苦杏仁、红枣各25克，苹果、雪梨各1个，牛腱90克，姜、盐各适量

制作 ①苹果、雪梨洗净，去皮，切薄片；牛腱洗净，切块，汆烫后捞起备用。②甜杏、苦杏、红枣和姜洗净，红枣去核备用。③将上述材料加水，以武火煮沸后，再以文火煮1.5小时，最后加盐调味即可。

适宜人群 咽喉发痒干痛，音哑，急、慢性支气管炎，肺结核患者。

·强筋壮骨+安精益气·

西瓜

清热解暑、利水止渴

西瓜性寒，味甘，归心、胃、膀胱经，含有蛋白质、维生素B$_1$、维生素B$_2$、维生素C及钙、铁、磷等矿物质和有机酸。西瓜果肉（瓤）有清热解暑、解烦渴、利小便、解酒毒等功效，西瓜皮用来治肾炎水肿、肝病黄疸、糖尿病，还具有平衡血压、调节心脏功能、预防癌症的作用。常吃西瓜还可使头发秀美稠密。

应用指南 ①用于胃热伤、舌燥咽干、心烦口渴：西瓜500克，取瓤绞汁，徐徐饮之。本方以西瓜清胃热，除烦止渴。②夏季痱疮：绿豆100克，加水1500毫升，煮汤，沸后10分钟去绿豆，西瓜皮（不用削去外皮）500克，煮沸后冷却。饮汤，一日数次。

健康吃法 1 茯苓西瓜汤

配方 茯苓30克，薏米20克，西瓜500克，冬瓜500克，蜜枣5枚，盐适量

制作 ①将冬瓜、西瓜洗净，切成块；蜜枣、茯苓、薏米洗净。②将清水2000毫升放入瓦煲内，煮沸后加入茯苓、薏米、西瓜、冬瓜、蜜枣，武火煮开后，改用文火煲3小时，加盐调味即可。

适宜人群 水肿、尿少、脾虚食少及便溏泄泻者。

· 清热解暑＋渗湿利水 ·

健康吃法 2 西瓜汁

配方 西瓜200克，包菜20克，柠檬汁1/4个量

制作 ①将西瓜去皮去籽，包菜洗净，均切成大小适当的块。②柠檬洗净，切片。③将所有材料放入榨汁机内搅打成汁，滤出果肉即可。

适宜人群 水肿、发热烦渴或急性病高热不退、口干、口疮等症患者。

· 炎夏消暑＋止渴利尿 ·

阳桃

清热止咳、生津利水

阳桃性寒，味甘、酸，归肺、胃、膀胱经，具有清热、生津、止咳、利水、解酒、保护肝脏的作用，可用于肺热或风热所致的咳嗽、咽喉痛；胃热伤津或饮酒过度，烦热口渴；热结膀胱，小便不利。亦可用于久患疟疾，脾大。此外，还能降低血糖、血脂，减少机体对脂肪的吸收。

应用指南 ①关节红肿疼痛：新鲜阳桃3个，以清水洗净，用水果刀将之切成果肉丁，并捣烂绞汁，将果汁倒入杯中，加温开水100毫升调匀，每日服用2次。②治疗消化不良、胸闷腹胀等病症：新鲜阳桃1个，红醋50毫升。将阳桃以清水洗净，后用水果刀一分为二；将鲜果放入杯中，加红醋浸10分钟后取出，慢慢嚼服。

健康吃法 1 阳桃紫苏梅甜汤

配方 阳桃1个，紫苏梅4颗，清水600毫升，麦冬15克，天冬10克，紫苏梅1大匙，冰糖1大匙，盐适量

制作 ①将麦冬、天冬放入棉布袋；阳桃表皮以少量的盐搓洗，切除头尾，再切成片状。②全部材料放入锅中，以文火煮沸，加入冰糖搅拌溶化。③取出药材，加入紫苏梅汁拌匀，待降温后即可食用。

适宜人群 消化不良者；食欲缺乏者。

·健脾开胃+助消化·

健康吃法 2 蜂蜜阳桃汁

配方 阳桃1个，蜂蜜少许，冷开水200毫升

制作 ①将阳桃洗净，切小块，放入榨汁机中。②倒入凉白开和蜂蜜，搅打成果汁饮用。

适宜人群 便秘患者；风热咳嗽、咳吐黄痰、咽喉疼痛者，小便热涩、痔肿出血、疟疾反复不愈、烦热口干、泌尿性结石患者，患口疮之人。

·降低血脂+润肠通便·

冬虫夏草

补肺气、抗衰老

冬虫夏草性温，味甘，归肾、肺经，具有补虚损、益精气、止咳化痰、补肺肾之功效，主治肺肾两虚、精气不足、阳痿遗精、咳嗽气短、自汗盗汗、腰膝酸软、劳嗽痰血、病后虚弱等症。可用于病后体虚不复或自汗畏寒，与鸡、鸭、猪肉等炖服，有补肾固本，补肺益卫之功效。但有表邪者不宜食用冬虫夏草。

应用指南 ①治肺气肿晚期，因肺气肿而导致的痰多、咳嗽气短：补骨脂、莱菔子各16克，熟地24克，炒山药18克，山萸肉、茯苓、枸杞、党参、炒白术，陈皮、炙款冬花、炙紫菀各12克，冬虫夏草3克。以上几味水煎服。②治青光眼：十全大补汤4.5克，甘杞6克，巴戟天1克，夜明砂6克，冬虫夏草3克，谷精草6克。水煎汤，炖鸡肝服用，饭后服，再用补肾丸调养，小儿服半量，每日1&2次。

健康吃法 1 虫草杏仁鹌鹑汤

配方 冬虫夏草6克，杏仁15克，鹌鹑1只，蜜枣3颗，盐5克

制作 ①冬虫夏草洗净，浸泡。②杏仁温水浸泡，去皮、去尖，洗净。③鹌鹑去内脏，洗净，斩件，余水；蜜枣洗净。④将以上原材料放入炖盅内，注入沸水800克，加盖，隔水炖4小时，加盐调味即可。

适宜人群 慢性支气管炎、肾气不足、腰膝酸痛者。

·补肺益肾+化痰止咳·

健康吃法 2 虫草炖鸭

配方 冬虫夏草5枚，鸭1只，姜片、葱花、陈皮末、胡椒粉、盐、味精各适量

制作 ①冬虫夏草用温水洗净。②鸭洗净斩块，再将鸭块放入沸水中焯去血水，然后捞出。③将鸭块与虫草先用武火煮开，再用文火炖软后加入姜片、葱花、陈皮末、胡椒粉、盐、味精，调味后即可。

适宜人群 肾虚、头痛患者。

·益气补虚+补肾强身·

何首乌 补血益精、生发乌发的护心良药

何首乌性微温，味苦、甘、涩，归肝、肾经，是抗衰护发的滋补佳品，有补肝益肾、养血祛风的功效，可治疗治肝肾阴亏、发须早白、血虚头晕、腰膝软弱、筋骨酸痛、遗精、慢性肝炎、痈肿、肠风、痔疾等症；与当归、枸杞、菟丝子等同用，治精血亏虚、腰酸脚弱、头晕眼花、须发早白及肾虚无子等症。

应用指南 ①治破伤血出：取适量何首乌末，敷在出血处，立即止血，效果神奇。②治大风疠疾：何首乌大而有花纹者500克，胡麻200克，共研为末，每次用酒送服6克，每日2次。③治疖肿：取新鲜何首乌1000克，切片，放锅内（勿用铁锅）加水浓煎成250毫升。外搽患处，每日1&3次。

健康吃法1 首乌黄精肝片汤

配方 何首乌10克，黄精5克，猪肝200克，胡萝卜1根，鲍鱼菇6片，葱1根，姜1小块，蒜薹2&3根，盐适量

制作 ①将以上药材和食材洗净；胡萝卜切块，猪肝切片，蒜薹、葱切段；将何首乌、黄精煎水去渣留用。②猪肝片用开水汆去血水。③将药汁煮开，将所有食材放入锅中，加盐煮熟即成。

适宜人群 脱发、白发的人群；肝肾功能受损者。

· 补肾养肝+乌发防脱 ·

健康吃法2 何首乌茶

配方 何首乌、泽泻、丹参各适量，绿茶适量

制作 ①何首乌、泽泻、丹参均洗净备用。②把所有材料放入锅里，加水共煎15分钟。③滤去渣后即可饮用。

适宜人群 高血糖、高血压、高血脂患者；经常性头痛、头昏、胸闷、胸紧、心慌气短、怠倦乏力，睡眠质量差的人群。

· 保肝护肾+强健身体 ·

熟地

补血滋阴的天赐良药

熟地性微温，味甘，归肝、肾经，本品质润入肾，善滋补肾阴，填精益髓，为补肾阴之要药。古人谓之"大补五脏真阴"，"大补真水"。常与山药、山茱萸等同用，治疗肝肾阴虚，腰膝酸软、遗精、盗汗、耳鸣、耳聋及消渴等，可补肝肾，益精髓，如六味地黄丸；熟地也是治疗糖尿病、慢性肾炎、高血压、神经衰弱等症的常用药材。

应用指南 ①治肾虚腰背酸痛、腰膝软弱、小便频数：熟地黄9克，杜仲、续断、菟丝子各6克，核桃仁25克，水煎服。②治腰部疼痛、沉重、不得俯仰：取熟地黄、炙杜仲、炮姜、草薢、羌活、川芎、制乌头、秦艽、细辛、川椒、制附子、肉桂、川断续、栝楼根各25克，五加皮、石斛各50克，地骨皮、桔梗（炒）、炙甘草、防风各18克，白酒2000毫升。泡酒饮用。

健康吃法1 狗脊熟地乌鸡汤

配方 狗脊、熟地、花生各30克，红枣6颗，乌鸡1只，盐5克

制作 ①狗脊、熟地、花生分别洗净。②红枣去核，洗净。③乌鸡去内脏，洗净，汆水。④将清水2000毫升放入瓦煲中，煮沸后放入狗脊、熟地、花生、红枣、乌鸡，以武火煮开，改用文火煲3个小时，加盐调味即可。

适宜人群 肾虚患者；血虚阴亏、肝肾不足者。

· 滋阴补血 + 补肾助阳 ·

健康吃法2 柴胡解郁猪肝汤

配方 猪肝180克，柴胡5克，蝉花10克，熟地12克，红枣6颗，盐6克，姜片、淀粉、胡椒粉、香油各适量

制作 ①柴胡、蝉花、熟地、红枣洗净；猪肝洗净，切薄片，加淀粉、胡椒粉、香油腌渍片刻。②除猪肝外材料放入瓦煲内，加水武火煮沸后改中火煲约2小时，放入猪肝滚熟。③加调料调味即可。

适宜人群 贫血、青光眼、白内障患者。

· 滋补肝肾 + 疏肝升阳 ·

枸杞

平补肝肾的补养佳品

《本草纲目》记载："枸杞，补肾生精，养肝明目，安神，令人长寿。"枸杞性平，味甘，归肝、肾经，是滋肾、养肝、润肺的高级补品，多用于治疗肝肾阴亏、腰膝酸软、头晕目眩、目昏多泪、虚劳咳嗽、消渴、遗精等病症。现代研究，枸杞对糖尿病、高血压、肝功能异常、胃炎等均有疗效。

应用指南 ①治劳伤虚损：枸杞3千克，干地黄（切）1千克，天冬1千克。上三味，细捣，晒干，蜜和作丸，大如弹丸，日服2次。②治肾经虚损眼目昏花，或云翳遮睛：枸杞800克，好酒润透，分作四分，200克用蜀椒50克炒，200克用小茴香50克炒，200克用芝麻50克炒，200克用川椒肉炒，拣出枸杞，加熟地黄、白茯苓各50克，为末，炼蜜丸，日服。

健康吃法1 枸杞猪尾汤

配 方 猪尾150克，枸杞适量，盐3克

制 作 ①猪尾洗净，剁成段；枸杞洗净，浸水片刻。②净锅入水烧沸，下猪尾汆透，捞出洗净。③将猪尾、枸杞放入瓦煲内，加入适量清水，武火烧沸后改文火煲1.5小时，加盐调味即可。

适宜人群 气血亏虚者，病后、肝肾不足两目昏花、白内障患者，血虚头晕、内脏下垂、食欲缺乏、乏力困倦、表虚盗汗者。

· 补气益精+养肝明目 ·

健康吃法2 枸杞叶鹌鹑蛋鸡肝汤

配 方 鸡肝150克，枸杞叶10克，鹌鹑蛋150克，盐5克，生姜3片

制 作 ①鸡肝洗净，切成片；枸杞叶洗净。②鹌鹑蛋入锅中煮熟，取出，剥去蛋壳；生姜去皮，洗净，切片。③将鹌鹑蛋、鸡肝、枸杞叶、生姜一起加水煮5分钟，调入盐煮至入味即可。

适宜人群 肝肾不足视物昏花者、失眠者，青光眼、白内障、夜盲症、肝病患者。

· 滋补肝肾+养血明目 ·

山茱萸

平补阴阳之要药

山茱萸性微温，味酸，归肝、肾经。本品性温而不燥，补而不峻，补益肝肾，既能益精，又可助阳，为平补阴阳之要药，具有补肝肾、涩精气、固虚脱的功效，主要用于治疗腰膝酸痛、眩晕、耳鸣、阳痿、遗精、小便频数、肝虚寒热、虚汗不止、心悸脉散等病症。但素有湿热、小便淋涩者不宜服用山茱萸。

应用指南 ①肾虚眩晕：山茱萸20克，枸杞10克，女贞子12克。水煎服，每日1剂。对老年人颇有效验。②肾虚腰痛，阳痿遗精：山茱萸、补骨脂、菟丝子、金樱子各12克，当归9克。水煎服，每日1剂。③治老人尿频失禁：山茱萸9克，五味子6克，益智仁6克，水煎服。

健康吃法 1 山茱萸丹皮炖甲鱼

配方 山茱萸50克，丹皮20克，甲鱼1只，大枣、葱、姜、盐、鸡精、味精各适量

制作 ①将山茱萸、丹皮放入锅内，加入2000毫升的水，煮20分钟左右。②将煮好的水和药料倒入炖甲鱼的砂锅内，再放入葱、姜、大枣。③再用文火炖熬1个小时左右，最后放入盐、鸡精、味精调味即可。

适宜人群 肝肾阴虚、肝肾不足的人。

· 滋补肝肾+涩精固脱 ·

健康吃法 2 山茱萸覆盆子奶酪

配方 山茱萸、覆盆子各10克，果酱、奶酪丁片各15克，鲜奶350毫升，鲜奶油150毫升，冰糖15克

制作 ①山茱萸洗净，加水煮至熟滤汤；奶酪丁片泡软沥水。②鲜奶和鲜奶油入锅加热，入奶酪丁拌溶，冷却到将凝，倒入模型中，入冰箱中凝固定型。③将备好的汤汁和果酱煮匀后熄火，分别淋在奶酪上，冰凉后即可食用。

适宜人群 肝亏虚、阳痿、不孕不育等患者。

· 益肾固精+防治便秘 ·

芡实

固肾涩精、补脾止泻

芡实味甘、涩，性平，归脾、肾经，具有固肾涩精、补脾止泄的功效，主治遗精、淋浊、带下、小便不禁、大便泄泻。用于补肾，常配金樱子、莲须、莲实、沙苑子等；治肾虚不固之腰膝酸软，遗精滑精者，常与金樱子相须而用，用于健脾，一般配党参、茯苓、白术、神曲等。芡实性涩滞气，一次忌食过多，否则难以消化。平素大便干结或腹胀者忌食。

应用指南 ①体虚者、脾胃虚弱、贫血者、气短者：芡实60克，红枣10克，花生30克，加入适量红糖合成大补汤。②治老幼脾肾虚热及久痢：芡实、山药、茯苓、白术、莲肉、薏米、白扁豆各200克，人参50克。俱炒燥为末，白汤调服。

健康吃法1 芡实莲子薏米汤

配方 芡实、薏米、干莲子各100克，茯苓、山药各50克，猪小肠500克，盐2小匙，米酒30毫升

制作 ①将猪小肠处理干净，放入沸水中氽烫，捞出剪成小段。②将芡实、茯苓、山药、莲子、薏米洗净，与小肠一起入锅，加水至盖过所有材料，煮沸后用文火炖约30分钟，快熟时加盐调味，淋上米酒即可。

适宜人群 遗精、小便失禁、大便泄泻者。

·养心益肾+补脾止泻·

健康吃法2 甲鱼芡实汤

配方 芡实10克，枸杞5克，红枣4颗，甲鱼300克，盐6克，姜片2克

制作 ①将甲鱼洗净，斩块，氽水。②芡实、枸杞、红枣洗净备用。③净锅上火倒入水，放入盐、姜片，下入甲鱼、芡实、枸杞、红枣煲至熟即可。

适宜人群 阴虚盗汗、遗精滑泄、骨蒸潮热、五心烦热、腰膝酸软以及消渴等阴虚症状患者。

·强筋壮骨+补益体虚·

杜仲 补肝肾，远离腰背酸痛

杜仲性温，味甘、微辛，归肝、肾经，具有补肝肾、强筋骨、降血压、安胎气等功效。可用于治疗腰脊酸疼、足膝痿弱、小便余沥、筋骨无力、妊娠漏血、胎动不安、高血压等。常与胡桃肉、补骨脂同用治肾虚腰痛或足膝痿弱；与鹿茸、山茱肉、菟丝子等同用，治疗肾虚阳痿、精冷不固、小便频数。

应用指南 ①治腰膝酸软：用杜仲与淫羊藿、山药、川牛膝、山茱萸等配伍应用，水煎服。②治腰痛：川木香5克，八角茴香15克，杜仲（炒去丝）15克。水一盏，酒半盏，煎服，渣再煎。③原发性坐骨神经痛：杜仲30克，猪腰1对。煮汤，趁温服食猪腰及药汁，连服7&10剂。

健康吃法1 龟板杜仲猪尾汤

配方 龟板25克，炒杜仲30克，猪尾600克，盐2小匙

制作 ①猪尾剁段洗净，汆烫捞起，再冲净1次。②龟板、炒杜仲冲净。③将上述材料盛入炖锅，加六碗水以武火煮开，转文火炖40分钟，加盐调味。

适宜人群 肾虚引起的坐骨神经痛、腰膝酸痛等症患者。

· 益肾健骨 + 壮腰强筋 ·

健康吃法2 杜仲羊肉萝卜汤

配方 杜仲15克，羊肉200克，白萝卜50克，羊骨汤400克，盐、味精、料酒、胡椒粉、姜片、辣椒油各适量

制作 ①羊肉洗净切块，汆去血水；白萝卜洗净，切成滚刀块。②将杜仲用纱布袋包好，同羊肉、羊骨汤、白萝卜、料酒、胡椒粉、姜片一起下锅，加水烧沸后文火炖1小时，加盐、味精、辣椒油即可。

适宜人群 肾虚腰痛、筋骨无力患者。

· 补肝肾 + 强筋骨 ·

海马 补肾壮阳、调气活血的佳品

海马性温，味甘，归肝、肾经，是补肾壮阳、调气活血的佳品，常用于治疗肾虚阳痿、精少、宫寒不孕、腰膝酸软、尿频、肾气虚、喘息短气、跌打损伤、血瘀作痛等病症。海马所含的蛋白质等补益成分能够有效提高人体免疫力，恢复身体状态，增强体质，提高患者的机体抗病能力。但阴虚有热者不宜食用海马。

应用指南 ①主治阳痿、虚烦不眠、神经衰弱等：海马1对（雌雄各1只）。将海马炙焦，研末，每日睡前服1.5克。②主治肾虚哮喘：海马5克，当归10克。先将海马捣碎，加当归和水，共煎2次。每日分2次服。③遗尿、尿频：海马15克，虾仁15克，仔公鸡1只，共炖服。

健康吃法 1 海马虾仁童子鸡

配方 海马10克，生姜适量，虾仁15克，童子鸡1只，调料适量

制作 ①将童子鸡处理干净，洗去血水，然后放入沸水中汆烫熟，剁成小块备用。②将海马、虾仁用温水洗净，泡10分钟，放在鸡肉上，加入姜片、蒜片、清汤，上笼蒸熟；米酒、淀粉加水做芡。③把鸡肉扣入碗中，加入盐、味精，勾芡即成。

适宜人群 性欲减低、肾虚阳痿患者。

· 补肾壮阳+强身健体 ·

健康吃法 2 虫草海马炖鲜鲍

配方 鲍鱼1只、海马4只、鸡500克、猪瘦肉200克、火腿30克、冬虫夏草2克，生姜2片，花雕酒、味精各3克、食盐、鸡精各2克、浓缩鸡汁2克

制作 ①海马洗净，用瓦煲焗去异味；鸡洗净剁成块；瘦肉切成大粒；火腿切成粒；将切好的材料飞水去掉杂质。②把所有的原料放入炖盅，放入锅中隔水炖4小时。③加入所有调料调味即成。

适宜人群 阳事不举、萎软不用者。

· 滋阴补肾+壮阳填精 ·

鹿茸

滋补强壮剂

鹿茸有补肾壮阳、益精生血、强筋壮骨的功效，主治肾阳不足、精血亏虚所致的畏寒肢冷、阳痿早泄、宫冷不孕、尿频遗尿、腰膝酸软、筋骨无力等病症。若肾阳虚，精血不足，而见畏寒肢冷、阳痿早泄、小便频数、腰膝酸痛、头晕耳鸣、精神疲乏等，均可以本品单用或配入复方，如鹿茸酒或与山药浸酒服。

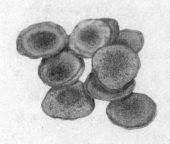

应用指南 ①老人肾虚腰痛：鹿茸，炙酥，研末，酒调，每服3克。亦可用鹿茸1克（冲服），杜仲12克，核桃仁30克。水煎服，每日1剂。②肾阳不足，精血亏虚，腰酸肢冷，带下过多，宫冷不孕，小便清长：鹿茸4克，怀山药40克，竹丝鸡120克。煲汤食用。

健康吃法 1 茸杞红枣鹌鹑汤

配方 鹿茸3克，枸杞30克，红枣5颗，鹌鹑2只，盐、葱花各适量

制作 ①将鹿茸、枸杞洗净；将红枣浸软，洗净，去核。②将鹌鹑宰杀，去毛及内脏，洗净斩大件，余水。③将全部材料放入炖盅内，加适量清水，隔水以文火炖2小时，加盐调味，撒上葱花。

适宜人群 肾虚阳痿遗精者、体质虚弱者。

· 补肾助阳+延年益寿 ·

健康吃法 2 鹿茸煲鸡汤

配方 鸡500克，瘦肉300克，鹿茸20克，黄芪20克，生姜10克，盐5克，味精3克

制作 ①将鹿茸片放置清水中洗净；黄芪洗净；生姜去皮，切片；瘦肉切成厚块。②将鸡洗净，斩成块，放入沸水中焯去血水后，捞出。③锅内注入适量水，下入备好的材料武火煮沸后，再改文火煲3小时，调入盐、味精即可。

适宜人群 肾气不足、精血虚亏、阳痿、腰膝酸软、肝肾不足、筋骨痿软者。

· 补肾益气+养血固精 ·

肉苁蓉 帮男性补肾壮阳的"沙漠人参"

肉苁蓉性温，味甘、酸、咸，归肾、大肠经。本品质润滋养，咸以入肾，为补肾阳，益精血之良药，具有补肾益精、润肠通便的功效，常用于治疗男子阳痿、女子不孕、带下、血崩、腰膝酸软、筋骨无力、肠燥便秘等病症，是男性和女性滋补的佳品。常配伍菟丝子、川断、杜仲同用，治男子五劳七伤，阳痿不起，小便余沥。

应用指南 ①治肾虚白浊：将肉苁蓉、鹿茸、山药、白茯苓等分，研末，用米糊做成梧桐子大的丸，每次用枣汤服三十丸。②津枯肠燥，便秘腹胀：肉苁蓉15克，火麻仁30克，沉香6克。苁蓉、火麻仁煎水，沉香后下，一同煎取浓汁，加入约等量的炼蜜，搅匀，煎沸收膏。每次食1~2匙。

健康吃法1 苁蓉羊肉粥

配方 肉苁蓉15克，羊肉60克，粳米100克，姜3片，盐适量

制作 ①将肉苁蓉洗净，放入锅中，加入适量的水，煎煮成汤汁，去渣备用。②羊肉洗净，汆去血水，再洗净切丝，备用；粳米淘洗干净，备用。③在药汁中加入备好的羊肉、粳米同煮，煮沸后再加入姜、盐调味即可。

适宜人群 阳痿、遗精、早泄患者。

·补肾助阳+健脾养胃·

健康吃法2 苁蓉炖瘦肉

配方 核桃、肉苁蓉、桂枝各15克，黑枣6颗，羊肉250克，当归10克，山药25克，盐适量，姜3片，米酒少许

制作 ①羊肉洗净，汆烫。②核桃、肉苁蓉、桂枝、当归、山药、黑枣洗净放入锅中，羊肉置于药材上方，再加入少量米酒以及适量水，水量盖过材料即可。③用大火煮滚后，再转小火炖40分钟，加入姜片及盐调味即可。

适宜人群 肾亏阳痿、遗精、不育患者。

·补肾助阳+温经活血·

巴戟天

补肾壮阳的良药

巴戟天性温，味辛、甘，归肝、肾经，具有补肾阳、壮筋骨、祛风湿的功效，可以用于治疗阳痿遗精、小腹冷痛、小便不禁、宫冷不孕、月经不调、风寒湿痹、腰膝酸痛等常见症状。治虚赢阳道不举，以巴戟天、牛膝浸酒服；也可配淫羊藿、仙茅、枸杞，用治肾阳虚弱，命门火衰所致阳痿不育。

应用指南 ①治遗尿、小便不禁：巴戟天12克，益智仁10克，覆盆子12克。水煎服，每日1剂。亦可用巴戟天30克，核桃仁20克，装入猪膀胱内，隔水炖熟后食服。②治男子阳痿早泄，女子宫寒不孕：巴戟天、党参、覆盆子、菟丝子、神曲各9克，山药18克。水煎服，每日1剂。常服有效。

健康吃法 [1] 巴戟黑豆鸡汤

配 方 巴戟天15克，黑豆100克，胡椒粒15克，鸡腿150克，盐5克

制 作 ①将鸡腿剁块，放入沸水中氽烫，捞出洗净。②将黑豆淘净，和鸡腿及洗净的巴戟天、胡椒粒一道放入锅中，加水至盖过材料。③以武火煮开，再转文火续炖40分钟，加盐调味即可食用。

适宜人群 肾虚引起的阳痿、遗精、腰膝酸软、畏寒肢冷的患者，阳虚性高血压者、免疫力低下者。

· 补肾阳+强筋骨 ·

健康吃法 [2] 巴戟羊藿鸡汤

配 方 巴戟天15克，淫羊藿15克，红枣8枚，鸡腿1只，料酒5毫升，盐2小匙

制 作 ①鸡腿剁块，放入沸水中氽烫，捞出冲净。②鸡肉、巴戟天、淫羊藿、红枣一起盛入煲中，加7碗水以武火煮开，加入料酒，转文火续炖30分钟。③最后加盐调味即可。

适宜人群 阳痿遗精、筋骨痿软、夜间多尿、遗尿症状等患者。

· 滋补肾阳+强壮筋骨 ·

补骨脂

补肾助阳、温脾止泻

补骨脂性温，味辛，归肾、脾、肺经，有补肾助阳的功效。主要用于治疗肾阳不足、下元虚冷、腰膝冷痛、阳痿、尿频、遗尿、肾不纳气、虚喘不止、脾肾两虚、大便久泻、白癜风、斑秃、银屑病等。本品苦辛温燥，善壮肾阳暖水脏，常与菟丝子、胡桃肉、沉香等同用治肾虚阳痿。但阴虚内热者不宜服用补骨脂。

应用指南 ①治肾虚腰痛：取补骨脂、杜仲（炒）、大蒜各9克，核桃仁50克，盐25克。共研为末，大蒜煮熟与核桃仁、盐捣成膏，合药末，炼成蜜丸，每丸重9克，每次服2丸，每日2次。②治元阳虚败、手脚沉重、夜多盗汗：补骨脂（炒香）、菟丝子（酒蒸）各12克，胡桃肉（去皮）50克，乳香、没药、沉香各6克，将上药研末，加炼蜜做成梧桐子大的丸，每次空腹服用10&20丸，用盐汤或温酒送下。

健康吃法 1 补骨脂芡实鸭汤

配 方 鸭肉300克，补骨脂15克，芡实50克，盐1小匙

制 作 ①鸭肉洗净，放入沸水中氽烫，去掉血水，捞出；芡实淘洗干净。②将芡实与补骨脂、鸭肉一起盛入锅中，加入7碗水，大约盖过所有的原材料。③用武火将汤煮开，再转用文火续炖约30分钟，调入盐即可。

适宜人群 肾虚遗精早泄、腰膝冷痛、阳痿精冷、尿频、遗尿等症患者。

·大补虚劳+固肾涩精·

健康吃法 2 莲子补骨脂猪腰汤

配 方 补骨脂50克，猪腰1个，莲子、核桃各40克，姜适量，盐2克

制 作 ①补骨脂、莲子、核桃分别洗净浸泡；猪腰剖开除去白色筋膜，加盐揉洗，以水冲净；姜洗净去皮切片。②将所有材料放入砂煲中，注入清水，武火煮沸后转文火煲煮2小时。③加入盐调味即可。

适宜人群 肾虚者；肾不纳气、虚喘不止患者；脾肾两虚、大便久泻者。

·补肾助阳+养心安神·

黄精　补中益气、除风湿安五脏的圣药

黄精具有补气养阴、健脾、润肺、益肾的功效。可用于治疗虚损寒热、脾胃虚弱、体倦乏力、口干食少、肺虚燥咳、精血不足、内热消渴以及病后体虚食少、筋骨软弱、风湿疼痛等症。本品能补益肾精，对延缓衰老，改善头晕、腰膝酸软、须发早白等早衰症状。本品甘温入肾，能补肾涩精止遗，为治肾虚精关不固遗精、滑精之常用药。

应用指南 ①肺阴不足：黄精30克，冰糖50克。将黄精洗净，用冷水泡发3&4小时，放入锅内，再加冰糖、适量清水，用大火煮沸后，改用文火熬至黄精熟烂。②治糖尿病：黄精15克，山药15克，知母、玉竹、麦冬各12克。水煎服。

健康吃法1 山药黄精炖鸡

配方 黄精30克，山药100克，鸡肉1千克，盐4克

制作 ①将鸡肉洗净，切块；黄精、山药洗净。②把鸡肉、黄精、山药一起放入炖盅。③隔水炖熟，下入盐调味即可。

适宜人群 烦躁易怒、五心烦热、头晕耳鸣、口干咽燥、大便干结难解等阴虚症状患者。

· 补中益气+滋阴润燥 ·

健康吃法2 黄精骶骨汤

配方 肉苁蓉、黄精各15克，白果粉1大匙，尾骶骨1副，胡萝卜1根，盐1小匙

制作 ①骶骨洗净入沸水中汆去血水；胡萝卜洗净削皮切块；肉苁蓉、黄精洗净。②将肉苁蓉、黄精、骶骨、胡萝卜一起入锅，加水至盖过材料。③以大火煮沸，转小火续煮约30分钟，加入白果粉再煮5分钟，加盐调味即可。

适宜人群 阳痿早泄、性欲减退、风湿酸痛、筋骨无力等症患者。

· 补肾健脾+益气强精 ·

灵芝

养心益智、抗老防衰佳品

灵芝具有补气安神、止咳平喘的功效。主治虚劳短气、肺虚咳喘、失眠心悸、消化不良、不思饮食、心神不宁等病症。灵芝能扶正固本，提高身体免疫力，调节人体整体的功能平衡，调动身体内部活力，调节人体新陈代谢；还能抗肿瘤，预防癌细胞生成，抑制癌细胞生长恶化。最新研究表明灵芝还具有抗疲劳、延缓衰老、防治艾滋病等功效。

应用指南 ①治泻血脱肛：取灵芝（炒过）250克，白枯矾50克，密陀僧25克，共研为末，蒸饼丸如同梧桐子大小，每次服20丸。②治肺痨久咳、痰多，肺虚气喘，消化不良：灵芝片50克，人参12克，冰糖适量，一同装入纱布袋置酒坛中，加1500毫升白酒，密封浸10天，每日饮用2次，每次15&20毫升。

健康吃法1 灵芝黄芪猪蹄汤

|配 方| 猪蹄600克，灵芝50克，黄芪30克

|制 作| ①将猪蹄洗净，切块；灵芝洗净，切块；黄芪洗净备用。②将灵芝、黄芪、猪蹄一同放于砂锅中。③注入清水1000毫升，煮40分钟，再调味即可。

适宜人群 气血虚弱者、气短乏力者、年老体弱者、腰脚软弱无力者、失血者、慢性肝炎患者、慢性溃疡患者、痈疽疮毒久溃不愈者。

· 活血通络+滋阴润泽 ·

健康吃法2 灵芝肉片汤

|配 方| 猪瘦肉150克，党参10克，灵芝12克，盐6克，香油3毫升，葱花、姜片各5克

|制 作| ①将猪瘦肉洗净，切片；党参、灵芝用温水略泡备用。②净锅上火倒油，将葱花、姜片爆香，下入肉片煸炒，倒入水烧开。③下入党参、灵芝，调入盐煲至成熟，淋入香油即可。

适宜人群 中气不足失血者，体虚倦怠者，食少便溏、血虚萎黄者。

· 补气安神+健脾养胃 ·

五味子

五味俱全、调补五脏

五味子性温，味酸，归肺、心、肾经，具有敛肺、滋肾、生津、收汗、涩精的功效，为治肾虚精关不固遗精、滑精之常用药。治疗男子滑精，可与桑螵蛸、附子、龙骨等同用；治疗男子梦遗，常与麦冬、山茱萸、熟地、山药等同用。此外，本品还能治疗神经衰弱、过度虚乏、脑力劳动能力降低、记忆力和注意力减退。

应用指南 ①治久咳肺胀：五味子100克，粟壳（炒过）25克，研末，加蜂蜜制成蜜丸。每服一丸，水煎服。②治久咳不止：用五味子15克，甘草4.5克，五倍子、风化硝各6克。研末，温水送服。③治体虚多汗：五味子、麦冬各9克，牡蛎12克。水煎服，一日一剂。

健康吃法1 五味子羊腰汤

|配 方| 杜仲15克，五味子6克，羊腰500克，葱末、姜末、盐各适量
|制 作| ①杜仲、五味子洗净入锅，加适量水，煎煮40分钟，去掉浮渣，加热熬成稠液备用。②羊腰洗净，去筋膜和臊线，切成腰花，用上面熬制的稠液裹匀。③锅置火上，加入适量的水，煮至沸腾，再放入腰花、姜末煮至熟嫩后，加入葱末、盐调味即可。

适宜人群 盗汗、烦渴、尿频、肾虚者。

收敛固涩+补肾益气

健康吃法2 五味子降酶茶

|配 方| 五味子5克
|制 作| ①五味子研成细末倒入杯中备用。②水烧沸，冲入杯中。③加盖闷10分钟左右即可，代茶频饮。

适宜人群 传染性肝炎患者；神经衰弱、过度虚乏、脑力劳动者；肾虚所致的滑精、梦遗、尿频、盗汗、烦渴等患者。

益阴生津+降低转氨酶

韭菜子

补肝益肾、助阳固精

韭菜子性温，味辛、甘，归肾、肝经，有蔬菜中的"伟哥"之称，具有补肝肾、暖腰膝、助阳固精等功效。多用于治疗阳痿、遗精、遗尿、小便频数、腰膝酸软或冷痛、白带过多等常见病症。本品甘温，补肾助阳，兼有收涩之性而能固精止遗，缩尿止带，以治肾虚滑脱诸证。但阴虚火旺者不宜食用韭菜子。

应用指南 ①肾虚带下：韭菜子10克，白芷9克，大米适量。先煮药去渣留汁，再加大米煮粥。②治中老年人肾阳虚损、阳痿不举、早泄精冷之症：韭菜子10克，巴戟天10克，胡芦巴10克，杜仲10克。水煎服。③治白浊茎痛：韭菜子15克，车前子9克。煎水服用，每日一剂。

健康吃法 1 韭菜子猪腰汤

配 方 猪腰300克，韭菜子100克，鲜三七50克，盐、味精、葱、姜、米醋各适量

制 作 ①将猪腰洗净切片焯水；韭菜子洗净。②鲜三七择洗干净备用。③净锅上火倒入油，将葱、姜炝香，倒入水，调入盐、味精、米醋，放入猪腰、韭菜子、鲜三七，文火煲至熟即可。

适宜人群 肾虚、腰膝酸软患者。

· 补肾强腰+活血化瘀 ·

健康吃法 2 韭菜子枸杞粥

配 方 大米80克，韭菜子、枸杞各适量，白糖3克，葱8克

制 作 ①大米洗净，下入冷水中浸泡半小时后捞出沥干；韭菜子、枸杞均洗净；葱洗净，切花。②锅置火上，倒入清水，放入大米，以武火煮至米粒开花。③加入韭菜子、枸杞煮至粥呈浓稠状，调入白糖拌匀，撒上葱花即可。

适宜人群 肝肾阴虚、血虚、慢性肝炎者。

· 补精气+坚筋骨 ·

菟丝子 缠绕在树枝上的补肾药

菟丝子味辛、甘，性微温，归肝、肾、脾经。具有滋补肝肾、固精缩尿、安胎、明目、止泻的功效。可用于腰膝酸软、目昏耳鸣、肾虚胎漏、胎动不安、脾肾虚泻、遗精、消渴、尿有余沥、目暗等症。外用可治白癜风。菟丝子中含黄酮类化合物，具有强壮机体、抗氧化、抗白内障、抗衰老等作用，能提高免疫功能，降低血压。

应用指南 ①治白浊遗精：菟丝子250克，白茯苓150克，石莲肉100克，研为末，酒糊丸梧子大，每服30&50丸，空腹盐汤下。②治脾元不足，饮食减少，大便不实：菟丝子200克，黄芪、于白术（土拌炒）。人参、木香各50克，补骨脂、小茴香各40克，饧糖作丸。早晚各服15克，汤酒使下。

健康吃法 1 菟丝子苁蓉饮

配 方 菟丝子10克，肉苁蓉10克，枸杞20粒，冰糖适量

制 作 ①将菟丝子、肉苁蓉、枸杞洗净备用。②将菟丝子、肉苁蓉、枸杞、冰糖一起放入锅中，加水后煲20分钟。③倒入茶壶中即可饮用。

适宜人群 阳痿遗精者、高血压患者。

· 补肝肾+益精髓 ·

健康吃法 2 菟丝子烩鳝鱼

配 方 菟丝子12克，干地黄12克，净鳝鱼250克，净笋50克，水发木耳10克，酱油、盐、淀粉、姜末、蒜末、香油、蛋清各适量

制 作 ①菟丝子、干地黄洗净煎两次，滤汁。笋、木耳洗净备用。②鳝鱼切片，加水、淀粉、蛋清、盐煨好入碗。③炒锅入油，放入笋、木耳，倒入药汁，下入鳝鱼划开，待鱼片泛起即捞出，加调味料调味即可。

适宜人群 气血不足、风湿、阳痿遗精者。

· 滋补肝肾+固精缩尿 ·

覆盆子
补肝益肾、助阳固精

覆盆子性平，味甘、酸，归肝、肾经。覆盆子具有补肝肾、缩小便、助阳、固精、明目的功效。主治阳痿、遗精、尿频、遗溺、虚劳、目暗。本品甘酸微温，主入肝肾，既能收涩固精缩尿，又能补益肝肾。治肾虚遗精、滑精、阳痿、不育，常与枸杞、菟丝子、五味子等同用，临床上用于治疗尿频、遗尿，常配桑螵蛸、益智仁、芡实等，效果较显著。

应用指南 ①治疗男性不育症：覆盆子、车前子、枸杞、五味子、菟丝子各50克，女贞子、补骨脂、黄芪各30克，附子15克，巴戟天25克，组成养育汤，水煎服。②治肺虚寒：覆盆子，取汁作煎为果，仍少加蜜，或熬为稀汤，点服。

健康吃法 1 覆盆子米粥

配方 大米100克，覆盆子适量，盐2克

制作 ①大米洗净，泡发半小时后捞出沥干水分；覆盆子洗净，用纱布袋包好，置于锅中，加适量清水煎取汁液备用。②锅置火上，倒入清水，放入大米，以大火煮至米粒开花。③再倒入覆盆子汁液同煮片刻，再以小火煮至浓稠状，调入盐拌匀即可。

适宜人群 病毒性肝炎、肝功能异常患者。

· 利湿退黄+清热解毒 ·

健康吃法 2 白果覆盆子猪小肠汤

配方 猪小肠150克，白果、覆盆子各适量，盐适量，姜片、葱各5克

制作 ①猪小肠洗净切段，加盐涂擦后用清水冲洗干净；白果洗净去壳；覆盆子洗净；葱洗净切段。②将猪小肠、白果、覆盆子、姜片放入瓦煲内，注入清水，大火烧开，改小火炖煮2小时。③加盐调味，起锅后撒上葱段即可。

适宜人群 病毒性肝炎、黄疸、肝功能异常、肝硬化腹水等症患者；咳嗽有痰者。

· 利湿退黄+清肺化痰 ·

第三章

14 种男性亚健康
症状食疗药膳

　　亚健康状态又叫潜病期或灰色状态，是一种介于疾病和健康之间的"第三状态"，而很多男性亚健康症状都类似于中医里的肾虚症状，肾虚又分为肾阴虚和肾阳虚，如反复感冒、畏寒怕冷属于肾阳虚症状，身体消瘦属于肾阴虚症状，而其他亚健康症状阴虚、阳虚均可存在。

　　本章介绍了 14 种男性亚健康症状，每个症状都从症状特征、特效本草、饮食须知、民间偏方、按摩疗法以及疗养药膳等方面进行了详细的讲解，使您通过科学的中医疗养方法调节自身的状态，尽早摆脱亚健康，远离疾病。

反复感冒

　　世界卫生组织对人体健康提出了10条标准，其中有一条就是人体能够抵御普通感冒。当今青壮年中存在着一种亚健康状态，处于亚健康状态的人们也容易反复感冒，由于这部分人生活不规律、缺乏健身锻炼、精神紧张、工作压力大，同时社会交往也多，所以自身接触细菌和病毒感染的机会也多，更加重了亚健康状态。反复感冒相当于中医里的体虚感冒，是以反复发作，缠绵难愈为特点的临床常见疾病，主要见于体弱、抵抗力差者，以及患有慢性呼吸道疾病的患者。中医中药对此有较好的疗效，可采用益气补虚、增强体质的治疗原则。此外，患者要加强体育锻炼，如晨跑、打太极拳、游泳等，可以提高人体的免疫能力。在日常生活中要尽量避免饮食生活不规律（如饥饱无度、熬夜、烟酒无度等）。

【特效本草】

 黄芪

◎本品益气补虚、固表御邪，对脾肺气虚、卫气不固、表虚易感冒者，宜与白术、防风等品同用，如玉屏风散（《丹溪心法》）。

 紫苏叶

◎本品解表散寒、行气宽中，外能解表散寒，内能行气宽中，且兼有化痰止咳之功，治疗风寒感冒，常配伍香附、陈皮等药。

 猪肺

◎猪肺补养肺气、润肺止咳，对气虚反复感冒、咳嗽难愈者，宜与杏仁、白果同用，可增强补肺止咳之效。

【饮食须知】

　　患者平常要多食富含蛋白质的食物，如鱼类、瘦肉类、蛋类、虾、豆类等，以增强体质；多食具有补养肺气作用的食物和补药，如猪肺、乳鸽、鸭肉、杏仁、白果、核桃、红枣、党参、玉竹、黄芪、山药、紫苏叶、红糖等；少食寒凉生冷食物，以免耗掉正气。

【民间偏方】

玉屏风饮：黄芪15克、白术10克、防风10克，共煎水，加入少量红糖服用（适合在未感冒的情况下服用），对体虚反复感冒者有很好的调理作用。

苏叶荆芥茶：紫苏叶8克、荆芥10克、生姜3片，共煎水服用，可发散风寒、增强体质，对体质偏寒、怕冷易感冒者有良好的效果。

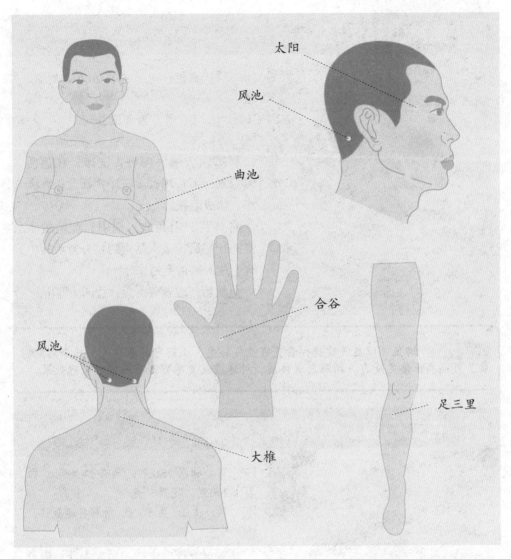

太阳

风池

曲池

合谷

风池

足三里

大椎

【按摩疗法】

取穴：曲池、合谷、足三里、太阳、风池、大椎

1.先将两手食、中、无名指和小指交叉置于枕部固定，两大拇指指端螺纹面放在风池，按下时吸气，呼气时还原，重复操作20次；再以顺、逆时针方向有节奏地轻摩风池20次；然后用同样的方法按摩大椎，最后自风池开始，向下沿颈后两大筋推抹至锁骨，重复操作20次。

2.以双手食指或中指指端螺纹面分别置于太阳、合谷、曲池处，按下时吸气，呼气时还原，每穴依次各重复操作20次；再以顺、逆时针方向轻摩20次。

3.屈曲食指，用食指第二关节按压足三里，重复操作30次，此外，对于体质偏寒的反复感冒患者，还可艾灸此穴，每次以10分钟为宜。

疗养药膳 黄芪山药鱼汤

|主 料| 黄芪15克，山药20克，鲫鱼1条

|辅 料| 姜、葱、盐各适量

|制 作|

1. 将鲫鱼去鳞、内脏，洗净，在鱼两侧各划一刀备用；姜洗净，切丝；葱洗净，切成葱花。

2. 将黄芪、山药放入锅中，加适量水煮沸，然后转文火熬煮约15分钟后转中火，放入鲫鱼煮约10分钟。

3. 鱼熟后，放入姜、葱，盐调味即可。

药膳功效 鲫鱼可以益气健脾，黄芪可益气补虚，山药可补养肺气，三者搭配同食，可提高机体免疫力，增强患者体质，对体虚反复感冒者有一定的食疗效果。

疗养药膳 杏仁白萝卜炖猪肺

|主 料| 猪肺250克，南杏仁30克，白萝卜200克，花菇50克

|辅 料| 上汤、生姜、盐、味精各适量

|制 作|

1. 猪肺反复冲洗干净，切成大件；南杏仁、花菇浸透洗净；白萝卜洗净，带皮切成中块。

2. 将以上用料连同1.5碗上汤、姜片放入炖盅，盖上盅盖，隔水炖煮，先用武火炖30分钟，再用中火炖50分钟，后用文火炖1小时即可。

3. 炖好后加盐、味精调味即可。

药膳功效 猪肺能补肺、止咳、止血，南杏仁能祛痰、止咳、平喘，白萝卜能化痰清热、化积滞；三者合用，能敛肺定喘、止咳化痰、增强体质，适合体虚反复感冒者食用。

疗养药膳 苏子叶卷蒜瓣

| 主 料 | 苏子叶150克，蒜瓣200克
| 辅 料 | 盐2克，味精2克，酱油5毫升，糖3克，香油3毫升
| 制 作 |

1. 苏子叶、蒜瓣用凉开水冲洗后，沥干水分。
2. 将苏子叶、蒜瓣在糖盐水中泡30分钟，中途换3次水，取出沥干水分。
3. 把蒜瓣一个一个地卷在苏子叶中，食用时蘸调匀的调味料。

药膳功效 紫苏叶发散风寒、发汗固表，大蒜可解毒杀菌、抵抗病毒，两者同食。感受风寒引起感冒时食用可有效治疗感冒，平常食用可增强体抗力，预防感冒。

疗养药膳 参芪炖牛肉

| 主 料 | 党参、黄芪各20克，牛肉250克
| 辅 料 | 姜片、黄酒各适量，盐3克，香油、味精各适量
| 制 作 |

1. 牛肉洗净，切块，党参、黄芪分别洗净，党参切段。
2. 将党参、黄芪与牛肉同放于砂锅中，注入清水1升，大火烧开后，加入姜片和黄酒，转小火慢炖，至牛肉酥烂，下入盐调味，淋香油即可。

药膳功效 党参、黄芪均有补气固表、益脾健胃的功效，牛肉可强健体魄、增强抵抗力，三者合用，对体质虚弱易感冒的患者有一定的补益效果。

失眠多梦

失眠多梦是指睡眠质量差，从睡眠中醒来后自觉乱梦纷纭，并常伴有头昏神疲的一种脑科常见病症。中医认为，失眠多梦的根源是机体内在变化，常见的如气虚、情志损伤、阴血亏虚、劳欲过度等。主要临床表现为：无法入睡，无法保持睡眠状态，早醒、醒后很难再入睡，频频从噩梦中惊醒，常伴有焦虑不安、全身不适、无精打采、反应迟缓、头痛、注意力不集中等症状。睡眠不好的人应选择软硬、高度适中，回弹性好，且外形符合人体整体正常曲线的枕头，这样的枕头有助于改善睡眠质量，防止失眠多梦的产生。失眠多梦危害身体健康，平时要注意生活规律，保持良好的情绪状态，适度运动锻炼，睡前合理饮食。

【特效本草】

◎本品能养心阴、益肝血而有安神之效，为养心安神之要药，主治心肝阴血亏虚，心失所养，神不守舍之心悸、失眠、多梦、眩晕等症。

◎本品味甘性平，入心经，能补心血、益心气、安心神，可用治气血不足、心神失养所致的心神不宁、失眠多梦、健忘、体倦神疲等症。

◎小米所含营养成分高达18种之多，含有17种氨基酸，其中人体必需氨基酸8种，可起到镇静催眠、保健、美容的作用。

【饮食须知】

患者平时可选择宁心安神、帮助睡眠的药材和食材，如远志、莲子、酸枣仁、核桃仁、柏子仁、夜交藤、益智仁、合欢皮、灵芝、葵花子、牛奶、猪肝等。此外，可多食用桂圆肉、猪脑、莲子、何首乌、猪心、鱼头等补脑食物。睡前忌食浓茶、白酒、槟榔、咖啡、巧克力、胡椒、花椒、羊肉、狗肉等刺激性食物。

【民间偏方】

1.将100克莲子洗净、去心，25克桂花洗净，一同入锅，加适量清水以武火煮开，改文火熬50分钟，加适量冰糖末拌匀，待凉后去渣取汁即成。

2.远志、夜交藤、松子仁各9克，白砂糖适量。将三味药入锅加适量清水以武火煮沸，转文火煎15分钟，去渣取汁，加入适量白砂糖，每日早晚各饮1杯，7日为1个疗程。

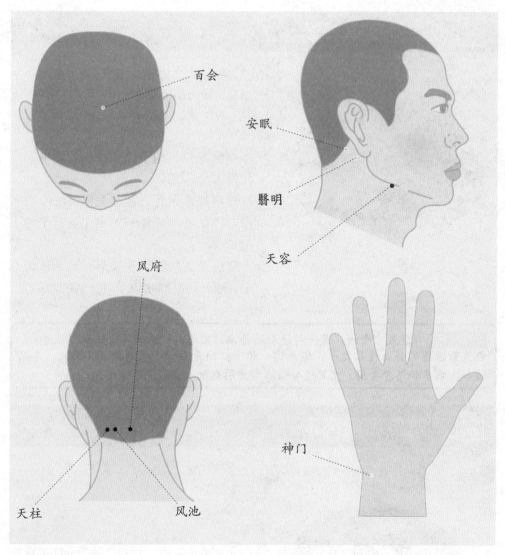

百会

安眠

翳明

天容

风府

神门

天柱   风池

【按摩疗法】

取穴： 百会、安眠、翳明、风府、风池、天容、天柱、神门

1.先以食指点压颈侧上方的天容或翳明30次，先左后右，接着以拇指、食指扣按颈侧的大肌（胸锁乳突肌）两旁15次；再自上而下循按3～5遍。

2.以拇指按揉百会、安眠各50次；再以拇指、食指如钳形相对点按揉风池各30次。最后用拇指推神门揉1～2分钟。

3.以拇指指端如钳形扣掐天柱30次；最后沿颈筋旁自上而下循按5～7遍。

4.仰卧。两手掌互擦至热，随即分别掌压双眼约5分钟（患者自己做效果更好）。

5.用双手无规律掐按头皮2～3分钟，再叩击头部2～3分钟。

疗养药膳 双仁菠菜猪肝汤

|主 料| 猪肝200克，菠菜2棵，酸枣仁10克，柏子仁10克

|辅 料| 盐2小匙，棉布袋1只

|制 作|

1. 将酸枣仁、柏子仁装在棉布袋里，扎紧。

2. 猪肝洗净切片；菠菜去根，洗净切段；将布袋入锅加4碗水熬汤，熬至约剩3碗水。

3. 猪肝汆烫捞起，和菠菜一起加入汤中，待水一滚沸即熄火，加盐调味即成。

药膳功效 菠菜中含铁，是一种缓和的补血滋阴之品；猪肝富含铁和维生素K，也是最理想的补血佳品之一，酸枣仁、柏子仁均是养心安神的佳品。因此，本品适合失眠多梦患者食用，尤其适合心血亏虚引起的心悸、失眠者食用。

疗养药膳 灵芝红枣瘦肉汤

|主 料| 猪瘦肉300克，灵芝6克，红枣适量

|辅 料| 盐6克

|制 作|

1. 将猪瘦肉洗净、切片；灵芝、红枣洗净备用。

2. 净锅上火倒入水，下入猪瘦肉烧开，打去浮沫。

3. 下入灵芝、红枣转文火煲煮2小时，最后调入盐即可。

药膳功效 灵芝可益气补心、补肺止咳；红枣补气养血；猪肉健脾补虚，三者同用，可调理心脾功能，改善贫血症状。

疗养药膳 远志菖蒲鸡心汤

|主 料| 鸡心300克，胡萝卜1根，远志15克，菖蒲15克

|辅 料| 葱1棵，盐2小匙，棉布袋1只

|制 作|

1. 将远志、菖蒲装在棉布袋内，扎紧。

2. 鸡心氽烫，捞起，备用；葱洗净，切段。

3. 胡萝卜削皮洗净，切片，与第1步骤中准备好的材料先下锅加4碗水煮汤；以中火滚沸至剩3碗水，加入鸡心煮沸，下葱段，盐调味即成。

药膳功效 远志能安神益智、祛痰消肿，菖蒲能开窍醒神、化湿和胃、宁神益志，二者合用，能滋补心脏、安神益智，可改善失眠多梦、健忘惊悸、神志恍惚等症。

疗养药膳 山药益智仁扁豆粥

|主 料| 山药30克，扁豆15克，大米100克，益智仁10克

|辅 料| 冰糖10克

|制 作|

1. 大米、益智仁均泡发洗净；扁豆洗净，切段；山药去皮，洗净切块。

2. 锅置火上，注水后放入大米、山药、益智仁用旺火煮至米粒开花。

3. 再放入扁豆，改用文火煮至粥成，放入冰糖煮至溶化后即可食用。

药膳功效 山药补脾养胃、生津益肺、补肾涩精，大米调理脾胃，二者合用，能补气健脾、祛湿止泻、养心安眠，可改善失眠多梦、心烦等症状。

倦怠疲劳

倦怠疲劳是男性常见的亚健康状态之一，是一种主观上的疲乏无力感。主要表现为不明原因地出现严重的全身倦怠感，伴有头痛、肌肉痛、抑郁、注意力不集中等症状。疲劳是一种自然现象，大多由于工作任务繁重，生活节奏紧张，压力过大所致。疲劳包括生理和心理两方面。生理疲劳主要表现为肌肉酸痛、全身疲乏等；而心理疲劳主要表现为心情烦躁、注意力不集中、思维迟钝等。保持良好、积极、愉快的状态是增进健康、摆脱疲劳的重要方法，在工作和生活中要学会运用自己的智慧和幽默，变消极情绪为积极情绪，轻松面对生活。养成良好的生活习惯，学会调节饮食，加强体育锻炼，培养健康的业余爱好，增强家庭观念等，都是抵御疲劳的良方。

【特效本草】

太子参

◎本品能补脾肺之气，兼能养阴生津，其性略偏寒凉，属补气药中的清补之品，对食少倦怠、精神疲乏、汗多者均有较好的疗效。

山药

◎本品能补肺、脾、肾三脏之气，是气阴双补佳品，其性质平和，对各种原因引起的体虚疲乏、倦怠无力均有很好的食疗效果。

鸭肉

◎本品具有养胃滋阴、大补虚劳、利水消肿的食疗作用，对肺胃阴虚，干咳少痰，骨蒸潮热，消瘦乏力，脾虚湿盛，神疲乏力，小便短少均有疗效。

【饮食须知】

疲乏无力在中医中属于气虚的范畴，因此患者应多食补气类药材和食物，如太子参、党参、山药、黄芪、灵芝、海参、冬虫夏草、瘦肉类、蛋类、鱼类等，这些食物均可提供各种补充体力及强化免疫力所需的营养。心理疲劳者可多选择香附、郁金、合欢皮、猕猴桃、橙子、黄花菜、西米等疏肝解郁的药材和食物。此外，气虚者要少吃寒凉生冷食物，这类食物会耗伤人体元气，加重疲乏无力症状。

【民间偏方】

1.用西洋参、牛蒡根、枸杞、蒲公英、菊花等制成茶，可以搭配饮用或交替饮用这些茶，每天喝4~6杯。对提升免疫力，恢复体力，缓解疲劳非常有效。

2.牛肉300克、黄芪10克、玉竹10克，炖汤食用，可健脾益气，增强体质。

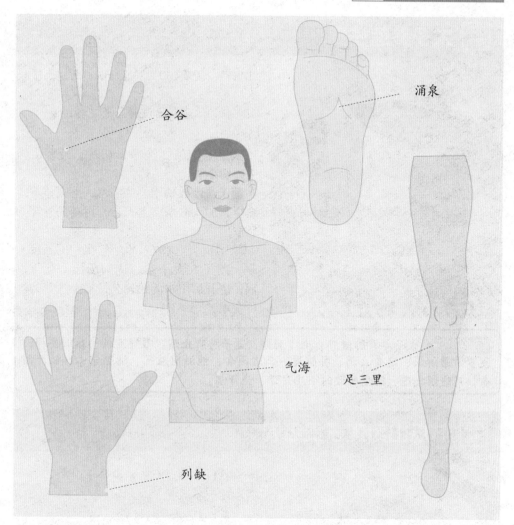

合谷

涌泉

气海

足三里

列缺

【按摩疗法】

取穴： 列缺、气海、合谷、足三里、涌泉

1.按压列缺可以增强免疫力及肺功能，列缺在前臂桡侧，腕部横纹上两横指宽，紧紧压住并持续1分钟，然后在另一侧胳膊上重复一次。

2.按压气海可以增加机体能量储备，气海在脐下三横指，耻骨中间。用食指逐渐深压，直至有抵抗感，并持续1分钟。

3.为减轻肌肉疼痛，可以用右手的拇指按压左手合谷1分钟。合谷穴位于左手拇指和食指之间，然后在右手上重复。如果怀孕了就不要应用。

4.按压足三里可以增强免疫力和增加全身活力。足三里在髌骨下4指宽骨外侧，你可以通过屈足有一块肌肉隆起来核实该点。用拇指按压1分钟。

5.按压涌泉可促进全身血液循环，起到缓解疲劳的作用。涌泉位于足底部，用食指关节逐渐深压。

疗养药膳 太子参莲子羹

| 主 料 | 菠萝150克,莲子300克,太子参10克
| 辅 料 | 冰糖、水淀粉、葱花各适量
| 制 作 |

1. 太子参泡软,洗净,切片;菠萝去皮,切小块。
2. 莲子洗净放碗中,加清水,上笼蒸至熟烂,加入冰糖、太子参,再蒸20分钟后取出。
3. 锅内加清水,放入冰糖熬化,下入菠萝、莲子、太子参,连同汤汁一起下锅,烧开后用水淀粉勾芡,撒上葱花即可食用。

药膳功效 太子参补肺健脾、生津润肺,莲子补脾止泻、益肾涩精、养心安神,菠萝清暑解渴、消食止泻、补脾胃。三者同食,能滋阴益气、清热宁心、敛汗固表,可缓解气虚、阴虚所致的小儿自汗、盗汗症。

疗养药膳 节瓜山药莲子煲老鸭

| 主 料 | 老鸭400克,节瓜150克,山药、莲子各适量
| 辅 料 | 盐5克,鸡精3克
| 制 作 |

1. 老鸭处理干净,切件,氽水;山药洗净,去皮,切块;节瓜洗净,去皮切片;莲子洗净,去心。
2. 汤锅中放入老鸭、山药、节瓜、莲子,加入适量清水。
3. 武火烧沸后以文火慢炖2.5小时,调入盐和鸡精即可。

药膳功效 老鸭性凉味甘,有大补虚劳、益气健脾的功效;山药药食两用,是常用的平和补气药,有补肺、脾、肾三脏之效;莲子健脾、固肾。因此,本品药性平和,补而不燥,适合各种气虚证,对乏力倦怠、食欲缺乏均有改善效果。

疗养药膳 黑豆牛肉汤

| 主 料 | 黑豆200克，牛肉500克
| 辅 料 | 生姜15克，盐8克
| 制 作 |

1. 黑豆淘净，沥干；生姜洗净，切片。
2. 牛肉洗净，切成方块，放入沸水中余烫，捞起冲净。
3. 黑豆、牛肉、姜片盛入煮锅，加7碗水以武火煮开，转文火慢炖50分钟，调味即可。

药膳功效 黑豆有补肾益血、强筋健骨的功效；牛肉滋补效果佳，并有助于促进精力集中及记忆力，可防头痛、痴呆、记忆力减退，抗疲劳，二者合用，能对倦怠疲劳有一定的食疗作用。

疗养药膳 桂圆干老鸭汤

| 主 料 | 老鸭500克，桂圆干20克
| 辅 料 | 盐6克，鸡精2克，生姜少许
| 制 作 |

1. 老鸭去毛和内脏洗净，切件，入沸水锅余水；桂圆干去壳；生姜洗净，切片。
2. 将老鸭肉、桂圆干、生姜放入锅中，加入适量清水，以文火慢炖。
3. 待桂圆干变得圆润之后，调入盐、鸡精即可。

药膳功效 桂圆干能补血安神、补养心脾；鸭肉能养胃滋阴、大补虚劳；二者同用，对脾胃虚弱、肢体倦怠、食欲缺乏都有一定的食疗作用。

畏寒肢冷

《素问·调经论篇》："阳虚则外寒"通常多指气虚或命门火衰，因气与命门均属阳，故名。肺主气，气虚多属肺气虚或中气不足，因而卫表不固，故外寒；症见手足不温、怕冷、易出汗、大便稀、小便清长、口唇色淡、食欲缺乏、舌质淡、苔白而润、脉虚弱等，而畏寒怕冷、四肢不温是阳虚最主要的症状。阳气犹如自然界的太阳，若阳气不足，则内环境就会处于一种"寒冷"状态，因此治疗宜温补阳气。阳虚之体，适应寒暑变化的能力较差，在严冬，应避寒就温，采取一些相应的保健措施，还可遵照"春夏养阳"的原则，在春夏季节，可借自然界阳气之助培补阳气，亦可坚持做空气浴或日光浴等。晚上睡觉前，多用热水泡泡脚，可改善四肢冰冷症状。

【特效本草】

肉桂

◎本品辛散温通，补火助阳，能行气血、运经脉、散寒止痛，对阳虚怕冷、四肢冰冷、腰膝冷痛等症者均有很好的保健作用。

吴茱萸

◎本品辛温，能温肾暖肝、散寒止痛，对阳虚怕冷、心腹胃脘冷痛等均有疗效。药理研究表明：吴茱萸有升高体温、驱散风寒的作用。

羊肉

◎羊肉既能暖中散寒，还可补肾气、助肾阳、养气血，对腹部冷痛、体虚怕冷、腰膝酸软、面黄肌瘦、气血两亏等均有补益效果，适宜冬季食用。

【饮食须知】

阳虚畏寒肢冷者宜适当多吃一些散寒温阳的食物，如羊肉、狗肉、猪肚、鸡肉、带鱼、麻雀肉、洋葱、韭菜、辣椒、胡椒、八角、桂皮、花椒、茴香、生姜、榴莲、荔枝等。在饮食习惯上，少食寒凉生冷之品，即使在盛夏也不要过食寒凉之品。

【民间偏方】

1.将干姜、肉桂、附子、川芎各等份，放入锅中，武火煮开，转中火煎煮30分钟，将药汁与渣一起倒入盆中，待水能近皮肤后再泡脚，每日睡前浸泡15~20分钟，连续泡一星期，可明显改善手脚冰凉、怕冷症状。

2.羊肉500克，生姜50克，桂皮、花椒各5克，大蒜适量。将以上材料一起放入锅中，加水适量慢炖3小时，加盐调味即可食用（冬季食用），可温阳散寒，改善阳虚怕冷症状。

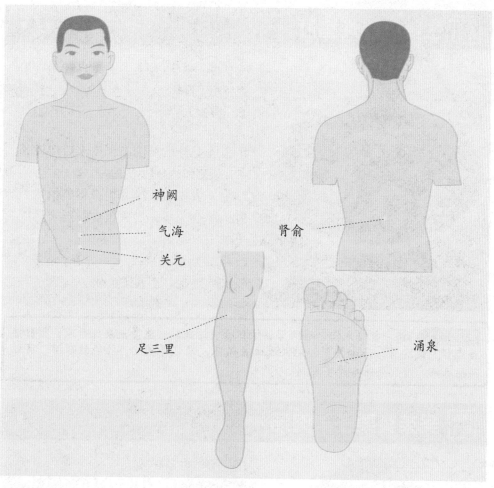

神阙

气海

关元

肾俞

足三里

涌泉

【按摩疗法】

取穴： 足三里、涌泉、神阙、气海、关元、肾俞

1.足三里是强身健体的要穴，又称为长寿穴，艾灸足三里，可起到增强体质、温经散寒的作用。可用艾柱悬灸足三里，每次10～15分钟。

2.涌泉是足少阴肾经上的强健要穴，按压此穴，可温经通络，疏通肾经之经气，改善四肢冰冷的症状。可艾灸或搓揉此穴，每次10分钟左右。

3.神阙即是人的肚脐，被称为生命之根蒂，艾灸此穴，可暖胃强肾、温经散寒、活血通滞。每次艾灸此穴15～20分钟。

4."气海一穴暖全身"，意思是说气海有调整阳虚怕冷的状态，增强免疫力的作用。用拇指或中指的指端来揉，揉的力量要适中，每天揉一次，每次5分钟。

5.关元具有培元固本、补益下焦之功效，凡元气亏损均可使用，尤其适合肾阳亏虚畏寒肢冷、虚寒精冷的男性。每次艾灸10分钟。

6.双掌摩擦至热后，将掌心贴于肾俞，如此反复3～5分钟；或者直接用手指按揉肾俞，至出现酸胀感，且腰部微微发热为宜，可缓解腰部有冷感的症状。

疗养药膳 生姜肉桂炖猪肚

|主 料| 猪肚150克，瘦猪肉50克，生姜15克，肉桂5克，薏米25克

|辅 料| 盐3克

|制 作|

1. 猪肚里外反复洗净，飞水后切成长条；瘦猪肉洗净后切成块。

2. 生姜去皮，洗净，用刀将姜拍烂；肉桂浸透洗净，刮去粗皮；薏米淘洗干净。

3. 将以上用料放入炖盅，加清水适量，隔水炖2小时，调入调味料即可。

药膳功效 肉桂能补元阳、暖脾胃、除积冷、通血脉；生姜能发汗解表；猪肚能补虚损、健脾胃；三者共用，能促进血液循环，强化胃功能，还能散寒湿，有效预防冻疮、肩周炎等冬季多发病。

疗养药膳 吴茱萸栗子羊肉汤

|主 料| 枸杞20克，羊肉150克，栗子30克，吴茱萸、桂枝各10克

|辅 料| 盐5克

|制 作|

1. 将羊肉洗净，切块；栗子去壳去皮，洗净切块；枸杞洗净，备用。

2. 吴茱萸、桂枝洗净，煎取药汁备用。

3. 锅内加适量水，放入羊肉块、栗子块、枸杞，武火烧沸，改用文火煮20分钟，再倒入药汁，续煮10分钟，调入盐即成。

药膳功效 羊肉、吴茱萸、桂枝均有暖宫散寒、温经活血的作用；板栗、枸杞有滋阴补肾的效果；配伍同用，对肝肾不足、小腹冰凉、畏寒怕冷、腰膝冷痛的患者有很好的食疗效果。

疗养药膳 白萝卜煲羊肉

|主 料| 羊肉350克，白萝卜100克
|辅 料| 生姜、枸杞各10克，盐、鸡精各适量
|制 作|
1. 羊肉洗净，切件，汆水；白萝卜洗净，去皮，切件；生姜洗净，切片；枸杞洗净，浸泡。
2. 炖锅中注水，烧沸后放入羊肉、白萝卜、生姜、枸杞，文火炖。
3. 2小时后，转武火，调入盐、鸡精，稍炖出锅即可。

药膳功效 羊肉可益气补虚、促进血液循环、使皮肤红润、增强御寒能力。白萝卜能帮助消化、化积滞，二者结合，对畏寒肢冷有一定食疗作用。

疗养药膳 肉桂煲虾丸

|主 料| 虾丸150克，瘦猪肉50克，生姜15克，肉桂5克，薏米25克
|辅 料| 熟油、盐、味精各适量
|制 作|
1. 虾丸对半切开；瘦猪肉洗净后切成小块；生姜洗净拍烂。
2. 肉桂洗净；薏米淘净。
3. 将以上材料放入炖煲，待锅内水开后，先用中火炖1小时，然后再用文火炖1小时，放进少许熟油、盐和味精即可。

药膳功效 虾能补肾、壮阳，可治阳痿、体倦、腰痛腿软、筋骨疼痛；肉桂能补元阳、暖脾胃、除积冷、通血脉，治肢冷脉微、腰膝冷痛、虚阳浮越、上热下寒，二者共用，能散寒止痛，对阳虚怕冷、四肢冰冷有很好的食疗作用。

腰部劳损

腰部劳损是指腰部肌肉、筋膜与韧带等软组织的慢性损伤，是腰腿痛中最常见的疾病，又称为功能性腰痛、慢性下腰劳损等。主要症状有：腰部酸痛、胀痛、刺痛或灼痛，腰部酸胀无力，或伴有沉重感。气温下降时，腰部受凉，或劳作后疼痛加剧。症状有腰背酸痛或胀痛，劳累加重，休息则轻，若适当活动或经常改变体位也会使症状减轻。腰肌劳损与长期的不良姿势直接相关，如长时期坐位、久站或从弯腰位到直立位、手持重物、抬物均可使腰肌长期处于高张力状态，久而久之可导致慢性腰肌劳损。患者日常生活中应多睡硬板床，睡硬板床可以减少椎间盘承受的压力。

【特效本草】

◎杜仲能补肝肾、强筋骨，可治腰痛，尤其是肾虚腰痛。其他腰痛用之，均有扶正固本之效。常与胡桃肉、补骨脂同用治肾虚腰痛或足膝痿弱。

◎牛膝能补肝肾、强筋骨、活血通经、祛除风湿，配伍杜仲、续断、补骨脂可治肝肾亏虚之腰痛、腰膝酸软，配伍独活、桑寄生可治痹痛日久，腰膝酸痛。

◎乌贼又叫墨鱼，具有补益精气、温经通络的作用，常食可提高机体的免疫力，还能强腰壮骨，预防骨质疏松，多腰肌劳损者有很好的食疗效果。

【饮食须知】

腰部劳损属中医"腰痛"范畴，因风寒湿引起的腰肌劳损者，宜食用具有祛寒湿、通经络作用的药材与食材，如乌药、独活、续断、延胡索、香附、荆芥、羊肉、狗肉、花椒、茴香等。肾气亏虚引起的腰肌劳损者宜摄入具有补肾强腰的药材和食物，如杜仲、补骨脂、牛膝、牛大力、狗脊、核桃、猪腰、猪骨、牛奶、板栗等。

【民间偏方】

1.取地龙续、苏木、桃仁、土鳖各9克，麻黄、黄柏各3克，元胡、制乳没各10克，当归、川断、乌药各12克，甘草6克。水煎服，每日1剂，睡前服。可活血通络、强腰壮脊。

2.苍术、黄柏各12克，薏米30克，忍冬藤、草萆薢各20克，木瓜、防己、海桐皮、牛膝各25克，甘草6克，水煎服。可清热利湿、舒筋通络。

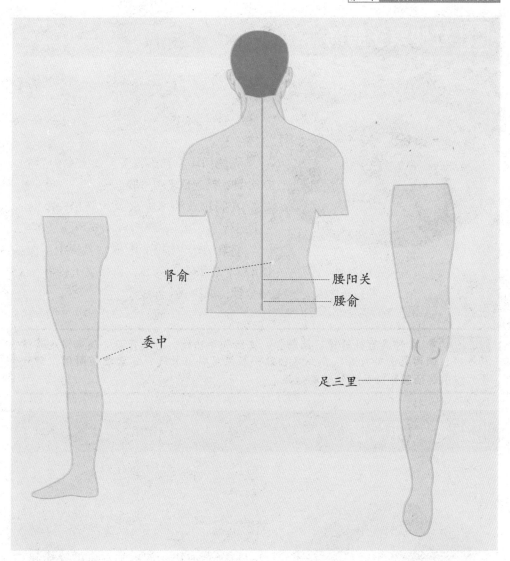

肾俞

腰阳关

腰俞

委中

足三里

【按摩疗法】

取穴： 肾俞、腰俞、委中、足三里、腰阳关

1. 站立姿势，双手叉腰，拇指在前，其余四指在后，中指按在腰眼部，即肾俞穴位上，吸气时，将胯由左向右摇动，呼气时，由右向左摆动，一呼一吸为一次，可连续做30次。

2. 取站立姿势，两手上举至头两侧与肩同宽，拇指尖与眉同高，手心相对。吸气时体由左向右扭转，头也随着向后扭动，呼气时，由右向左扭动，一呼一吸为一次，可连续做30次。

3. 按揉肾俞、腰俞、委中、足三里、腰阳关，每穴按揉2分钟。

4. 两手半握拳，在腰部两侧凹陷处轻轻叩击，力量要均匀，不可用力过猛，每次叩击2分钟。

杜仲栗子鸽汤

疗养药膳

主 料 乳鸽400克，栗子150克，杜仲50克

辅 料 盐2小匙

制 作

1. 乳鸽切块。栗子去壳，入开水中煮5分钟，捞起后剥去外膜。

2. 乳鸽块入沸水中氽烫，捞起冲净后沥干。

3. 将乳鸽块、栗子和杜仲放入锅中，加6碗水后用武火煮开，再转文火慢煮30分钟，加盐调味即成。

药膳功效 杜仲具有补肝肾、强筋骨、安胎气等功效，可治疗腰脊酸疼，足膝痿弱等症；鸽肉具有补肾益气养血之功效；板栗可补益肾气；三者配伍同用，对肝肾亏虚引起的腰酸腰痛有很好的效果。

猪蹄炖牛膝

疗养药膳

主 料 猪蹄1只，牛膝15克，大西红柿1个

辅 料 盐1小匙

制 作

1. 猪蹄剁成块，放入沸水氽烫，捞起冲净。

2. 西红柿洗净，在表皮轻划数刀，放入沸水烫到皮翻开，捞起去皮，切块。

3. 将备好的材料和牛膝一起放入锅中，加6碗水以武火煮开，转文火续煮30分钟，加盐调味即可。

药膳功效 本品具有活血调经、祛瘀疗伤，改善腰部扭伤、肌肉拉伤症状。猪蹄可调补气血，牛膝可行气活血，还能补肾强腰，对腰部损伤、肌肉挫伤均有一定的疗效。

疗养药膳 墨鱼粥

|主 料| 干墨鱼200克，粳米500克，猪肉30克

|辅 料| 白胡椒粉8克，姜15克，葱20克，盐5克，味精2克

|制 作|

1. 将干墨鱼用清水泡软，去皮、骨，洗净，切成丁；猪肉洗净切丁；粳米淘洗干净。

2. 锅内注水，下入干墨鱼、猪肉、白胡椒粉、姜、葱烧开，炖至五成熟。

3. 下入粳米熬成粥，调入盐、味精即成。

药膳功效 墨鱼能补益精气、养血滋阴；粳米能养阴生津、除烦止渴、健脾胃、补中气、固肠止泻；猪肉具有滋阴润燥、补虚养血的功效，三者共用，能强身健体，调和血脉，对腰部劳损有一定的疗效。

疗养药膳 独活当归粥

|主 料| 独活25克，当归20克

|辅 料| 生姜15克，粳米100克，蜂蜜适量

|制 作|

1. 将独活、当归、生姜均洗净，待干。

2. 独活、当归先入锅加水适量，武火煮开后转文火煎煮半小时。

3. 捞去药渣，留汁，放入粳米、生姜煮粥，待粥温度低于60℃时加入蜂蜜即可食用。

药膳功效 独活能祛风胜湿、散寒止痛，能治风寒湿痹、腰膝酸痛、手脚挛痛；当归能补血和血、调经止痛、润燥滑肠，能治跌打损伤。因此，本品能散寒除湿、活血止痛、通络除弊，适合风寒湿痹引起的腰部酸痛患者食用。

性欲减退

　　性欲减退，是指男性在较长一段时间内，出现以性生活接应能力和初始性行为水平皆降低为特征的一种状态，表现为对性生活要求减少或缺乏，久治不愈可导致性功能障碍、不育症等。不良的情绪非常容易引起性欲减退，尤其是在工作屡屡受挫、人际关系紧张、悲伤绝望等恶劣状态中的男性。因此，这类男性需要有规律的生活，劳逸结合，弛张有度，保证睡眠；不酗酒，不吸烟，这对提高性功能，改善性欲减退有积极的作用。此外，快速收缩与放松肛门，交替进行持续2分钟，每天坚持做200次，久而久之，可使整个骨盆变得健壮，肌群富有弹性，促进生殖器官的血液供应，有助于性快感的建立。

【特效本草】

 鹿茸

◎本品甘温补阳，甘咸滋肾，禀纯阳之性，具生发之气，故能壮肾阳、益精血，对男性肾阳虚衰引起的性欲减退、阳痿早泄等症状。

 海参

◎本品味甘咸，具有滋阴补肾、养血益精、抗衰老、抗癌等作用，对虚劳羸弱、气血不足、肾虚性欲冷淡、阳痿遗精、小便频数、癌症等均有疗效。

 鸽肉

◎中医学认为鸽肉有补肝壮肾、益气补血等功效，因为白鸽的繁殖力很强，这是由于白鸽的性激素分泌特别旺盛所致，所以常作为强壮性功能的佳品。

【饮食须知】

患者应常食具有改善肾功能、增强性欲的药材和食物，如淫羊藿、巴戟天、鹿茸、锁阳、海马、海参、牛鞭、蚕蛹、雀肉、鹌鹑、鸽肉等。此外，服用具有疏肝解郁、调畅情志、安心神的药材和食物，也可有效改善此症状，如郁金、香附、合欢皮、茉莉花、佛手瓜、酸枣仁、小米、莲子、芡实、猕猴桃等。

【民间偏方】

1.取海参适量，粳米100克。将海参浸透，剖洗干净，切片后煮烂，同粳米煮为稀粥食用。可补肾阳，益精髓，有效改善各种原因引起的性欲减退症状。

2.取肉苁蓉50克，碎羊肉200克，粳米100克，生姜适量。将肉苁蓉切片，先放入锅内煮1小时，去药渣，加入羊肉、粳米和生姜同煮成粥，加入盐调味。适宜肾虚引起的男女性欲减退。

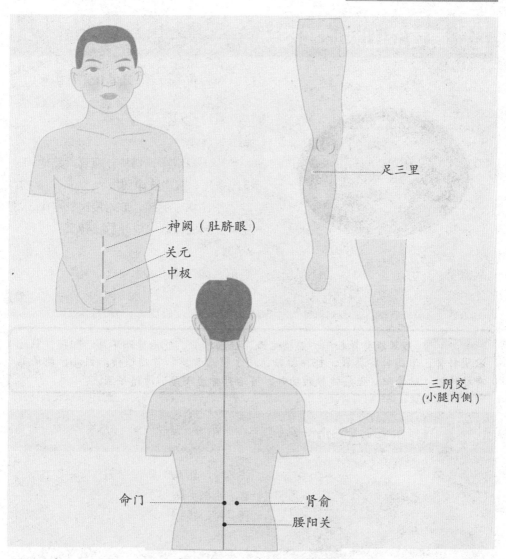

神阙（肚脐眼）

关元

中极

足三里

三阴交
(小腿内侧)

命门

肾俞

腰阳关

【按摩疗法】

取穴：关元、神阙、中极、肾俞、命门、腰阳关、足三里、三阴交

1.选用艾卷温和灸法。温和灸是指将艾卷燃着一端，靠近穴位熏烤（一般距皮肤2~3厘米），如患者有温热舒适感觉，就固定不动，灸至皮肤稍有红晕即可。每次选用以上2~4个穴位，灸治10~30分钟，每日或隔日灸治1次，7~10次为一个疗程，疗程间隔为5天。

2.选用阳痿膏敷灸法。取乌附子1个（约45克），挖成空壳，并将阿片1.5克，穿山甲3克，土硫黄6克，粉碎为末，与挖出的附子末混合后再填入附子壳内，然后用好酒250毫升，放入锅内，入附子加热，用文火煎至酒干，将附子取出。最后取麝香0.3克，与附子捣成膏备用。敷灸时取药膏如黄豆大，分别置于神阙、关元穴上，上盖纱布，胶布固定即可。3日敷灸一次。

疗养药膳 鹿茸淮山熟地瘦肉汤

|主 料| 淮山30克，鹿茸10克，熟地10克，瘦肉200克

|辅 料| 盐2克，味精少许

|制 作|

1. 淮山去皮洗净，切块；鹿茸、熟地均洗净备用；瘦肉洗净切块。

2. 锅中注水，烧沸，放入瘦肉、淮山、鹿茸、熟地，武火烧开后，转文火慢炖2小时。

3. 放入盐、味精调味即成。

药膳功效 鹿茸能补肾壮阳、益精生血、强筋壮骨，能治肾阳不足、阳痿；熟地滋阴补肾；淮山补脾养胃，补肾涩精，用于脾虚食少、肾虚遗精。因此，此汤具有补精髓、助肾阳、强筋健骨的功效，可治疗肾虚阳痿、滑精早泄。

疗养药膳 黄精海参炖乳鸽

|主 料| 乳鸽1只，黄精、海参各适量，枸杞少许

|辅 料| 盐3克

|制 作|

1. 乳鸽洗净；黄精、海参均洗净泡发。

2. 热锅注水烧开，下乳鸽汆透，捞出。

3. 将乳鸽、黄精、海参、枸杞放入瓦煲，注水，武火煮沸，改文火煲2.5小时，加盐调味即可。

药膳功效 黄精能补气养阴、益肾，用于脾胃虚弱、体倦乏力、精血不足、内热消渴；乳鸽具有补肾、益气、养血的功效；海参能补肾益精、养血润燥，能治精血亏损、虚弱劳怯、阳痿、梦遗；以上几味合用，对性欲减退者有一定疗效。

疗养药膳 鲜人参煲乳鸽

|主 料| 乳鸽1只，鲜人参30克，红枣
10颗
|辅 料| 生姜5克，盐3克，味精2克
|制 作|

1. 乳鸽洗净；人参洗净；红枣洗净，去
核；生姜洗净去皮，切片。

2. 乳鸽入沸水中汆去血水后捞出洗净。

3. 将乳鸽、人参、红枣、姜片一起装入
煲中，再加适量清水，以武火炖煮2小
时，加盐、味精调味即可。

药膳功效 人参能大补元气、复脉固脱、补脾益肺、生津安神，用于体虚欲脱、
久病虚赢、阳痿宫冷、心力衰竭；乳鸽具有补肾、益气、养血的功效；因此，本
品能补气固体，益肾助阳，对阳痿、遗精、性欲减退有一定疗效。

疗养药膳 佛手瓜白芍瘦肉汤

|主 料| 鲜佛手瓜200克，白芍20克，
猪瘦肉400克
|辅 料| 红枣5颗，盐3克
|制 作|

1. 佛手瓜洗净，切片，焯水。

2. 白芍、红枣洗净；瘦猪肉洗净，切
片，飞水。

3. 将清水800克放入瓦煲内，煮沸后加
入以上用料，武火煮沸后，改用文火煲
2小时，加盐调味。

药膳功效 佛手瓜具有舒肝解郁、理气和中、活血化瘀的功效，可用于肝郁气
滞所致的郁郁寡欢、胸胁胀痛、食少腹胀、心神不安、失眠等症。白芍可补血养
肝，对肝血不足、心神失养的抑郁患者大有益处。

多汗

多汗症是由于交感神经过度兴奋引起汗腺过多分泌的一种病症。该症患者出汗和面部潮红完全失去了正常的控制，多汗和面部潮红使患者每日处在无奈、焦躁或恐慌之中。多汗表现为全身（泛发性多汗症）或局部（局限性多汗症）异常地出汗过多。中医将多汗大致分为自汗与盗汗两种，自汗是指不因活动、天气、食物、药物等因素而自然汗出者，多为气虚表现。盗汗是指睡中出汗，醒后即止者，多因阴阳平衡失调、阴虚火旺、肌表不固，致使汗液外泄所致。多汗患者应保持良好的作息习惯，尽量避免熬夜，少吃辛辣或者刺激性食物。积极参加户外运动，放松心情。

【特效本草】

浮小麦	**黄芪**	**五味子**
◎本品甘凉入心，能益心气、敛心液；轻浮走表，能实腠理、固皮毛、为养心敛液、固表止汗之佳品。凡自汗、盗汗者，均可应用。	◎本品能补脾肺之气，益卫固表，治疗表虚自汗，常与牡蛎、麻黄根配伍。若因卫气不固，表虚自汗而易感风邪者，宜与白术、防风等品同用。	◎本品性温，五味俱全，酸咸为多，故专收敛肺气而滋肾水，益气生津，补虚明目，强阴涩精，退热敛汗，治自汗、盗汗者，可与麻黄根、牡蛎同用。

【饮食须知】

中医认为多汗常因脾肺气虚，表虚不固所致，所以应多摄入具有益气固表、敛阴止汗作用的药材及食物，如浮小麦、太子参、黄芪、白术、防风、煅牡蛎、山药、五味子、五倍子、糯稻根、猪肚、芡实、牛肉、燕麦等。多汗患者应忌食生姜、辣椒、胡椒、桂皮、薄荷、桑叶等辛辣刺激、发汗食物。

【民间偏方】

1. 气虚自汗者可用玉屏风散加味：生黄芪、煅龙骨、煅牡蛎、浮小麦各30克，炒白术、防风各15克，甘草6克，水煎服。阴虚盗汗者可用当归六黄汤加减：当归、生地、熟地各15克，黄柏、知母各10克，生黄芪、鲜芦根各30克，水煎服。

2. 取五倍子30克，研成粉末，晚上取药粉加少许白酒调和，敷于肚脐上，再用1小块胶布盖贴在上面，每晚换1次。可敛肺止汗，治疗各种原因引起的多汗症。

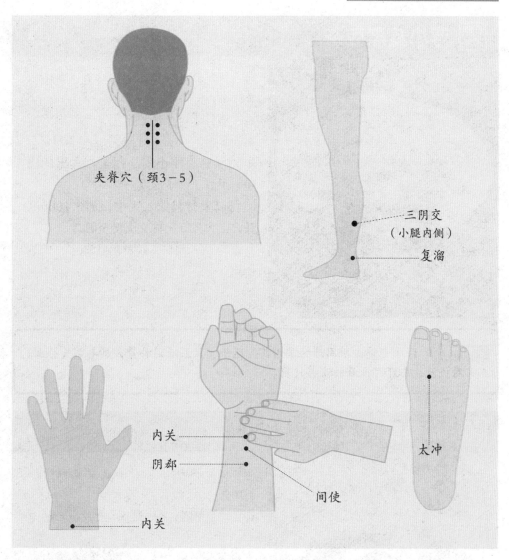

夹脊穴（颈3—5）

三阴交
（小腿内侧）

复溜

内关

阴郄

间使

太冲

内关

【按摩疗法】

取穴： 夹脊穴（颈3—5）、间使、三阴交、阴郄、复溜、太冲、内关

1.用拇指与食指拿捏颈部夹脊穴，力度稍重，来回拿捏10分钟。夹脊穴因分布在脊柱两旁而得名。

2.弯曲食指，用食指第二关节依次点按间使、内关、阴郄三个穴位，力度适中，以按压部位出现酸痛感为宜，来回按揉10分钟。

3.用大拇指指腹依次按压三阴交、复溜、太冲三个穴位，力度以按压部位有酸胀感为宜，每个部位按压5分钟。

4.气虚多汗者可用艾柱悬灸以上穴位，可几个穴位同时进行，持续时间以15～20分钟为宜。

浮小麦黑豆茶

主料 黑豆、浮小麦各30克，莲子、黑枣各7颗

辅料 冰糖少许

制作

1. 将黑豆、浮小麦、莲子、黑枣均洗净，黑豆、莲子泡发。
2. 将以上材料放入锅中，加水1000毫升，武火煮开，转文火煲至熟烂。
3. 最后调入冰糖，搅拌溶化即可，代茶饮用。

药膳功效 浮小麦是敛阴固汗的常用药，莲子、黑豆滋阴补肾，黑枣益气补血。本品对盗汗、自汗有很好的改善作用。

带鱼黄芪汤

主料 带鱼500克，黄芪30克，炒枳壳10克

辅料 料酒、盐、葱段、姜片各适量

制作

1. 将黄芪、枳壳洗净，装入纱布袋中，扎紧口，制成药包。
2. 将带鱼去头，斩成段，洗净。
3. 锅上火放入花生油，将鱼段下入锅内稍煎，锅中再放入清水适量，放入药包、料酒、盐、葱段、姜片，煮至鱼肉熟，捡去药包、葱、姜即成。

药膳功效 带鱼全身的鳞和银白色油脂层中含有一种抗癌成分6—硫代鸟嘌呤，对辅助治疗各种良、恶性肿瘤大有益处；黄芪可益气补虚；枳壳能行气散结；三者合用，能行气散结、益气补虚、防癌抗癌，对子宫肌瘤患者有良好的食疗效果。

疗养药膳 | 五味子炖羊腰

| 主 料 | 羊腰500克，杜仲15克，五味子6克

| 辅 料 | 葱花、蒜末、盐各适量

| 制 作 |

1. 将羊腰切开，撕去白筋洗净。

2. 将羊腰放入锅中汆水备用。

3. 把羊腰、杜仲、五味子放入砂锅中，加开水500毫升，中火煮40分钟后，再放入葱花、蒜末、盐调味即可。

药膳功效 羊腰能补肾气，益精髓，用于肾虚劳损、腰脊酸痛、足膝软弱；杜仲能补肝肾、强筋骨、安胎。用于肾虚腰痛、筋骨无力。因此，本品有补肝益肾、强腰膝的功效，可治疗肾虚劳损、阳气衰败所致的多汗等症。

疗养药膳 | 砂仁黄芪猪肚汤

| 主 料 | 猪肚250克，银耳100克，黄芪25克，砂仁10克

| 辅 料 | 盐适量

| 制 作 |

1. 银耳以冷水泡发，去蒂，撕小块；猪肚治净备用；黄芪、砂仁洗净备用。

2. 猪肚汆水，切片。

3. 将猪肚、银耳、黄芪、砂仁放入瓦煲内，武火烧沸后再以文火煲2小时，再加盐调味即可。

药膳功效 黄芪、猪肚均有补气健脾的功效，可用于脾胃气虚所致的厌食、厌油腻、食少腹胀、恶心呕吐等症。砂仁可化湿止呕；银耳可滋阴益胃；因此本品对厌油腻、神疲乏力、困倦等症均有一定的改善作用。

尿频

　　尿频症多见于中老年男性，正常成人白天排尿4~6次，夜间0~2次，次数明显增多称尿频。尿频是一种症状，并非疾病。由于多种原因可引起小便次数增多，但无疼痛，又称小便频数。尿频的原因较多，包括神经精神因素，病后体虚。中医认为夜尿频多主要由于体质虚弱，肾气不固，膀胱约束无能，其化不宣所致。此外，过于疲劳，脾肺二脏俱虚，上虚不能制下，脾虚不能制水，膀胱气化无力，而发生小便频数。因此尿频多为虚症，需要调养，平时做膀胱括约肌收缩运动，可锻炼膀胱括约肌，改善尿失禁症状。

【特效本草】

金樱子

◎金樱子具有收敛固涩、缩尿止遗的作用，适用于肾虚精关不固之遗精滑精，膀胱失约之遗尿尿频；本品熬膏服，如金樱子膏或与芡实相须而用。

益智仁

◎本品暖肾、固精、缩尿，补益之中兼有收涩之性，以益智仁、乌药等分为末，山药糊丸，可治下焦虚寒、小便频数、夜尿频多、遗尿等症，如缩泉丸。

猪膀胱

◎味甘咸、性平，入膀胱经，具有缩小便、健脾胃的功效，主治尿频，遗尿，疝气坠痛，消渴无度等病症。

【饮食须知】

　　中医认为夜尿频多因肾气亏虚、膀胱不固，无力约束小便引起，所以治疗本病应以补益肾气为主，宜食用金樱子、覆盆子、桑螵蛸、海螵蛸、菟丝子、益智仁、黄芪、白术、升麻、乌药、党参、芡实、五味子、陈皮、羊肉、牛肉等补肾缩尿的药材和食物，对于阳气虚衰、小便清长者，多吃富含植物有机活性碱的食品，少吃肉类，多吃蔬菜。少食寒凉生冷食物，以及咖啡、碳酸饮料等刺激性食物。

【民间偏方】

　　1.将新鲜猪膀胱洗净，不加盐煮熟，每天吃3次，每次吃15~30克。连续食用10天至半个月，此症便可明显好转。

　　2.取火麻仁、覆盆子各15克，杏仁、生白芍各10克，生大黄6克，枳壳、厚朴各5克，桑螵蛸12克，将以上药材煎水，分2次服用，每日1剂。

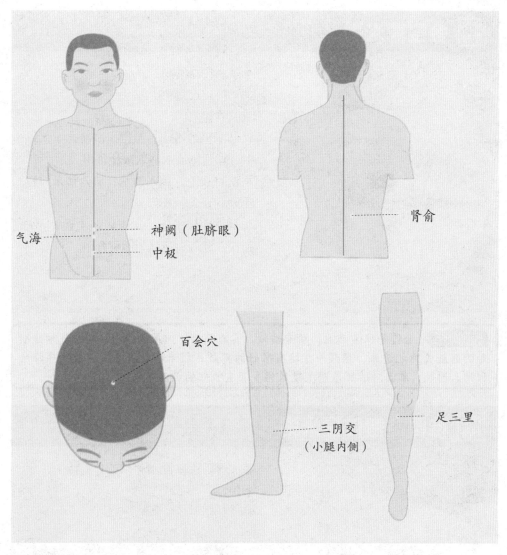

气海 ——————— 神阙（肚脐眼）
                中极

肾俞

百会穴

三阴交
（小腿内侧）

足三里

【按摩疗法】

取穴： 神阙、中极、足三里、三阴交、百会、肾俞、气海

1.患者取坐位或仰卧，按摩者以大拇指按揉百会穴1～3分钟。

2.以小鱼际贴于小腹，以肚脐为中心顺时针揉摩2～5分钟。

3.按揉肾俞穴3分钟，并配合局部横擦法，以热为度。

4.患者仰卧，按摩者以中指指腹顺时针按揉气海穴20次，按揉中极穴1分钟。

5.以掌根按揉并搓擦尾骶部，以热为度。

6.以指按三阴穴各1分钟。

疗养药膳 金樱糯米粥

|主　料| 糯米80克，金樱子适量
|辅　料| 白糖3克
|制　作|

1. 糯米泡发洗净；金樱子洗净，下入锅中，加适量清水煎取浓汁备用。
2. 锅置火上，倒入清水，放入糯米，以武火煮至米粒开花。
3. 加入金樱子浓汁，转文火煮至粥呈浓稠状，调入白糖拌匀即可食用。

药膳功效 金樱子味酸而涩，功专固敛，具有固精、缩尿的作用，对肾气亏虚引起的膀胱失约之遗尿、尿频等症均有很好的疗效；糯米有健脾养胃、益气生津的作用。因此，本品对脾肾虚弱型夜尿频多者有很好的调理效果。

疗养药膳 桂圆益智仁糯米粥

|主　料| 桂圆肉20克，益智仁15克，糯米100克
|辅　料| 白糖、姜丝各5克
|制　作|

1. 糯米淘洗干净，放入清水中浸泡；桂圆肉、益智仁洗净备用。
2. 锅置火上，放入糯米，加适量清水煮至粥将成。
3. 放入桂圆肉、益智仁、姜丝，煮至米烂后放入白糖调匀即可。

药膳功效 桂圆肉能补益心脾、补气安神，治虚劳羸弱；益智仁能温脾暖肾、固气涩精，治腰腹冷痛、中寒吐泻、多唾遗精、小便余沥、夜尿频多；糯米温补脾胃。因此，此粥可补益心脾、益气养血，对小儿流涎有很好的食疗作用。

疗养药膳 螵蛸鱿鱼汤

|主 料| 鱿鱼100克，补骨脂30克，桑螵蛸、红枣各10克，海螵蛸50克

|辅 料| 盐、味精、葱花、姜各适量

|制 作|

1. 将鱿鱼泡发，洗净，切丝；海螵蛸、桑螵蛸、补骨脂、红枣洗净。

2. 将鱿鱼骨与海螵蛸、桑螵蛸、补骨脂水煎取汁，去渣。

3. 放入鱿鱼、红枣，同煮至鱿鱼熟后，去药包，加盐、味精、葱花、姜片等调味即可。

> 药膳功效 补骨脂能补肾助阳，治肾虚冷泻、遗尿、滑精、小便频数、阳痿、腰膝冷痛；海螵蛸能收敛止血，涩精止带，制酸，敛疮。因此，本品具有温肾益气、固涩止遗的功效，适合肾虚精液不固、遗精滑泄、夜尿频多的患者食用。

疗养药膳 桑螵蛸红枣鸡汤

|主 料| 桑螵蛸10克，红枣8颗，鸡腿1只

|辅 料| 鸡精5克，盐2小匙

|制 作|

1. 鸡腿剁块，放入沸水汆烫，捞起冲净备用。

2. 鸡肉、桑螵蛸、红枣一起盛入煲中，加7碗水以武火煮开，转文火续煮30分钟。

3. 加入鸡精和盐调味即成。

> 药膳功效 桑螵蛸能补肾固精，治遗精、白浊、小便频数、遗尿、赤白带下、阳痿、早泄。因此，此品具有固腰补肾的功效，对肾虚引起的尿频有很好的疗效。

耳鸣

耳鸣是指自觉耳内鸣响,如闻蝉声,或如潮声。此症多发生于中老年男性,以及压力过大或工作环境嘈杂的青壮年。中医认为肾气通于耳,肾精虚衰,肾气不足,耳失濡养就会导致耳鸣。主要症状有患者自觉耳内鸣响,如闻蝉声或潮声,分为4个层次。①轻度耳鸣:间歇发作,仅在夜间或安静的环境下出现耳鸣,如流水声。②中度耳鸣:持续耳鸣,在十分嘈杂的环境中仍感到耳鸣,有时会影响心情,心烦易怒。③重度耳鸣:持续耳鸣,严重影响听力和注意力,经常听不清别人的讲话,注意不到别人在和自己打招呼,时常心烦易怒。④极重度耳鸣:长期持续的耳鸣,常有头晕目眩症状,面对面交谈都难以听清对方的讲话,患者难以忍受耳鸣带来的痛苦。

【特效本草】

熟地

◎本品质润入肾,善滋补肾阴,填精益髓,为补肾阴之要药。常与山药、山茱萸等同用,治疗肝肾阴虚、腰膝酸软、遗精、盗汗、耳鸣、耳聋等症。

黄精

◎本品能补益肾精,对延缓衰老,改善头晕、腰膝酸软、耳鸣耳聋、须发早白等早衰症状有一定疗效。常与枸杞、何首乌等补益肾精之品同用。

黑木耳

◎黑木耳含铁量高,可以及时为人体补充足够的铁质,是一种天然补血食品,还可调节情绪,对压力过大以及体内缺铁引起的耳鸣有很好的食疗作用。

【饮食须知】

耳鸣多由体内缺乏铁元素引起,缺铁使红细胞携氧能力下降,导致耳部养分供给不足,使听力下降,所以患者可选择具有增强红细胞携氧功能的中药与食物,如熟地、人参、白术、黄芪、当归、阿胶、何首乌、黄精、海参、鹿茸、紫菜、虾皮、海蜇皮、黑芝麻、黄花菜、黑木耳、苋菜、香菜等;可选择富含锌元素和维生素的食物,如白菜、柑橘、苹果、西红柿等。

【民间偏方】

将15克鸡血藤、15克熟地黄、12克当归、10克白芍洗净入清水中浸泡2小时,将药材入锅中加适量水煎煮40分钟去渣取汁即可饮用。可滋养肝肾、明目解毒、补益精血,为人体补充铁元素。

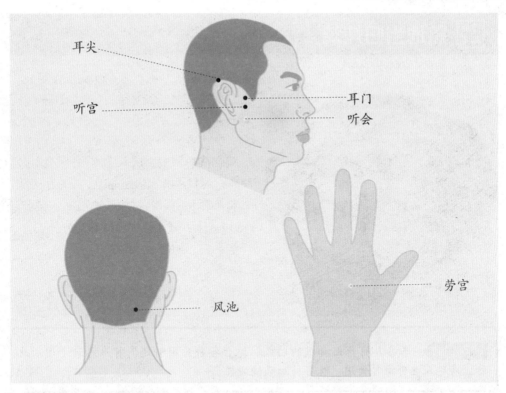

【按摩疗法】

取穴： 耳门、听宫、听会、风池、耳尖、劳宫

1.按揉三穴：在外耳道前有一软骨凸起称为耳屏，在耳屏前对应的自上而下一条直线上排列着三个穴位，分别叫做耳门、听宫、听会。我们张嘴时三个穴位都会出现凹陷。可用食指或中指指腹上下搓擦，以发热为最佳的按揉程度。

2.指摩耳轮：中医有介绍，"以手摩耳轮，不拘遍数，所谓修其城廓，以补肾气，以防聋聩"。双手握空拳，以拇、食指沿耳轮上下来回作推摩直至发红发热。再用两拇指、食指、中指屈蜷成钳子形状，夹捏外耳道做向前、后、左、右的提拉动作，整套动作做6次。

3.鸣天鼓：两手掌心按住耳孔，食指放于中指上作弹击耳后枕部约20次。

4.振耳：手掌置于耳上，一紧一松挤压耳部。先慢而有力，再作快速震颤。

5.黄蜂入洞：将两食指或中指插入耳孔，指腹向前，转动3次再骤然抽出，每次做3遍。

6.点穴：按揉后枕部酸痛点及双侧风池，要有酸胀感。

7.猿猴摘果：用手经头上提捏对侧耳尖各14次。

8.全耳腹背按摩：搓热双手，手指伸直，由前下向后上推擦耳廓，然后反折耳廓推擦耳背返回，反复5~6遍；以掌心劳宫分别对准耳腹及耳背按揉，使全耳发红发热。

疗养药膳 熟地当归炖鸡

|主　料| 熟地25克，当归20克，白芍10克，鸡腿1只

|辅　料| 盐适量

|制　作|

1. 鸡腿洗净剁块，放入沸水汆烫、捞起冲净；药材用清水快速冲净。

2. 将鸡腿和所有药材放入炖锅中，加水6碗以武火煮开，转文火续炖30分钟。

3. 起锅后，加盐调味即成。

药膳功效　本品具有养血补虚的功效，适合各种原因引起的贫血患者食用。此外，老年人也可经常食用，既可补血又能滋肾。

疗养药膳 黄精黑豆塘虱汤

|主　料| 黑豆200克，黄精50克，生地10克，陈皮1角，塘虱鱼1条

|辅　料| 精盐5克

|制　作|

1. 黑豆放入锅中，不必加油，炒至豆衣裂开，用水洗净，晾干。

2. 塘虱鱼洗净，去鳍，去内脏；黄精、生地、陈皮分别用水洗净。

3. 加入适量水，猛火煲至水滚后放入全部材料，用中火约煲至豆软熟，加入精盐调味，即可。

药膳功效　生地可凉血止血；黄精具有滋阴补肾、养血补虚的功效，对肝肾阴虚引起的耳鸣有很好的补益作用。

疗系药膳 黑木耳猪尾汤

|主 料| 猪尾100克，生地、黑木耳各少许

|辅 料| 盐2克

|制 作|

1. 猪尾洗净，斩成段；生地洗净，切段；黑木耳泡发洗净，撕成片。

2. 净锅上水烧开，下入猪尾氽透，捞起洗净。

3. 将猪尾、黑木耳、生地放入炖盅，加入适量水，武火烧开后改文火煲2小时，加盐调味即可。

药膳功效 黑木耳具有增强红细胞携氧功能的作用，对耳鸣患者有很好的食疗作用。

疗系药膳 虾皮西葫芦

|主 料| 西葫芦300克，虾皮100克

|辅 料| 盐3克，酱油适量

|制 作|

1. 将西葫芦洗净，切片；虾皮洗净。

2. 锅中加水烧沸，放入西葫芦焯烫片刻，捞起，沥干水。锅中油烧热，放入虾皮炸至金黄色，捞起。

3. 锅中留少量油，倒入西葫芦和虾皮，翻炒，再调入酱油和盐，炒匀，即可。

药膳功效 肾开窍于耳，耳鸣多与肾虚有关。虾皮具有补肾的作用，其含有丰富的镁元素，对听力有重要的调节作用；而西葫芦具有降低血糖、血脂、血压的功效，对高血压、高血脂、糖尿病、肾炎等患者都具有食疗作用。

视力减退

视力减退是一种常见的亚健康症状，生活工作中如果用眼不当、用眼过度，就很容易导致视力减退，这其中就包括眼睛老化，表现为近视、远视、散光、视物模糊等，通常还会出现眼睛肿痛、视物模糊、眼睛干涩等症状。因此，长时间看书或看电脑、电视都要适当，让眼睛得到休息，并注意光线适宜，光线太强会刺激视觉，造成瞳孔持续收缩，容易疲劳；光线太弱，瞳孔则会持续放大，也易疲劳。夏天太阳直射，紫外线较多易损伤视力，因此要防止太阳直射，出门尽量保护好自己的眼睛，以免眼睛受到侵害。

【特效本草】

◎本品为平补肾精肝血之品，可补肝明目，对精血不足所致的视力减退、内障目昏、头晕目眩均有较好的作用，常与熟地、山萸、山药、菊花等同用。

◎本品可滋补肝肾、乌须明目，适用于肝肾阴虚所致的目暗不明、视力减退、须发早白等症，常与墨旱莲配伍同用。眼珠作痛者，宜与生地黄同用。

◎猪肝中含有丰富的维生素A，常吃猪肝可缓解眼睛疲劳、视力下降症状，逐渐消除眼科病症，对肝血不足所致的视物模糊不清、干眼症有一定疗效。

【饮食须知】

中医认为，视力减退多因禀赋不足、肝肾不足、气血虚弱，致使目失所养而引起。所以治疗视力减退关键在于滋补肝肾、益气养血，具有此作用的食物有：枸杞、枸杞叶、首乌、菊花、决明子、动物脏脏、菠菜、海带、大枣、龙眼、秋葵等。患者要慎食辛辣、刺激性的食物；慎食含有酒精、咖啡因、茶碱的饮品，如白酒、啤酒、咖啡、浓茶等。

【民间偏方】

1.洗净双手，眼睛微微闭上，眼球呈下视状态。以上眶缘为支撑，用手掌的下端，轻轻地按压眼球角膜上缘上端，由外向内侧按揉眼球。此法可缓解视力疲劳，预防近视。

2.鲜枸杞叶50克，猪心一具，花生油适量。将花生油烧热后，加入切片的猪心与枸杞叶，炒熟，加入食盐调味即可食用。可补肝益精、清热明目。

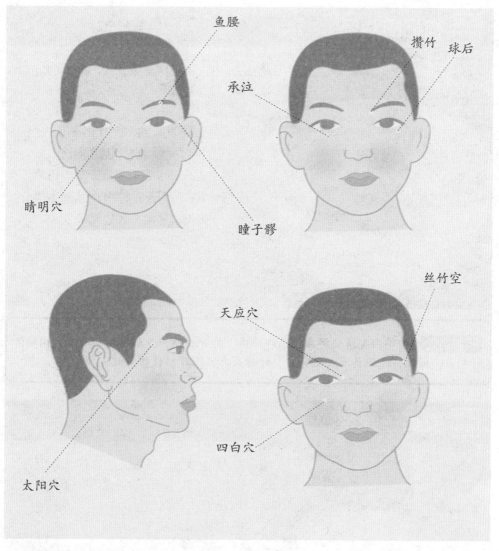

【按摩疗法】

取穴： 天应、睛明、四白、太阳、鱼腰、丝竹空、瞳子髎、球后、承泣、攒竹

1.采取坐式或仰卧式均可，将两眼自然闭合，然后依次按摩眼睛周围的穴位。要求取穴准确、手法轻缓，以局部有酸胀感为度。

2.用双手大拇指轻轻揉按天应（眉头下面、眼眶外上角处）。

3.用一只手的大拇指轻轻揉按睛明穴（鼻根部紧挨两眼内眦处）先向下按，然后又向上挤。

4.用食指揉按面颊中央部的四白（眼眶下缘正中直下一横指）。

5.用拇指按压太阳（眉梢和外眼角的中间向后一横指处），然后用食指第二节内侧面轻刮眼眶一圈，由内上→外上→外下→内下，使眼眶周围的攒竹、鱼腰、丝竹空、瞳子髎、球后、承泣等穴位受到按摩。

疗养药膳 枸杞田鸡汤

|主　料| 田鸡2只，姜少许，枸杞10克
|辅　料| 盐适量
|制　作|

1. 田鸡洗净剁块，余烫后捞出备用。
2. 姜洗净，切丝；枸杞以清水泡软。
3. 锅中加水1500毫升煮沸，放入田鸡、枸杞、姜，煮滚后转中火续煮2~3分钟，待田鸡肉熟嫩，加盐调味即可。

药膳功效 田鸡肉有清热解毒、消肿止痛、补肾益精、养肺滋肾的功效，枸杞清肝明目，因此，此汤具有滋阴补虚，健脾益血，清肝明目的功效。

疗养药膳 女贞子蜂蜜饮

|主　料| 女贞子8克，蜂蜜10克，百香果汁25克，鸡蛋1个，橙汁10毫升，雪糕1个
|辅　料| 冰块适量
|制　作|

1. 取适量冰块放入碗中，再打入鸡蛋；女贞子洗净煎水备用。
2. 再加入雪糕、蜂蜜、橙汁、百香果汁、女贞子汁。
3. 一起搅打成泥即可饮用。

药膳功效 蜂蜜中含有丰富的抗氧化剂，能清除体内的垃圾，有抗癌、防衰老的作用。另外，蜂蜜能润肠通便，对便秘引起的痘疮、色斑有很好的治疗功效。女贞子有滋阴补肾的功效，对肾阴虚引起的色斑、黑眼圈均有一定效果。

疗养药膳 顺气猪肝汤

|主 料| 佛手、山楂、陈皮各10克，丝瓜络30克，猪肝适量
|辅 料| 食盐、香油、料酒各适量
|制 作|

1. 将猪肝洗净切片，佛手、山楂、陈皮洗净，加沸水浸泡1小时后去渣取汁。
2. 碗中放入猪肝片，加药汁和食盐、料酒，隔水蒸熟。
3. 将猪肝取出，放少许香油调味服食，饮汤。

药膳功效 猪肝补血，常食可预防眼睛干涩、疲劳，可调节和改善贫血患者造血系统的生理功能，因此，此汤具有清肝解郁、通经散瘀、解毒消肿的功效，对视力减退患者有较好的食疗作用。

疗养药膳 柴胡菊花枸杞茶

|主 料| 柴胡10克，枸杞10克，菊花5克
|辅 料| 砂糖适量
|制 作|

1. 柴胡放入煮锅，加500毫升水煮开，转小火续煮约10分钟。
2. 陶瓷杯先以热水烫过，再将枸杞、菊花、砂糖放入，取柴胡汁冲泡，约泡2分钟即可。

药膳功效 柴胡、枸杞、菊花都具养肝明目之功效，肝开窍于目，肝气不顺、肝火升旺都会表现在眼睛上，此茶品能改善两眼昏花、红痒涩痛等症状。

食欲缺乏

食欲缺乏是指饮食的欲望减退，主要由以下原因引起：①过度的体力劳动或脑力劳动：会引起胃壁供血不足，胃分泌减少，使胃消化功能减弱。②饥饱不均：胃经常处于饥饿状态，久之会造成胃黏膜损伤，引起食欲缺乏。③情绪紧张，过度疲劳也会导致胃内分泌酸干扰功能失调，引起食欲缺乏。④暴饮暴食使胃过度扩张：食物停留时间过长，轻则造成黏膜损伤，重则造成胃穿孔。⑤经常吃生冷食物，尤其是睡前吃生冷食物易导致胃寒，出现恶心、呕吐、食欲缺乏。尽管现代男性的生活、学习、工作和休息的时间难以始终如一，但不管怎样，在进食上必须做到定时、定量、定质，不能因为繁忙而在饮食上马虎从事，饥一顿、饱一顿对人体健康是无益的。

【特效本草】

鸡内金

◎本品消食化积作用较强，并可健运脾胃，故广泛用于米、面、薯、芋、乳、肉等各种食积证，若与白术、山药等同用，可治脾虚食欲缺乏。

山药

◎本品性味甘平，能补脾益气，滋养脾阴，多用于脾气虚弱、消瘦乏力、食少便溏；因其含有较多营养成分，又容易消化，是食欲缺乏者的佳品。

猪肚

◎猪肚具有补虚损、健脾胃的功效，对脾虚腹泻、虚劳瘦弱、食欲缺乏、尿频或遗尿等症均有食疗效果。

【饮食须知】

①食欲缺乏主要与脾胃虚弱有着密切关系，体虚患者平日可食用党参、白术、山药、猪肚、牛肚、土鸡、乌鸡等来补中气，健脾胃。②促进胃肠食物消化，减轻腹胀也是缓解厌食的一个重要治疗方法，常用的药材和食材有：山楂、麦芽、神曲、鸡内金、苹果、南瓜等。③多吃蛋白质含量高、易消化的食物，如鸡蛋、瘦肉、动物肝脏、鱼类等，可改善因长期厌食导致的营养不良状况。

【民间偏方】

1.胃阴亏虚型厌食小偏方：将30克青梅和100克黄酒放入瓷碗中，置蒸锅中炖20分钟，去渣后饮用，有滋阴、开胃、止痛的作用。

2.胃热脾虚型厌食小偏方：取绿豆、粳米洗净放入锅中，加适量水，小火慢慢熬煮成粥，每天早晚作正餐食用，可健脾胃，祛内热。

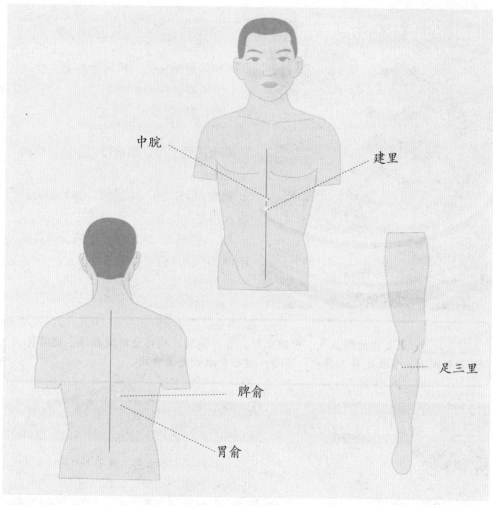

中脘

建里

足三里

脾俞

胃俞

【按摩疗法】

取穴： 中脘、建里、脾俞、胃俞、足三里

1.双手四指并拢以指面部分附于中脘后向下均匀用力推至建里，反复按摩20次左右，可健胃强身。

2.双手四指并拢贴于胁肋前侧，食指于胁肋后侧，以两拇指均匀用力由上而下推按，反复推按20次左右。

3.双手分别置于腹部上下，右手掌面附于胃脘自右至左旋转。左手的掌面附于下腹部由左至右交替环绕按摩腹部30次左右。

4.双手重叠，右手掌心附于肚脐上（神阙）左手掌心按压右手背。自左至右旋摩全腹，频率由慢至快，以腹部有热感为宜。

5.两手四指交叉放于前胸后以掌自上腹部推向下腹部30次。

6.分别揉按足三里、脾俞、胃俞各30次。

以上按摩方法，宜在饭后1~2小时，按顺序按摩，避免用力过度而伤及脏器。

疗养药膳 内金核桃燕麦粥

|主 料| 燕麦50克，鸡内金20克，核桃仁、玉米粒、鲜奶各适量

|辅 料| 白糖3克

|制 作|

1. 燕麦泡发洗净；核桃仁去杂质；鸡内金洗净。

2. 锅置火上，加入少量水，倒入鲜奶，放入燕麦煮开。

3. 加入核桃仁、鸡内金、玉米粒同煮至浓稠状，调入白糖拌匀即可。

药膳功效 燕麦能健脾益气、补虚止汗、养胃润肠；鸡内金能消积滞、健脾胃，治食积胀满、呕吐反胃、疳积、消渴；适合食欲缺乏者食用。

疗养药膳 莲子山药甜汤

|主 料| 银耳100克，莲子100克，百合50克，红枣5~6颗，山药适量

|辅 料| 冰糖适量

|制 作|

1. 银耳洗净泡开备用；红枣划几个刀口。

2. 银耳、莲子、百合、红枣同时入锅煮约20分钟，待莲子、银耳煮软，将已去皮切块的山药放入一起煮。

3. 最后放入冰糖（未脱色之冰糖最好）调味即可。

药膳功效 莲子健脾养心，山药益肾摄精，红枣补心补血，百合、银耳滋阴固肺，适合食欲缺乏者食用。

疗养药膳 胡椒猪肚汤

|主 料| 猪肚1个，蜜枣5个，胡椒15克
|辅 料| 盐适量
|制 作|

1. 猪肚加盐、生粉搓洗，用清水漂洗干净。
2. 将洗净的猪肚入沸水中氽烫，刮去白膜后捞出，将胡椒放入猪肚中，以线缝合。
3. 将猪肚放入砂煲中，加入蜜枣，再加入适量清水，武火煮沸后改文火煲2小时，猪肚拆去线，加盐调味即可。

药膳功效 胡椒可暖胃健脾；猪肚能健脾益气、开胃消食，两者合用，可增强食欲。

疗养药膳 山楂麦芽猪腱汤

|主 料| 猪腱、山楂、麦芽各适量
|辅 料| 盐2克，鸡精3克
|制 作|

1. 山楂洗净，切开去核；麦芽洗净；猪腱洗净，斩块。
2. 锅上水烧开，将猪腱氽去血水，取出洗净。
3. 瓦煲内注水用武火烧开，下入猪腱、麦芽、山楂，改文火煲2.5小时，加盐、鸡精调味即可。

药膳功效 山楂、麦芽均可健脾益胃、消食化积，可改善脾虚腹胀、饮食积滞等症状。

便秘

所谓便秘，从现代医学角度来看，它不是一种具体的疾病，而是多种疾病的一个症状。便秘在程度上有轻有重，在时间上可以是暂时的，也可以是长久的。中医认为，便秘主要由燥热内结、气机郁滞、津液不足和脾肾虚寒所引起。便秘是指排便不顺利的状态，包括粪便干燥排出不畅和粪便不干亦难排出两种情况。一般每周排便少于2~3次（所进食物的残渣在48小时内未能排出）即可称为便秘。因此，患者应养成每日定时排便的习惯，加强锻炼，忌久坐不活动。避免长期服用泻药和灌肠，否则易导致肠胃对药物的依赖，肠道蠕动功能减慢，形成习惯性便秘。

【特效本草】

◎本品性味甘平，质润多脂，能润肠通便，且又兼有滋养补虚作用，适用于各种肠燥便秘证。临床亦常与郁李仁、瓜蒌仁、杏仁等润肠通便药同用。

◎本品有润肠通便之效，治疗肠燥便秘者，可单用冲服，或随证与生地黄、当归、火麻仁等滋阴、生津、养血、润肠通便之品配伍。

◎香蕉富含粗纤维，可促进胃肠蠕动，具有清热、通便、解酒、降血压、抗癌的功效，对于便秘、痔疮患者大有益处。

【饮食须知】

①应选择具有润肠通便作用的食物，常吃含粗纤维丰富的各种食物，如红薯、芝麻、南瓜、芋头、香蕉、桑葚、杨梅、甘蔗、松子仁、柏子仁、胡桃、蜂蜜、韭菜、苋菜、马铃薯、慈姑、空心菜、茼蒿、青菜、甜菜、海带、萝卜、牛奶、海参、猪大肠、猪肥肉、梨、无花果、苹果、榧子、肉苁蓉等。②多吃富含B族维生素的食物，如土豆、香蕉、菠菜等。

【民间偏方】

1.热毒便结小偏方：大黄3克，麻油20毫升。先将大黄研末，与麻油和匀，以温开水冲服。每日1剂。可峻下热结，适合内热便结，腹痛拒按的便秘患者食用。
2.体虚便秘小偏方：何首乌、胡桃仁、黑芝麻各60克，共为细末，每次服10克，每日3次。可温通开秘，适合老年男性气虚便秘。

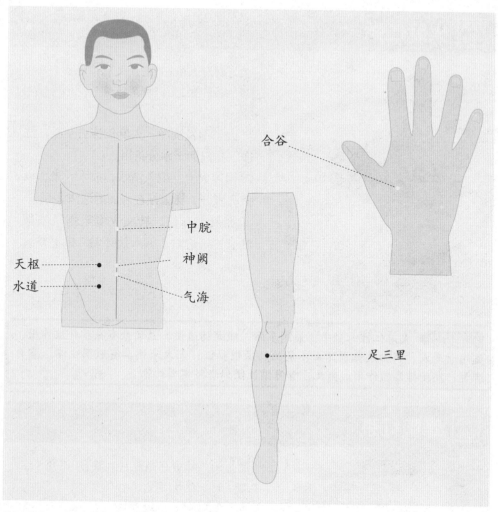

合谷

中脘

天枢

神阙

水道

气海

足三里

【按摩疗法】

取穴： 中脘、合谷、天枢、水道、气海、足三里

1.左手四指并拢，贴于腹部环转不起手，右手从左手尺侧落下，跟随左手环转近一圈时，再从左手桡侧起来，又从左手尺侧落下。反复50~80次，频率为每分钟40~70次。

2.按摩者两手捏住患者整个腹部，一手向外推压，另一手向里面拉，按摩者把患者腹部肌肉扭成S状，反复操作5~10次。

3.按摩者在上腹部以中脘为中心，用右手掌或左手掌振动按摩3~5分钟。

4.按摩者在下腹部以关元为中心，用右手掌或左手掌振动按摩3~5分钟。

5.按摩者以右手全掌按住患者脐部，手掌不移动，用暗劲反复做顺时针方向的旋压，着力点依小鱼际、掌根、大鱼际、四指端的顺序周旋，反复30~50次。

6.用拇指或中指指端着力，分别按揉天枢、大横、气海、关元等穴，每穴按揉1~2分钟。

疗养药膳 火麻仁粥

| 主 料 | 大米100克，火麻仁适量
| 辅 料 | 盐2克，香菜适量
| 制 作 |

1. 大米泡发洗净；火麻仁拣去杂质，洗净，捞起沥干水分备用。
2. 锅置火上，倒入清水，放入大米，以武火煮开，撇去浮在表面的泡沫。
3. 加入火麻仁，转文火煮至粥呈浓稠状且冒气泡时，调入盐拌匀，撒上香菜即可。

药膳功效 火麻仁性味甘平，质润多脂，能润肠通便，且又兼有滋养补虚作用，适用于老人、产妇及体弱津血不足的肠燥便秘证；而大米粥具有滋阴生津、濡养脾胃、润肠排毒的作用。因此，有习惯性便秘者可常喝此粥。

疗养药膳 蜂蜜红茶

| 主 料 | 蜂蜜15毫升，红茶250毫升
| 辅 料 | 冰块适量
| 制 作 |

1. 将冰块放入杯内大约三分之二满。
2. 红茶放凉，倒入杯内。
3. 加入蜂蜜，最后将盖子盖上，摇匀即可饮用。

药膳功效 蜂蜜有改善血液成分、促进心脑和血管的功能、降低血液中胆固醇水平的作用，还能润肠通便，适合高血压、心血管病患者、便秘患者食用；红茶可以帮助胃肠道消化，促进食欲，并有效降低血压、预防心肌梗死、强壮心肌。

疗养药膳 香蕉蜂蜜牛奶

主料 牛奶200克，香蕉半根，蜂蜜10克

辅料 橙子半个

制作

1. 香蕉、橙子去皮，与蜂蜜一起放入果汁机内搅拌。
2. 待搅至黏稠状时，冲入热牛奶，再搅拌10秒钟。
3. 待温度适宜后即可食用。

药膳功效 香蕉能排毒通便、防癌抗癌；牛奶是最佳的钙源，并且富含蛋白质，经常食用能改善机体微循环、促进新陈代谢；蜂蜜可滋阴润肠、排毒。本品适合经常便秘的人食用。

疗养药膳 薏米煮土豆

主料 薏米50克，土豆200克，荷叶20克

辅料 姜5克，葱10克，盐3克，料酒10克，味精2克，香油15克

制作

1. 将薏米洗净，去杂质；土豆去皮，洗净，切3厘米见方的块；姜拍松，葱切段。
2. 将薏米、土豆、荷叶、姜、葱、料酒同放炖锅内，加水，武火烧沸。
3. 转文火炖煮35分钟，加入盐、味精、香油即成。

药膳功效 薏米能健脾补肺、清热利湿；荷叶具有消暑利湿、健脾升阳、散瘀止血的功效。主治暑热烦渴、头痛眩晕、水肿、食少腹胀；土豆中含有丰富的膳食纤维，多食不仅不会长胖，还能润肠通便。

 肥胖

　　肥胖症是一组常见的、古老的代谢症候群。如无明显病因可寻者称单纯性肥胖症，单纯性肥胖又分为体质性肥胖和过食性肥胖两种。体质性肥胖是由于遗传和机体脂肪细胞数目增多而造成的。过食性肥胖，也称为获得性肥胖，是由于人成年后有意识或无意识地过度饮食，脂肪大量堆积而导致肥胖。胖人因体重增加，身体各器官的负担都增加，可引起腰痛、关节痛、消化不良、气喘；身体肥胖的人往往怕热、多汗、皮肤皱褶处易发生皮炎、擦伤。因此，肥胖的男性应多进行体力劳动和体育锻炼，可先从小运动量活动开始，而后逐步增加运动量、运动强度与活动时间。

【特效本草】

荷叶

◎荷叶色青绿，有清热利湿的作用。近代研究证实，荷叶有良好的降血脂、降胆固醇和减肥的作用，对肥胖以及"三高"患者有很好的保健作用。

芹菜

◎由于芹菜中富含水分和纤维，并含有一种能使脂肪加速分解的化学物质，是减肥的佳品。此外，其还富含多种营养成分，能补充人体所需的营养。

魔芋

◎魔芋中含量最大的葡萄甘露聚糖具有强大的膨胀力，有超过任何一种植物胶的黏韧度，可填充胃肠，消除饥饿感，可控制体重。

【饮食须知】

　　①通过增强饱腹感来减少食欲，控制饮食，具有增强饱腹感的中药材和食物有：魔芋、大麦、韭菜、芹菜、土豆、白萝卜、黄豆芽等。②可通过促进脂肪代谢来抑制肥胖，可用的中药材和食材有：菠萝、荷叶、莲子心、车前子、山楂、茶叶、金银花、海藻、决明子、茯苓、泽泻、香蕉、苹果、荸荠等。③少摄入大量含脂肪的油炸食物、奶油类食物，如巧克力、奶油蛋糕、薯条、烤肉等。

【民间偏方】

　　1.体虚型肥胖小偏方：枸杞30克，水煎代茶饮，早晚各饮1次。平肝养目，润肺，对因肥胖引起的腰痛、乏力等症有很好的疗效，同时也有一定的瘦身作用。
　　2.痰湿型肥胖小偏方：鲜荷叶30克，切碎，加水煎水代茶饮，连服60天为1疗程。清热，祛痰，能辅助治疗肥胖症。

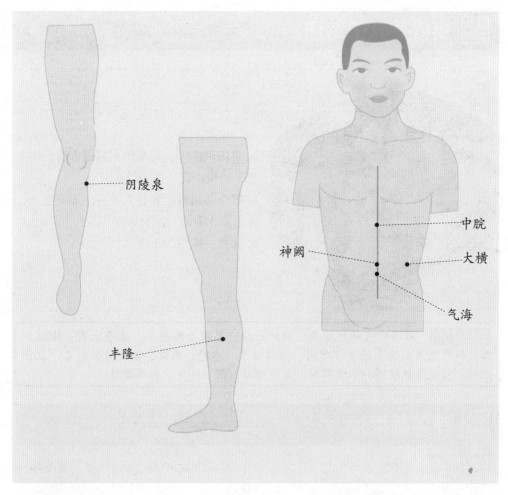

阴陵泉

丰隆

中脘

神阙

大横

气海

【按摩疗法】

取穴：丰隆、阴陵泉、气海、中脘、大横、神阙

1.丰隆穴是足阳明胃经之络穴，有疏通脾、胃表里二经的气血阻滞，促进水液代谢的作用，降痰浊、化瘀血，泄热通腑，是治疗肥胖症的重要穴位，每次按压3分钟。

2.阴陵泉在胫骨内上髁下缘，胫骨内侧缘凹陷处（将大腿弯曲90° 膝盖内侧凹陷处）。每次按摩100～160下，每日早晚按摩一次，两腿都需按摩。

3.气海位于体前正中线，脐下1寸半。腹部肥胖者，可用拔罐的方法，拔上后可留罐10分钟，一星期1~2次。

4.中脘位于人体上腹部，前正中线上，脐上4寸，对脾虚湿盛、食后腹胀、舌苔厚腻的肥胖患者有效，每日按揉3分钟。对于腹部肥胖者，可采用拔罐法。

5.大横有除湿散结、理气健脾、通调肠胃的作用，对体虚肥胖、易出汗者有疗效，通常采用拔罐的方法，尤其适合腰腹部肥胖者。每次留罐10分钟，一个星期留罐一次。

疗养药膳 葛根荷叶田鸡汤

主料 田鸡250克，鲜葛根120克，荷叶15克

辅料 盐、味精各5克

制作

1. 将田鸡洗净，切小块；葛根去皮，洗净，切块；荷叶洗净切丝。
2. 把全部用料一齐放入煲内，加清水适量，武火煮沸，改文火煮1小时。
3. 加盐、味精调味即可。

药膳功效 田鸡肉有清热解毒、消肿止痛；葛根升阳解肌、透疹止泻、除烦止温；荷叶消暑利湿，治暑热烦渴、头痛眩晕、水肿；因此，本品清热解毒、止湿止泻，症见身热烦渴，小便不利，大便泄泻，泻下秽臭，肠鸣腹痛。

疗养药膳 芹菜蔬果汁

主料 芹菜梗1支，番茄1个，葡萄柚1瓣

辅料 蜂蜜少许

制作

1. 芹菜洗净切段；番茄洗净切块；葡萄柚洗净，剥出瓣。
2. 将所有材料一起放入果汁机中搅拌均匀。
3. 加蜂蜜调味即可。

药膳功效 芹菜清热除烦、利水消肿，对水肿、小便热涩不利；番茄具有降压利尿、健胃消食、凉血平肝的功效；因此，此汁能协助解毒积滞在肝脏中的过氧化脂质，减轻肝脏负担，预防脂肪肝、肥胖症。

疗养药膳 鲜笋魔芋面

|主 料| 魔芋面条200克，茭白笋100克，玉米笋100克，西蓝花30克，清水800毫升，大黄5克，甘草5克

|辅 料| 盐2小匙，鲣鱼风味酱油1/2大匙，白芝麻1/4小匙

|制 作|

1. 全部药材煎取药汁备用。

2. 茭白笋、玉米笋均洗净，切块；西蓝花洗净，入滚水氽烫至熟，捞起。

3. 魔芋面条放入沸水中氽烫去味，捞起放入面碗内，加入茭白笋、玉米笋、西蓝花、药汁及调味料加热煮沸即可。

药膳功效 魔芋性寒、辛，可活血化瘀，解毒消肿，宽肠通便，具有散毒、养颜、减肥、开胃等功能。

疗养药膳 山楂荷叶泽泻茶

|主 料| 山楂10克，荷叶5克，泽泻10克

|辅 料| 冰糖10克

|制 作|

1. 山楂、泽泻冲洗干净。

2. 荷叶剪成小片，冲净。

3. 所有材料盛入锅中，加500毫升水以大火煮开，转小火续煮20分钟，加入冰糖，溶化即成。

药膳功效 山楂能消食化积、行气散瘀；泽泻能利水、渗湿、泄热；因此，此茶可以降体脂、健脾、降血压、清心神，可以预防肥胖症、高血压、动脉硬化等疾病。

单纯性消瘦

　　单纯性消瘦包括体质性消瘦和外源性消瘦。体质性消瘦主要为非渐进性消瘦，具有一定的遗传性。外源性消瘦通常受饮食、生活习惯和心理等各方面因素的影响。食物摄入量不足、偏食、厌食、漏餐、生活不规律和缺乏锻炼等饮食生活习惯以及工作压力大，精神紧张和过度疲劳等心理因素都是导致外源性消瘦的原因。消瘦的男性往往体质较差，容易疲倦、体力差，而且抵抗力低、免疫力差、耐寒抗病能力弱，易患多种疾病。因此，平时要多锻炼，加强体质。此外，适当的运动可增强食欲，加大进食量，一定程度上有利于增肥。

【特效本草】

红枣

◎红枣补虚益气、养血安神、健脾和胃，是脾胃虚弱、气血不足患者良好的保健营养品。红枣中富含糖类、脂肪、蛋白质，常食有一定的增肥作用。

土鸡

◎鸡肉有温中益气、补虚益精、健脾胃、活血脉、强筋骨的功效。对虚损消瘦、病后体弱乏力、贫血、虚弱等有很好的食疗作用。

牛肉

◎牛肉的营养价值高，古有"牛肉补气，功同黄芪"之说。常食牛肉有促进肌肉生长的作用，凡体弱乏力、消瘦、中气下陷者都可经常食用牛肉。

【饮食须知】

　　①消瘦患者应多摄入蛋白质、脂肪、热量均相对高的食物，如鸡肉、牛肉、羊肉、猪肉等肉类，牛奶、羊奶等；蛋类等。②均衡合理的饮食是增肥的关键，增加食物的摄入种类，各种食物都应该吃，如此才能摄入多种营养，各种饮食都保持一个适当的量，不过少，也不过多。

【民间偏方】

老母鸡1只，粳米100克，精盐适量。将母鸡宰杀，剖洗干净，放入砂锅内，加入清水，高出鸡身，先用武火煮沸15分钟，再用文火煮3小时。将粳米淘洗干净，加入鸡汤700毫升，加精盐，煮沸后用文火煎熬20~30分钟，以米熟烂为度。

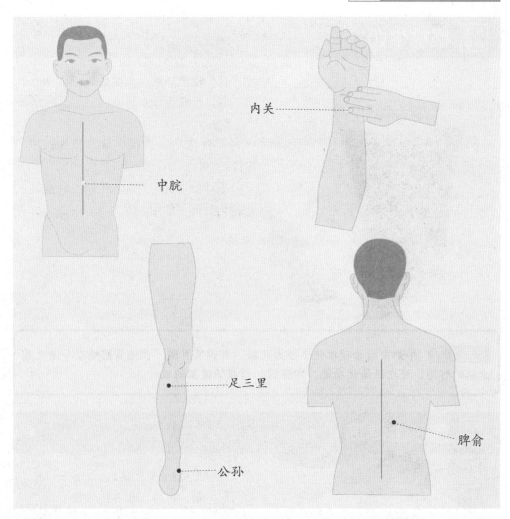

内关

中脘

足三里

公孙

脾俞

【按摩疗法】

取穴：中脘、内关、脾俞、足三里、公孙

1.中脘主治消化系统疾病，如腹胀食积、食欲缺乏、精力不济等。对于脾胃虚弱或虚寒的单纯性消瘦患者宜采用艾灸方法治疗，每次悬灸10分钟。

2.内关位于前臂正中，腕横纹上2寸，在桡侧屈腕肌腱同掌长肌腱之间取穴。内关穴的妙用，在于能打开人体内在机关，有补益气血、调和脾胃之功，常按压此穴，对单纯性消瘦患者有很好的改善作用。

3.脾俞位于第11胸椎棘突下，旁开1.5寸，对肠胃不舒、食欲缺乏有很好的疗效，可经常按揉或艾灸。每次按揉3分钟，或艾灸15分钟。

4.足三里是强身健体的要穴，按摩足三里有调节机体免疫力、增强抗病能力、调理脾胃、补中益气等作用。每天按压3~5分钟。

5.公孙有健脾益胃、通调冲脉、消除痞疾之功，经常按压可改善消瘦体虚症状。每天按压1~3分钟。

疗养药膳 樱桃牛奶

|主　料| 樱桃10颗，低脂牛奶200毫升
|辅　料| 蜂蜜少许
|制　作|
1. 将樱桃洗净、去核，放入榨汁机中榨汁。
2. 将果汁倒入杯中，加入牛奶、蜂蜜。
3. 搅匀后即可饮用。

药膳功效 牛奶中所含碳水化合物为乳糖，有调节胃酸、促进胃肠蠕动和消化腺分泌的作用，可增强消化功能，增强钙、磷在肠道里的吸收。

疗养药膳 莲子土鸡汤

|主　料| 土鸡300克，姜1片，莲子30克
|辅　料| 盐、鸡精、味精各适量
|制　作|
1. 先将土鸡剁成块，洗净，入沸水中焯去血水；莲子洗净，泡发。
2. 将鸡肉、莲子一起放入炖盅内，加开水适量，放入锅内，炖蒸2个小时。
3. 最后加入盐、鸡精、味精调味即可食用。

药膳功效 鸡肉有温中益气、补精填髓、益五脏、补虚损、健脾胃、强筋骨的功效；莲子能固精止带，补脾止泻，益肾养心；因此，本品能补虚损、健脾胃，对单纯性消瘦患者有很好的补益效果。

第四章
22 种中老年男性
高发病症食疗药膳

　　中年时期的男性，由于精神与生活的压力，精力都有所衰退，加上饮食生活不规律，许多疾病接踵而来，不得不发出"人到中年万事多"的感慨。老年时期，身体各脏腑功能开始减退，因此一旦患病就容易发展成慢性病，缠绵难愈。

　　本章列举了 22 种中老年男性高发病，如"三高"病、呼吸系统疾病、消化道疾病等，并分别从疾病简介、症状剖析、日常生活调理、民间小偏方、特效药材食物、饮食调养等方面对每种疾病进行详细的分析讲解，并搭配了合理的药膳对症辅助治疗。

高血压

高血压是指在静息状态下动脉收缩压和（或）舒张压增高，常伴有心、脑、肾、视网膜等器官功能性或者器质性改变以及脂肪和糖代谢紊乱等现象。目前，我国已将高血压的诊断标准与世界卫生组织于1978年制订的标准统一，即三次检查核实后，按血压值的高低分为正常血压、临界高血压和诊断高血压。正常血压：收缩压在140毫米汞柱或以下，舒张压在90毫米汞柱或以下，而又非低血压者，应视为正常血压。临界高血压：收缩压在141&159毫米汞柱，舒张压在91&95毫米汞柱之间。确诊高血压：收缩压达到或超过160毫米汞柱，舒张压达到或超过95毫米汞柱。

【症状剖析】

头晕：有些患者的头晕是一过性的，常在突然下蹲或起立时出现，有些是持续性的。

头痛：多为持续性钝痛或搏动性胀痛，甚至有炸裂样剧痛。

精神症状：烦躁、心悸、失眠、注意力不集中，记忆力减退。

神经症状：肢体麻木，常见手指、足趾麻木或皮肤如蚁行感或项背肌肉紧张、酸痛。

【日常生活调理】

高血压患者应合理安排作息时间，生活要有规律，避免过度劳累和精神刺激。应早睡早起，睡眠、工作和休息时间大致各占三分之一。注意保暖，宜用温水洗澡，水温在40℃左右。避免受寒，因为寒冷可以引起毛细血管收缩，易使血压升高。进行体力活动和体育锻炼，有利于减肥，降低血脂，防止动脉硬化，使四肢肌肉放松，血管扩张，有利于降低血压。

【民间小偏方】

1.取桑叶、黑芝麻各250克，丹皮、栀子各120克，一同研成粉末，加水制成梧桐子大小的药丸，早晚各用开水送服6~9克，主治高血压眩晕，适合高血压患者。

2.取荠菜花30~60克，加入适量的水，煎汤内服，可代茶饮，可常饮，适合高血压患者。

3.取大米50克，篱栏(中药)25克，带壳鸡蛋1个，煮成稀粥，去篱栏渣和蛋壳，每日分2次食用药粥和鸡蛋。可治疗肝阳上亢型高血压。

【特效药材、食物】

山楂

◎山楂所含的三萜类及黄酮类等成分，具有显著的扩张血管及降压作用，有增强心肌、抗心律不齐、调节血脂及胆固醇含量的功能，适合高血压患者食用。

菊花

◎菊花能增加血流量和营养性血流量，还有加强心肌收缩和增加耗氧量的作用，对高血压以及高血压引起的心肌梗死、冠脉粥样硬化等并发症有较好的防治作用。

大蒜

◎大蒜可帮助保持体内某种酶的适当数量而避免出现高血压，是天然的降压药物，有"血管清道夫"之誉，能有效清除血管内的垃圾，降低血压，防止血栓形成。

芹菜

◎芹菜含有丰富的维生素P，可以增强血管壁的弹性、韧度，对抗肾上腺素的升压作用，可降低血压，常食还能预防冠心病、动脉硬化等病的发生，适合肥胖型高血压患者食用。

【饮食调养】

1. 高血压患者宜选用具有降低胆固醇作用的中药材和食物，如黑芝麻、黄豆、南瓜、大蒜、黄精、菊花、决明子、山楂、灵芝、枸杞、杜仲、玉米须、大黄、何首乌、兔肉等。

2. 宜选用具有清除氧自由基作用的中药材和食物，如大蒜、苍耳子、女贞子、丹参、五加皮、芦笋、洋葱、芹菜、蘑菇、禽蛋等。

3. 要选择膳食纤维含量高食物，可加速胆固醇排出，如糙米、玉米、小米、荞菜、绿豆等。

4. 维生素、钾等矿物质含量高的食物有降血压的功效，如芦笋、莴笋、苹果、梨、西瓜等。

5. 忌食肥甘厚味的食物，如肥肉、羊肉、狗肉、动物油等。

疗养药膳 芹菜百合

|主　料| 芹菜250克，百合100克，红椒30克

|辅　料| 盐3克，香油20克

|制　作|

1. 将芹菜洗净，斜切成块；百合洗净；红椒洗净，切块。

2. 锅中水烧开，放入切好的芹菜、百合、红椒氽水至熟，捞出沥干水分，装盘待用。

3. 加入香油和盐搅拌均匀即可食用。

药膳功效 芹菜含有丰富的维生素P，可以增强血管壁的弹性、韧度和致密性，降低血压、血脂，可有效预防冠心病、动脉硬化等病的发生。百合具有滋阴、降压、养心安神的功效，可改善高血压患者的睡眠状况。

疗养药膳 大蒜绿豆牛蛙汤

|主　料| 牛蛙5只，绿豆40克，大蒜80克

|辅　料| 生姜片5克，米酒20毫升，盐10克，油适量

|制　作|

1. 牛蛙宰杀洗净，氽烫，捞起备用；绿豆洗净，浸泡。

2. 大蒜去皮，用刀背稍拍一下；锅上火，加油烧热，将大蒜放入锅里煸至呈金黄色，待蒜味散出盛起备用。

3. 另取一锅，注入热水，再放入绿豆、牛蛙、姜、蒜头、米酒，以中火炖2小时，起锅前加上盐调味即可。

药膳功效 大蒜能调节血压、血脂、血糖，可预防心脑血管疾病，还能抗肿瘤、保护肝脏和生殖功能。牛蛙是一种高蛋白、低脂肪、低胆固醇营养食物，非常适合高血压、高血脂及肥胖患者食用。

疗养药膳 山楂绿茶饮

|主　料|山楂片25克，绿茶2克
|辅　料|蜂蜜适量
|制　作|

1. 将山楂片洗净。
2. 将绿茶、山楂片入锅，加水500毫升，大火煮沸即可关火。
3. 滤去渣，留汁，待茶的温度低于60℃时，再加入蜂蜜调匀即可饮用。

药膳功效 本品中山楂和绿茶均有降低人体胆固醇水平的作用，山楂还有明显扩张血管和降低血压的作用，常饮本品能有效地预防高血压以及动脉粥样硬化。

疗养药膳 菊花枸杞绿豆汤

|主　料|干菊花6克，枸杞15克，绿豆30克
|辅　料|蜂蜜适量
|制　作|

1. 将绿豆洗净，装入碗中，用温开水泡发。
2. 将枸杞、菊花用冷水洗净。
3. 瓦煲内放约1500毫升水烧开，加入绿豆，武火煮开后改用中火煮约30分钟，菊花及枸杞在汤快煲好前放入即可关火，蜂蜜在汤低于60℃时加入。

药膳功效 本品有降低血压、扩张冠脉、增加冠脉流量的作用。菊花有疏散风热、平肝明目、清热解毒的功效。枸杞、绿豆、菊花均有清肝泻火的作用，能帮助降低血压，适合肝火旺盛的高血压患者食用。

高血脂

高脂血症是血脂异常的通称，如果符合以下一项或几项，就患有高脂血症：总胆固醇、三酰甘油过高；低密度脂蛋白胆固醇过高；高密度脂蛋白胆固醇过低。高脂血症是一种常见病症，在中老年人当中发病率高，它引起动脉粥样硬化，乃至冠心病、脑血栓、脑出血等，危及生命。高血脂的发生与遗传因素、高胆固醇、高脂肪饮食有关，也可由于糖尿病、肝病、甲状腺疾病、肾病、肥胖、痛风等疾病引起。初期一般病情较隐匿，无明显症状，摄入过多脂肪后，严重者可出现腹痛、脾肿大，肘部、背部、臀部出现皮疹样的黄色瘤等症状。此病的高发人群为：35岁以上经常高脂、高糖饮食者；长期吸烟者、酗酒者、不经常运动者；患有糖尿病、高血压、脂肪肝的患者。

【症状剖析】

轻度高血脂患者:一般无明显的自觉症状，部分患者仅有轻度的头晕、神疲乏力、失眠健忘、肢体麻木、胸闷、心悸等症，常在体检化验血液时发现高脂血症。

重度高血脂患者:会出现头晕目眩、头痛、胸闷胸痛、心慌气短、口角㖞斜、不能说话、肢体麻木等症状，最终会导致脑中风等严重疾病。

【日常生活调理】

提倡坚持体育锻炼，适当运动减肥，控制肥胖是预防血脂过高的重要措施之一，降脂运动的时间最好安排在晚饭后或晚饭前2小时最佳，晚饭前2小时机体处于空腹状态，运动所需的热量由脂肪氧化来供应，可有效地消耗掉脂肪；晚饭后2小时运动，可消耗晚饭摄取的能量。患者睡觉时枕头不宜过高，否则颈部肌肉和韧带过度牵拉，会挤压颈部血管阻断血流，造成脑供血不足，容易导致脑梗死。

【民间小偏方】

1.取山楂3克、蒲黄10克，平均分成两份，装入两个棉纸袋中，封口后放入杯中，用沸水冲泡，盖上杯盖，焖15分钟即可，每次用1袋，每日2次，可降低血脂、活血化瘀，适用于高脂血症患者。

2.取菠萝、苹果、圆白菜各30克，芦荟50克，分别洗净、切块后放入榨汁机中，搅打成汁，将果汁倒出后加入凉开水搅匀即可，可减少胆固醇的吸收，适用于高脂血症患者。

【特效药材、食物】

薏米

◎薏米具有健脾、补肺、清热、利湿的功效，其含有三萜类化合物及水溶性纤维，能够有效地抑制脂肪的消化吸收，具有降血脂、防治动脉粥样硬化和脂肪肝的功效。

泽泻

◎泽泻具有利水渗湿的功效，对脾虚水肿、肝病等均有疗效。此外，还有降血压、降血脂以及抗脂肪肝的作用。

冬瓜

◎冬瓜中含有的丙醇二酸，能抑制糖类转化为脂肪，可预防人体内的脂肪堆积，具有减肥、降脂的功效，而且冬瓜所含的热量极低，尤其适合高血脂、糖尿病、肥胖症等患者。

黄瓜

◎黄瓜除湿、利尿、降脂、促消化。尤其是黄瓜中所含的纤维素能促进肠内腐败食物排泄，而所含的丙醇、乙醇和丙醇二酸还能抑制糖类物质转化为脂肪，对高血脂、肥胖患者有利。

【饮食调养】

1. 高脂血症患者宜选用具有抑制脂肪吸收的中药材和食物，如玉米须、苍耳子、薏米、佛手、泽泻、山药、红枣等。

2. 宜选用具有抑制肠道吸收胆固醇作用的中药材和食物，如木耳、魔芋、黄瓜、薏米、决明子、金银花、蒲黄、大黄、栀子、紫花地丁等。

3. 宜吃增加不饱和脂肪酸、降低血脂、保护心血管系统的食物，如小米、小麦、玉米、大豆、绿茶、海鱼等。

4. 富含维生素、矿物质和膳食纤维的新鲜水果和蔬菜，如苹果、西红柿、圆白菜、胡萝卜等。

5. 适量饮茶，茶叶中含有的儿茶酸可增强血管的柔韧性和弹性，可预防血管硬化。

疗养药膳 猪腰山药薏米粥

|主　料| 猪腰100克，山药80克，薏米50克，糯米120克

|辅　料| 盐3克，味精2克，葱花适量

|制　作|

1. 猪腰洗净，打上花刀；山药洗净，去皮，切块；薏米、糯米淘净，泡好。
2. 锅中注水，下入薏米、糯米、山药煮沸，再用中火煮半小时。
3. 改小火，放入猪腰，待猪腰变熟，加入盐、味精调味，撒上葱花即可。

药膳功效 本品可以有效地降低血液中的胆固醇含量，并且还有利水渗湿、补肾强腰、增强机体免疫力的功效，适合肾虚、痰湿型高血脂患者食用。

疗养药膳 泽泻白术瘦肉汤

|主　料| 猪瘦肉60克，泽泻15克，白术30克，薏米适量

|辅　料| 盐3克，味精2克

|制　作|

1. 猪瘦肉洗净，切件；泽泻、薏米洗净，薏米泡发。
2. 把猪肉、泽泻、薏米一起放入锅内，加适量清水，武火煮沸后转文火煲1~2小时，拣去泽泻，调入盐和味精即可。

药膳功效 泽泻具有利水、渗湿、泄热的功效；白术具有健脾除湿的作用；猪肉能补气健脾；三者同用，对脾虚妊娠水肿、小便不利有很好的辅助治疗作用。

疗兼药膳 冬瓜竹笋汤

|主 料|素肉30克，冬瓜200克，竹笋100克
|辅 料|香油4克，盐适量
|制 作|

1. 素肉块放入清水中浸泡至软化，取出挤干水分备用。
2. 冬瓜洗净，切片；竹笋洗净，切丝。
3. 置锅于火上，加入清水，以武火煮沸，最后加入所有材料文火煮沸，加入香油、盐，至熟后关火。

药膳功效 竹笋具有低脂肪、低糖、多纤维的特点，肥胖的人经常吃竹笋，每餐进食的油脂就会被其吸附，降低肠胃黏膜对于脂肪的吸收与积蓄，达到减肥的目的；冬瓜中所含的热量极低，其含有的丙醇二酸，能抑制糖类转化为脂肪。

疗兼药膳 香油蒜片黄瓜

|主 料|大蒜80克，黄瓜150克
|辅 料|盐、香油各适量
|制 作|

1. 大蒜、黄瓜洗净切片。
2. 将大蒜片和黄瓜片放入沸水中焯一下，捞出待用。
3. 将大蒜片、黄瓜片装入盘中，将盐和香油搅拌均匀，淋在大蒜片、黄瓜片上即可。

药膳功效 黄瓜可保护心血管、降低血脂和血糖；大蒜能调节血脂、血压，可清除血管内的沉积物，被称为"血管清道夫"，能有效预防高血压和心脏病的发生。香油富含不饱和脂肪酸，可降低血脂胆固醇，软化血管。

糖尿病

糖尿病是由各种致病因子作用于机体导致胰岛功能减退、胰岛素抵抗等而引发的糖、蛋白质、脂肪、水和电解质等一系列代谢紊乱综合征，临床上以高血糖为主要特点。典型的糖尿病患者会出现"三多一少"：多食、多尿、多饮、身体消瘦。此外，还有眼睛疲劳、视力下降；手脚麻痹、发抖，夜间小腿抽筋，神疲乏力、腰酸等全身不适症状。导致糖尿病的原因有很多种，除了遗传因素以外，大多数都是由不良的生活和饮食习惯造成的，如饮食习惯的变化、肥胖、体力活动过少和紧张焦虑都是糖尿病的致病原因，部分患者是因长期使用糖皮质激素药物引起。血糖高，即空腹血糖≥7.0毫摩尔/升；餐后两小时血糖≥11.1毫摩尔/升。

【症状剖析】

皮肤发痒：全身或局部皮肤发痒，肛门周围瘙痒。

异常感觉：手足麻木、肢体发凉、疼痛、烧灼感、蚁行感、走路如踩棉花的感觉等。

性功能障碍：男性患者易出现阳痿等性功能障碍症状，身体常常无原因地感到疲惫不堪，双腿乏力，双膝酸软。

三多一少症状：口渴多饮、多尿、饮食量增加、体重下降。患者的饮水量大量增多，排尿的次数和量也随之增多，是发现糖尿病最便捷的途径，有时会伴有体重下降。

眼睛疲劳，视力下降：视物易疲劳、视力减退或出现视网膜出血、白内障视力调节障碍等，且发展很快。

【日常生活调理】

生活要有规律，可进行适当的运动，以促进碳水化合物的利用，减少胰岛素的需要量。注意个人卫生，预防感染。糖尿病患者常因脱水和抵抗力下降，皮肤容易干燥发痒，也易合并皮肤感染，应定时给予擦身或沐浴，以保持皮肤清洁。此外，应避免袜紧、鞋硬，以免血管闭塞而发生坏疽或皮肤破损而致感染。按时测量体重以作计算饮食和观察疗效的参考。

【民间小偏方】

取黄精50克、白茅根30克一同研成细末，每次取5&7克用开水送服，每日2次，可降血糖、解消渴，对于糖尿病有很好的疗效。

【特效药材、食物】

◎葛根中的黄酮类物质和葛根素能促进血糖恢复正常，并能增加脑及冠状动脉血流量，防止微血管病变，对改善糖尿病患者微血管病变所致的周围神经损伤、视网膜病有良效。

◎玉竹含有铃兰苷、山奈酚、槲皮醇苷等生物活性物质，能消除机体对胰岛素的抵抗，平衡胰腺功能，修复胰腺细胞，增强胰岛素的敏感性，对血糖有双向调节的作用。

◎南瓜中含有大量的果胶纤维素，可使肠胃对糖类的吸收减慢，并改变肠蠕动的速度，减缓饭后血糖的升高。南瓜中的钴能促进胰岛素分泌，从而降低血糖。

◎苦瓜中含有的苦瓜皂苷有快速降糖、调节胰岛素的功能，能修复β细胞、增加胰岛素的敏感性，还能预防和改善并发症，调节血脂，提高免疫力。

【饮食调养】

1.糖尿病患者宜选用具有降低血糖浓度功能的中药材和食物，如苦瓜、黄瓜、洋葱、南瓜、番石榴、银耳、木耳、玉米、麦麸、牡蛎、菜心、花生米、鸭肉、大蒜、黄精、葛根、玉竹、枸杞、白术、何首乌、生地等。

2.宜选用具有对抗肾上腺素，促进胰岛素分泌功能的中药材和食物，如女贞子、桑叶、淫羊藿、黄芩、芹菜、柚子、番石榴、芝麻、葡萄、梨、鱼、香菇、白菜、芹菜、花菜等。

3.宜选用高蛋白、低脂肪、低热量、低糖食物，如乌鸡、兔肉、鹌鹑、银鱼、鲫鱼、蛋清、菌菇类食物等。

疗养药膳 玉竹银耳枸杞汤

主　料 玉竹10克，枸杞20克，银耳30克

辅　料 水适量、白糖适量

制　作

1. 将玉竹、枸杞分别洗净备用；银耳洗净、泡发，撕成小片。
2. 将玉竹、银耳、枸杞一起放入沸水锅中。
3. 煮10分钟，调入白糖即可。

药膳功效 玉竹能养阴润燥、除烦止渴，治热病阴伤、咳嗽烦渴、虚劳发热、消谷易饥；银耳能补脾开胃、益气清肠。因此，本品可滋阴润燥、生津止渴，适合胃热炽盛型的糖尿病患者食用，症见口干咽燥、口渴多饮、舌红苔少。

疗养药膳 苦杏拌苦瓜

主　料 苦瓜250克，杏仁50克，枸杞10克

辅　料 香油、盐、鸡精各适量

制　作

1. 苦瓜剖开，去瓤，洗净切成薄片，放入沸水中焯至断生，捞出，沥干水分，放入碗中。
2. 杏仁用温水泡一下，撕去外皮，掰成两瓣，放入开水中烫熟。
3. 枸杞泡发洗净。
4. 将香油、盐、鸡精与苦瓜搅拌均匀，撒上杏仁、枸杞即可。

药膳功效 苦瓜有清暑除烦、清热消暑、解毒、明目、降低血糖、补肾健脾、益气壮阳、提高机体免疫能力的功效；杏仁能祛痰止咳、平喘、润肠。因此，本品具有清热通便、降糖降压、止咳化痰、提神健脑的功效。

疗养药膳 西芹炖南瓜

|主　料|西芹150克，南瓜200克
|辅　料|姜片、葱段、盐、味精各适量
|制　作|

1. 西芹取茎洗净，切菱形片；南瓜洗净，去皮、去瓤，切菱形片。

2. 将西芹片、南瓜片一起下开水锅中汆水，然后捞出，沥干水分。

3. 最后将南瓜、西芹装入砂锅中，加适量开水，滚开后中火炖5分钟，下入适量姜片、葱段、盐、味精，勾芡即可。

药膳功效　南瓜有润肺益气、化痰、消炎止痛、降糖、驱虫解毒、止喘美容等功效，对高血压及肝脏的一些病变也有预防和治疗作用。本品具有降糖降压降脂、清热利尿的功效，三高患者可常食，还能有效预防心脑血管疾病的发生。

疗养药膳 玉米炒蛋

|主　料|玉米粒、胡萝卜各100克，鸡蛋1个，青豆10克
|辅　料|植物油4克，葱、盐、料酒各适量
|制　作|

1. 玉米粒、青豆洗净；胡萝卜洗净切粒，与玉米粒、青豆同入沸水中煮熟，捞出沥干水分；鸡蛋入碗中打散，并加入盐和料酒调匀。

2. 锅内注油烧热，倒入蛋液，见其凝固时盛出；锅内再放入油，将葱白爆香放入玉米粒、胡萝卜粒、青豆，炒香时再放蛋块，并加盐调味，炒匀盛出即可。

药膳功效　玉米有开胃益智、宁心活血、调理中气等功效，还能降低血脂，可延缓人体衰老、预防脑功能退化，增强记忆力。胡萝卜能健脾和胃、补肝明目。因此本品不仅能降血糖，还有很好的降血压和健脾养胃的功效。

冠心病

冠状动脉粥样硬化性心脏病，简称冠心病，是由于冠状动脉粥样硬化病变致使心肌缺血、缺氧的心脏病，冠心病分为心绞痛和心肌梗死。冠心病的主要病因是冠状动脉粥样硬化，但动脉粥样硬化的原因尚不完全清楚，可能是多种因素综合作用的结果。认为本病发生的危险因素有：年龄和性别（45岁以上的男性，55岁以上或者绝经后的女性），家族史（父兄在55岁以前，母亲/姐妹在65岁前死于心脏病），血脂异常(低密度脂蛋白胆固醇过高，高密度脂蛋白胆固醇过低)。此外，高血压、糖尿病、吸烟、超重、肥胖、痛风、不运动等也是此病的高发因素。

【症状剖析】

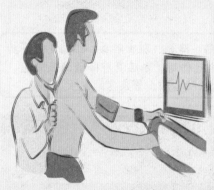

心绞痛：胸部压迫窒息感、闷胀感、剧烈的烧灼样疼痛，一般疼痛持续1&5分钟，偶有长达15分钟，可自行缓解；疼痛常放射至左肩、左臂前内侧直至小指与无名指；疼痛在心脏负担加重（例如体力活动增加、过度的精神刺激和受寒）时出现，在休息或舌下含服硝酸甘油数分钟后即可消失；患者可伴有（也可不伴有）虚脱、出汗、呼吸短促、忧虑、心悸、恶心或头晕症状。

心肌梗死：患者突发时胸骨后或心前区剧痛，向左肩、左臂或他处放射，且疼痛持续半小时以上，经休息和含服硝酸甘油不能缓解；同时伴有呼吸短促、头晕、恶心、多汗、脉搏细微、皮肤湿冷灰白、重病病容；大约十分之一的患者直接晕厥或休克。

【日常生活调理】

自发性心绞痛患者要注意多休息，不宜外出；劳累性心绞痛患者不宜做体力活动，急性发作期应绝对卧床，并应避免情绪激动。恢复期患者不宜长期卧床，应进行活动。注意生活规律，早睡早起，劳逸适度。

【民间小偏方】

1.心火旺盛型冠心病：取菊花6克、甘草3克分别洗净放入锅内，加入300毫升水，以中火烧沸后转小火继续煮15分钟，滤去药渣，取汁加入30克白糖拌匀饮。

2.心血瘀阻型冠心病：取丹参、三七各10克，红花3克，一起入锅煎水服用，可活血化瘀，治疗心血瘀阻型冠心病。

【特效药材、食物】

红花

◎本品能活血通经，祛瘀止痛，善治血瘀心腹胁痛。若治胸痹心痛（心绞痛），常配桂枝、瓜蒌、丹参等药用。可扩张冠状动脉，增强冠脉流量，有效防治心血管疾病。

丹参

◎本品善能通行血脉，祛瘀止痛，广泛应用于各种血瘀病症。如治血脉瘀阻之胸痹心痛、脘腹疼痛，可配伍砂仁、檀香同用，如丹参饮。改善缺血或损伤的恢复，缩小心肌梗死范围。

三七

◎三七在明显扩张血管、减低冠脉阻力，加强和改善冠脉微循环、增加营养性心肌血流量的同时，还能够降低动脉压，明显减少心肌耗氧量，治疗心肌缺血、心绞痛。

银耳

◎银耳中的有效成分酸性多糖类物质，能增强人体的免疫力，调动淋巴细胞，加强白细胞的吞噬能力，兴奋骨髓造血功能，对心肌缺血引起的冠心病有一定的效果。

【饮食调养】

1.冠心病患者宜选择具有扩张冠脉血管作用的中药材和食物，如玉竹、牛膝、天麻、香附、西洋参、红花、菊花、山楂、红枣、洋葱、猪心等。

2.宜选择具有促进血液运行，预防血栓作用的中药材和食物，如丹参、红花、三七、当归、延胡索、益母草、香附、郁金、枸杞、海鱼、木耳、蒜等。

3.多吃含有抗氧化物质的食物，如脱脂牛奶、豆及豆制品、芝麻、山药等。

4.多吃膳食纤维含量较高的食物，如杂粮、蔬菜、水果等。

5.忌吃高胆固醇、高脂肪的食物，如螃蟹、动物内脏、肥肉、蛋黄等；忌吃高糖食物，如土豆、甜点、糖果、奶油等；忌咖啡、浓茶、白酒等。

丹参红花陈皮饮

|主　料|丹参10克，红花5克，陈皮5克
|辅　料|红糖少许
|制　作|

1. 丹参、红花、陈皮洗净备用。
2. 先将丹参、陈皮放入锅中，加水适量，武火煮开，转文火煮5分钟即可关火。
3. 再放入红花，加入红糖，加盖闷5分钟，倒入杯内，代茶饮用。

药膳功效　丹参具有活血祛瘀、安神宁心、排脓止痛的功效；红花可活血通脉、去瘀止痛；陈皮可行气散结；三者配伍同用，对气滞血瘀型冠心病有一定的食疗作用。

当归三七乌鸡汤

|主　料|乌鸡肉250克、当归20克、三七8克
|辅　料|盐5克，味精3克，生抽2毫升，蚝油5克
|制　作|

1. 把当归、三七用水洗干净；用刀把三七砸碎。
2. 用水把乌鸡洗干净，用刀斩成块，放入开水中煮5分钟，取出过冷水。
3. 把所有的原料放入炖盅中加水，隔水文火炖3小时，调味即可。

药膳功效　当归活血和血、调经止痛、润燥滑肠；三七能止血、散瘀、消肿、定痛。因此，本品有活血补血、行气止痛、去瘀血、生新血的功效，适合心血瘀阻型冠心病患者食用。

疗养药膳 丹参山楂大米粥

| 主　料 | 丹参20克，干山楂30克，大米100克

| 辅　料 | 冰糖5克，葱花少许

| 制　作 |

1. 大米洗净，放入水中浸泡；干山楂用温水泡后洗净。

2. 丹参洗净，用纱布袋装好扎紧封口，放入锅中加清水熬汁。

3. 锅置火上，放入大米煮至七成熟，放入山楂、倒入丹参汁煮至粥将成，放冰糖调匀，撒葱花便可。

药膳功效 丹参具有活血祛瘀、安神宁心、排脓止痛的功效；大米有补中益气、健脾养胃、通血脉的功效。大米中富含的维生素E有消融胆固醇的神奇功效。

疗养药膳 桂花山药

| 主　料 | 桂花酱50克，山药250克

| 辅　料 | 白糖50克

| 制　作 |

1. 山药去皮，洗净切片，入开水锅中焯水后，捞出沥干。

2. 锅上火，放入清水，下白糖、桂花酱烧开至味汁浓稠状。

3. 将味汁浇在山药片上即可。

药膳功效 山药可降压降脂，桂花能养心安神，两者合用对血压、血脂过高引起的冠心病有很好的食疗作用。

心律失常

心律失常指心律起源部位、心搏频率与节律或冲动传导等发生异常，即心脏的跳动速度或节律发生改变，正常心律起源于窦房结，频率60&100次/分钟（成人）。此病可由冠心病、心肌病、心肌炎、风湿性心脏病等引起，另外，电解质或内分泌失调、麻醉、低温、胸腔手术、心脏手术、药物作用和中枢神经系统疾病等也是引起心律失常的原因。心律失常是一种自觉心脏跳动的不适感或心慌感。当心率加快时感到心脏跳动不适，心率缓慢时感到搏动有力。心悸时，心率可快可慢，也可有心率失常，心率和心律正常者也可以有心悸。

【症状剖析】

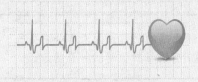
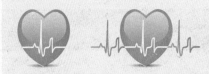

心悸：也就是通常所说的心慌，是人们对心脏跳动的一种不适的主观感觉。

胸闷：胸口有憋闷感，伴气促或轻度呼吸困难。

头晕：头昏、头胀、头重脚轻、脑内摇晃、眼花等。

全身症状：神疲乏力、食欲缺乏、困倦、失眠多梦，多数患者还有贫血或血压偏低现象。严重者会出现晕厥，晕厥的前驱症状有全身不适感、视力模糊、耳鸣、恶心、面色苍白、出冷汗、四肢无力，随之很快发生晕厥。

【日常生活调理】

养成按时作息的习惯，保证睡眠；运动要适量，量力而行；洗澡时水不要太热，时间不宜过长；养成按时排便习惯，保持大便通畅；饮食要定时定量；节制性生活；不饮浓茶，不吸烟；避免着凉，预防感冒；不从事紧张性的工作，不从事驾驶员工作。

【民间小偏方】

1.取黄芪、党参各250克分别洗净放入砂锅中，加水煎煮，30分钟后取药液，药渣加水再煮，如此重复3次，将3次所得药液合并，再将合并的药液用小火煎至黏稠放凉，加入适量白砂糖搅匀，然后将其晒干、压碎，装入玻璃瓶备用，每次服用10克，每日2次，以开水冲服。

2.取万年青3克、红枣8颗、酸枣仁10克分别洗净放入锅内，加水煎汁服，有清热解毒、强心利尿的功效。

【特效药材、食物】

酸枣仁

◎本品味甘，入心、肝经，能养心阴，益肝血而有安神之效，为养心安神要药。主治心肝阴血亏虚，心失所养引起的心悸（心律失常）、健忘、失眠、多梦、眩晕等症。

柏子仁

◎本品味甘质润，药性平和，主入心经，具有养心安神之功效，多用于心阴不足，心血亏虚以致心神失养之心悸怔忡、虚烦不眠、头晕健忘等。

莲子

◎莲子具有补脾止泻、益肾涩精、养心安神的功效，有促进凝血，使某些酶活化，维持神经传导性，维持肌肉的伸缩性和心跳的节律等作用；还能减慢心率。

猪心

◎猪心有补虚、安神定惊、养心补血的功效，对心虚多汗、心律失常、失眠多梦等症有食疗作用。因此，多食猪心可加强心肌营养，增强心肌收缩力。

【饮食调养】

1.心律失常患者宜选用具有修复心肌纤维功能的中药材和食物，如三七、丹参、黄芪、红花、天麻、何首乌、绞股蓝、白果等。

2.宜选用具有减慢心动频率的中药和食物，如莲子、白术、茯神、远志、钩藤、万年青、酸枣仁、柏子仁、红枣、荞麦等。

3.心律失常患者宜选用有助于维持心肌营养和脂类代谢的中药材和食物，如酸枣仁、柏子仁、猪心、菠菜、莲子、小米等。

4.限制动物内脏、动物油、鸡肉、蛋黄、螃蟹、鱼子等高脂肪、高胆固醇食物的摄入；禁用烟酒、浓茶、咖啡及辛辣调味品等刺激心脏及血管的食物。

鲜莲排骨汤

|主　料|新鲜莲子150克，排骨200克，生姜5克，巴戟5克
|辅　料|盐4克，味精3克
|制　作|

1. 莲子泡发去心；排骨洗净，剁成小段；生姜洗净切成小片；巴戟洗净切成小段。
2. 锅中加水烧开，下入排骨氽水后捞出。
3. 将排骨、莲子、巴戟、生姜放入汤煲，加适量水，武火烧沸后以文火炖45分钟，加盐、味精调味即可。

药膳功效 莲子养心安神、补脾止泻，健脾宁心；排骨补脾润肠、补中益气、养血健骨；巴戟补肾阳、壮筋骨。三者合用，对失眠、多梦、身体虚弱、心律失常的患者有一定的食疗作用。

丹参三七炖鸡

|主　料|乌鸡1只，丹参30克，三七10克
|辅　料|盐5克，姜丝适量
|制　作|

1. 乌鸡洗净切块；丹参、三七洗净。
2. 三七、丹参装入纱布袋中，扎紧袋口。
3. 布袋与鸡同放于砂锅中，加清水600毫升，烧开后，加入姜丝和盐，文火炖1小时，加盐调味即可。

药膳功效 丹参能活血祛瘀、安神宁心；三七能止血、散瘀、消肿、定痛；乌鸡能滋阴补肾、养血添精、益肝补虚；三者合用，可改善身体虚弱、心律失常、心烦失眠、心悸等症状。

疗养药膳 酸枣仁莲子茶

|主 料|干莲子100克，酸枣仁10克，清水800毫升

|辅 料|冰糖2大匙

|制 作|

1. 干莲子浸泡10分钟，酸枣仁放入棉布袋内备用。

2. 将莲子沥干水分后放入锅中，放入酸枣仁后，加入清水，以武火煮沸，再转文火续煮20分钟，关火。

3. 加入冰糖搅拌至溶化，滤取茶汁即可(莲子亦可食用)。

药膳功效 酸枣仁是一种安神药材，具有镇静的作用，特别适合因情绪烦躁导致失眠的人，而莲子含有丰富的色氨酸，有助稳定情绪。因此这道茶饮对产后抑郁，神经衰弱，心悸，经前烦躁不易入眠者均有一定的疗效，可多饮用。

疗养药膳 三七丹参茶

|主 料|三七、丹参各8克

|辅 料|水适量

|制 作|

1. 三七、丹参洗净，备用。

2. 将三七、丹参放入锅中，加水适量，武火煮开后转文火煎煮15分钟。

3. 滤去药渣后即可饮用。

药膳功效 本品具有凉血活血、通脉化瘀的功效，适合瘀血痹阻的冠心病患者食用，症见心前区疼痛如针刺、面唇色紫暗、舌上有瘀斑、心律不齐等。

偏头痛

偏头痛是反复发作的一种搏动性头痛，属于众多头痛类型中的"大户"。在头痛发生前或发作时可伴有神经、精神功能障碍。据研究显示，偏头痛患者比平常人更容易发生大脑局部损伤，进而引发中风。其偏头痛的次数越多，大脑受损伤的区域会越大。此病的发病因素有精神心理压力大、情绪抑郁或情绪变化剧烈，睡眠不足、睡眠过多、睡眠不规律等，风、寒、湿、热等气候及剧烈的天气变化也易诱发偏头痛。

【症状剖析】

发病前症状：大部分患者可出现视物模糊、闪光、幻视、盲点、眼胀、情绪不稳，几乎所有患者都怕光。

发作时症状：数分钟后即出现一侧性头痛，大多数以头前部、颞部、眼眶周围、太阳穴等部位为主。可局限某一部位，也可扩延整侧，头痛剧烈时可有血管搏动感或眼球跳动感。

疼痛特点：疼痛一般在1~2小时达到高峰，持续4~6小时或十几小时，重者可历时数天，患者头痛难忍十分痛苦。

【日常生活调理】

脚心中央凹陷处是肾经涌泉穴，每天按摩2次，每次按摩20~30分钟，对偏头痛有比较好的缓解作用。发作时，可将双手浸在热水中，水温以能忍受为度。坚持浸半个小时，可使手部血管扩张，脑部血液相应减少，从而使偏头痛逐渐减轻。每天清晨醒来后和晚上临睡前，用双手中指按太阳穴转圈揉动，先顺揉10圈，再倒揉10圈，反复几次，连续数日。将双手的十个指尖放在头部最痛的地方，像梳头那样进行快速梳摩，每次梳摩100个来回，每天3次。

【民间小偏方】

1.取制川乌、白附子、生南星、川芎、细辛、樟脑、冰片各2克，研为细末，调成糊状，敷贴于两侧太阳穴，每次贴敷6&8小时，每日1次，5日为1个疗程。可引诸药达病位，降低血液黏度，改善大脑血液循环。

2.萝卜（选辣者为佳）洗净，捣烂取汁，加冰片溶化后，仰卧，缓缓注入鼻孔，左痛注右，右痛注左。可开窍醒脑，能快速缓解偏头痛症状。

【特效药材、食物】

◎本品性温、味辛,能行气开郁、祛风燥湿、活血止痛。主治风冷头痛、眩晕、寒痹筋挛、难产、产后瘀阻腹痛、痈疽疮疡等症。

◎本品性温,味辛、苦,归肝、心、胃经。善行走散,可升可降,具有活血散瘀、行气止痛的功效。主治胸痹心痛、胁肋、脘腹诸痛,头痛、腰痛、疝气痛、筋骨痛等症。

◎天麻润而不燥,主入肝经,长于平肝息风,凡肝风内动、头目眩晕之症,不论虚实,均为要药。天麻能驱风止痛,用于风痰引起的眩晕、偏正头痛、肢体麻木、半身不遂等症。

◎全蝎具有熄风止痉、通络止痛的功效,对偏头痛有较好疗效。据报道,用钩藤、全蝎、紫河车各18克,共研细末装胶囊,治疗偏头痛26例,均于服药后12小时内头痛缓解。

【饮食调养】

1.患者应多食可改善脑血管血液循环的食物:如三七、丹参、川芎、山楂、枸杞、玉竹、兔肉、海参等。

2.宜选择具有通络镇痛作用的中药材和食材,如地龙、全蝎、延胡索、香附、佛手、桃仁、乳香等。

3.高血压引起的头痛患者宜选用具有降低胆固醇作用的中药材和食物,如黑芝麻、黄豆、南瓜、大蒜、绿色叶菜类、芦笋、黄精、决明子、山楂、天麻、鱼头、灵芝、枸杞、杜仲、玉米须、何首乌等。

4.忌食巧克力、狗肉、羊肉、含酒精的饮料(特别是红葡萄酒)、含咖啡因的饮料(咖啡、茶和可乐)、谷氨酸钠和亚硝酸盐等。

疗养药膳 天麻地龙炖牛肉

|主料|牛肉500克,天麻、地龙各10克

|辅料|盐、胡椒粉、味精、葱段、姜片、酱油、料酒各适量

|制作|

1. 牛肉洗净,切块,入锅加水烧沸,略煮捞出,牛肉汤待用。

2. 天麻、地龙洗净。

3. 油锅烧热,加葱段、姜片煸香,加酱油、料酒和牛肉汤烧沸,加盐、胡椒粉、味精、牛肉、天麻、地龙同炖至肉烂,拣去葱段、姜片即可。

药膳功效 天麻能息风、定惊,治眩晕、头风头痛、肢体麻木、半身不遂、语言蹇涩。牛肉能强肾健体。因此,本品有平肝息风、通络止痛的功效,适合偏头痛的患者食用。

疗养药膳 延胡索橘皮丝瓜汤

|主料|柴胡10克,延胡索15克,鲜橘皮15克,丝瓜10克

|辅料|白糖少许

|制作|

1. 先将丝瓜去皮,洗净切块;柴胡、延胡索洗净,煎汁去渣备用。

2. 将橘皮、丝瓜洗净,一起放入锅中,加水600毫升,武火煮开后转文火续煮15分钟。

3. 倒入药汁,煮沸后即可关火,加少许白糖,代茶饮。

药膳功效 延胡索可理气通络,化瘀止痛;柴胡可疏肝理气、调畅情绪;丝瓜清热利湿、通络散结;橘皮理气止痛,四者合用,对偏头痛有一定的食疗效果。

疗养药膳 天麻川芎鱼头汤

|主　料|鲢鱼头半个，干天麻5克，川芎
5克
|辅　料|盐6克
|制　作|

1. 将鲢鱼头洗净，斩块；干天麻、川芎
分别用清水洗净，浸泡备用。
2. 锅洗净，置于火上，注入适量清水，
下入鲢鱼头、天麻、川芎煲至熟。
3. 最后调入盐调味即可。

药膳功效 天麻驱风定惊；川芎行气开郁、祛风燥湿、活血止痛。因此，本品具
有熄风止痉、祛风通络、行气活血的作用，适合帕金森病、动脉硬化、中风半身
不遂以及肝阳上亢引起的头痛眩晕等患者食用。

疗养药膳 蒜蓉丝瓜

|主　料|丝瓜300克，蒜20克
|辅　料|盐5克，味精1克，生抽少许
|制　作|

1. 丝瓜去皮后洗净，切成块状，排入
盘中。
2. 蒜去皮，剁成蓉，下油锅中爆香，
再加盐、味精、生抽拌匀，舀出淋于
丝瓜排上。
3. 将丝瓜入锅蒸5分钟即可。

药膳功效 丝瓜能清暑凉血、祛风化痰、通经络、行血脉，还能用于治疗热病身
热烦渴；大蒜能杀菌、促进食欲、调节血脂、血压、血糖，两者合用，对血瘀头
痛有一定的食疗作用。

脑梗死

脑梗死是指脑动脉出现粥样硬化和形成血栓，使管腔狭窄甚至闭塞，导致脑组织缺血、缺氧、坏死。引起脑梗死的主要因素包括：遗传因素、高血压病、冠心病、糖尿病、肥胖、高血脂等。此病多在安静休息时发病，有部分患者在一觉醒来后，出现口眼㖞斜、半身不遂、流口水等症状，这些是脑梗死的先兆。脑梗死的梗死部位以及梗死面积不同，表现出来的症状也会有所不同，最常见的有：头痛、头晕、耳鸣、半身不遂等。有家族病史者，高血压、糖尿病、高血脂、肥胖者，大量吸烟者，年纪较大者为此病的高危人群。

【症状剖析】

前期症状： 表现为头痛、头晕、眩晕、短暂性肢体麻木、无力。患者多在安静休息时发病，有部分患者在一觉醒来后，出现口眼㖞斜、半身不遂、流口水等症状，这些是脑梗死的先兆。

发病后症状： 脑梗死的梗死部位以及梗死面积不同，表现出来的症状也会有所不同，最常见的有：头痛、头晕、耳鸣、半身不遂、口眼㖞斜、失语、甚至神志不清等。

【日常生活调理】

对于恢复期和后遗症期的患者，应坚持进行有效的药物治疗和饮食调节，并进行相关的康复训练，同时控制好血压、血脂等危险因素。进行适当的体育锻炼，不宜做剧烈运动，散步、练习体操、太极等，都是很好的选择，以不过量、不过度疲劳为度。此外，在食疗的同时选择针灸治疗，效果很好。

【民间小偏方】

1.取菊花3克、决明子10克、山楂15克分别洗净放入锅内，加入适量清水，以小火煎取药汁，滤去药渣即可，每日2次，有清肝明目、活血化瘀的功效。
2.取葛根10克洗净切片，桑叶6克洗净，一同放入砂锅内，加入200毫升的清水，以武火煮沸后，转文火继续煮25分钟，滤出药液，再加100毫升水，再煎煮20分钟，滤去药渣，取液与第一次所得药液合并，搅匀饮用，可清热解毒、降低血压。

【特效药材、食物】

天麻

◎天麻性平，味甘，具有驱风、定惊的功效，能降低血压，增加血管弹性，增加外周及冠状动脉血流量，对心脑血管有保护作用，可防治脑梗死。同时，天麻有显著增强记忆力的作用。

绞股蓝

◎绞股蓝具有补气养血、消炎解毒、止咳祛痰等作用，具有明显的降低血黏稠度、调整血压的功能，同时能增加脑血流量，防止微血栓形成，起到保护心脑血管的作用。

木耳

◎木耳中含有丰富的胶质、维生素K和丰富的钙、镁等矿物质以及腺苷类物质，能抑制血小板凝结，减少血液凝块，预防血栓等症的发生，从而有效预防脑梗死。

洋葱

◎洋葱是所知唯一含前列腺素A的食物，是天然的血液稀释剂。前列腺素A能扩张血管、降低血液黏度，因而能减少外周血管阻力和增加冠状动脉的作用，预防血栓形成作用。

【饮食调养】

1.脑梗死患者宜选用具有增强血管弹性的中药材和食物，如天麻、白术、川芎、半夏、菊花、黑莓、蓝莓、葡萄、李子等。

2.宜选用具有增加脑血流量的中药材和食物，如绞股蓝、桂枝、葛根、杏仁、丹参、红花、鲮鱼、豆腐、黄豆等。

3.选择具有益气、化瘀、通络作用的食物，如冬瓜、决明子、玉米、无花果、大蒜、香蕉、苹果、海带、紫菜、奶制品、蜂蜜等。

4.忌食高脂肪、高胆固醇食物，如狗肉、肥猪肉、猪肝、鸡肉；忌食辛辣、刺激性强的食物，如辣椒、生姜、胡椒、浓茶等。

疗养药膳 天麻红花猪脑汤

|主 料| 天麻10克，红花5克，山药10克，枸杞6克，猪脑100克

|辅 料| 米酒2大匙，盐适量

|制 作|

1. 猪脑洗净，氽去腥味；山药、天麻、红花、枸杞洗净备用。

2. 炖盅内加水，将所有材料放入，加水半杯，隔水加热，煮至猪脑熟烂。

3. 加盐等调味料即可。

药膳功效 天麻驱风、定惊；红花可活血通经、去瘀止痛；猪脑能补骨髓、益虚劳、滋肾补脑，用于头晕、头痛、目眩、偏正头风、神经衰弱等症。因此，本品具有益智补脑、活血化瘀、平肝降压的功效，对脑梗死有一定的食疗作用。

疗养药膳 桂枝莲子粥

|主 料| 大米100克，桂枝20克，莲子30克，地龙10克

|辅 料| 白糖5克，葱花适量

|制 作|

1. 大米淘洗干净，用清水浸泡；桂枝洗净，切小段；莲子、地龙洗净备用。

2. 锅置火上，注入清水，放入大米、莲子、地龙、桂枝熬煮至米烂。

3. 放入白糖稍煮，调匀，撒上葱花便可。

药膳功效 桂枝能发汗解肌、温经通脉；莲子能固精止带、补脾止泻、益肾养心；地龙能清热、镇痉、利尿、解毒。因此，此粥具有温通经络、熄风止痉的作用，适合风痰阻络的脑梗死患者食用。

疗养药膳 天麻川芎枣仁茶

|主　料| 天麻6克，川芎5克，枣仁10克

|制　作|

1. 将天麻洗净，用淘米水泡软后切片。

2. 将川芎、枣仁洗净。

3. 将川芎、枣仁、天麻一起放入锅中，加水600毫升，武火煮沸，转文火续煮5分钟即可关火，分两次饮用。

药膳功效　本品具有行气活血、平肝潜阳的功效，适合高血压、高血脂、动脉硬化症、脑梗死等患者食用，症见头痛、头晕、四肢麻痹等。

疗养药膳 绞股蓝茶

|主　料| 绞股蓝15克

|制　作|

1. 绞股蓝洗净，备用。

2. 将绞股蓝放入杯中，冲入沸水，加盖闷5分钟，即可饮用。

3. 可反复冲泡至茶味渐淡。

药膳功效　本品具有益气养血、降低血压的功效，适合高血压引起的脑梗死患者食用。同时，本品还适合贫血、体质虚弱、心悸、失眠、神疲乏力、神经衰弱、健忘、面色萎黄等患者食用，可有效改善各种症状。

打鼾

　　打鼾（医学术语为鼾症、打呼噜、睡眠呼吸暂停综合征）是入睡后上腭松弛，舌头后缩，使呼吸道狭窄，气流冲击松软组织产生振动，通过鼻腔口腔共鸣发出的声音。有些人认为这是司空见惯的，而不重视。其实打鼾是健康的大敌，由于打鼾使睡眠呼吸反复暂停，造成大脑、血液严重缺氧，形成低氧血症，而诱发高血压、心率失常、心肌梗死、心绞痛。夜间呼吸暂停时间超过120秒容易在凌晨发生猝死。所以患者在睡觉时应选择侧卧，睡前活动以柔缓为主，不要让情绪太过激动。

【症状剖析】

1.睡眠打鼾，张口呼吸，甚至出现呼吸暂时停止，睡眠中反复憋醒，睡眠不宁。

2.经常发生夜间心绞痛及心律失常。醒后头痛，头晕，晨起后血压高。

3.白天疲乏无力，困倦、嗜睡甚至在工作开会或者驾驶时睡着。

4.记忆力下降，反应迟钝，工作学习能力下降，性功能下降，阳痿等。

【日常生活调理】

1.肥胖是引起咽部狭窄的因素之一，减肥可以减轻气道阻塞的程度。

2.戒烟酒。烟可以刺激咽部发炎，引起咽部水肿狭窄，酒可以使肌肉松弛，舌根后坠，从而加重阻塞。

此外，睡前不要从事刺激的活动，不要让情绪太过激动，睡前不服镇静安眠药、侧卧睡等都对打鼾都有一定的好处。经常按揉上星穴，也可有效改善打鼾症状。

【民间小偏方】

1.呼吸道阻塞性打鼾小偏方：取花椒5&10粒，睡前用开水泡一杯水，挑去花椒，待水凉后服下，连服5日，可刺激呼吸道开放。

2.将250毫升左右的食醋倒入铝锅内，取新鲜鸡蛋1&2个打入醋里，加水煮熟，吃蛋饮汤，1次服完。对于各种原因引起的打鼾均有一定的疗效。

3.茯苓、山药各10克，百合、丁香、玉竹、枸杞各5克，煎水服用，对此病有疗效。

【特效药材、食物】

蜂蜜

◎蜂蜜具有滋阴润肺的功效，有助于润滑喉咙，通畅呼吸道，所以可在睡前饮用的安神茶中添加一些蜂蜜，可有效预防打呼噜。

花椒

◎花椒有芳香健胃、止痒解腥的功效，能提高咽喉部黏膜的血液供应，使咽喉腔黏膜处于充分供血状态，软腭和悬雍垂就不会因松弛而振动，鼾声也就减弱、停止。

薄荷

◎薄荷芳香行散，清凉利咽，具有扩张支气管的作用，能有效改善支气管狭窄，从而改善打鼾症状。

白术

◎本品甘苦性温，主归脾、胃经，以健脾、燥湿为主要作用，被前人誉之为"脾脏补气健脾第一要药"。对肥胖体虚的打鼾患者有较好的疗效。

【饮食调养】

1.注意饮食，保持八分饱，三餐要有规律，不能不吃早餐，进食时要细嚼慢咽。

2.控制脂肪和糖分的摄入，少食肥肉、巧克力、奶油蛋糕、咖啡、碳酸饮料等食物。

3.注意摄入适量植物纤维，如芹菜、菠菜、玉米、生菜、胡萝卜、萝卜、大蒜、芦笋、红薯叶等。

4.控制零食的摄入，最好在睡觉前不要吃任何东西。

5.肥胖者要减肥，少食多餐，常食蔬菜、水果，少食肉类、动物油等，减肥的食物有魔芋、芹菜、红薯叶、西红柿、绿豆、荷叶等。

疗养药膳 银杏百合拌鲜笋

|主 料|银杏200克，鲜百合100克，芦笋150克

|辅 料|盐3克，味精2克，香油适量

|制 作|

1. 银杏去壳、皮、心尖；鲜百合洗净，削去黑边；芦笋洗净，切段。
2. 锅加清水烧沸，下银杏、百合、芦笋焯烫至熟，装盘。
3. 将所有调味料制成味汁后，淋入盘中拌匀即可。

药膳功效 百合能润肺止咳、清心安神，治肺热久嗽、热病后余热未清、虚烦惊悸、神志恍惚、脚气浮肿；银杏能敛肺气、定喘嗽。因此，本品可润肺化痰，疏通呼吸道，适合呼吸道有阻塞感、呼吸时喉间痰鸣音较重的打鼾患者食用。

疗养药膳 花椒猪蹄冻

|主 料|花椒1大匙，猪蹄500克

|辅 料|盐1小匙

|制 作|

1. 猪蹄剔去骨头，洗净，切小块，放入锅中，加入花椒。
2. 加水至盖过材料，以武火煮开，加盐调味，转文火慢煮约1小时，至汤汁浓稠。
3. 倒入容器内，待冷却即成冻，切块食用即可。

药膳功效 花椒芳香健胃、温中散寒、除湿止痛；猪蹄具有补虚弱、填肾精等功效。因此，本品具有温中健胃、祛寒保暖的功效，花椒的刺激性气味可改善打鼾症状。

疗养药膳 桂花莲子冰糖饮

|主 料|莲子100克，桂花25克
|辅 料|冰糖末适量
|制 作|

1. 桂花洗净，装入纱布袋，扎紧袋口；莲子洗净，去心，备用。

2. 锅中放入莲子、桂花药袋，加入适量清水，以大火烧开，改用小火煎煮50分钟。

3. 加入冰糖末拌匀，关火，放冷后去渣取汁即成。

药膳功效 莲子能养心安神、涩精止带、益肾养心；桂花能温中散寒、活血益气、健脾胃、助消化、暖胃止痛，桂花的香气则具有平衡情绪、缓和身心压力、消除烦闷、帮助睡眠等功效。

疗养药膳 龙胆草当归牛腩

|主 料|牛腩750克，龙胆草10克，当归25克，冬笋150克，猪骨汤1升
|辅 料|蒜末、姜末、料酒、白糖、酱油、味精、香油各适量
|制 作|

1. 牛腩洗净，下沸水中煮20分钟捞出，切成块；冬笋切块。

2. 锅置大火上，下油烧热，下蒜末、姜末、牛腩、冬笋，加料酒、白糖、酱油翻炒10分钟。

3. 将猪骨汤倒入，加当归、龙胆草，用小火焖2小时至肉烂汁稠时关火，味精调味，淋上香油即成。

药膳功效 龙胆草能清热燥湿、泻肝定惊；牛腩能补脾胃、益气血、强筋骨；当归补血和血；冬笋清热化痰、益气和胃。因此，本品可清泻肝火、活血化瘀，对肝火旺盛引起的打鼾、呼吸气粗声高均有一定效果。

慢性支气管炎

慢性支气管炎是由于感染或非感染因素引起气管、支气管黏膜及其周围组织的慢性非特异性炎症。临床出现有连续两年以上，每持续三个月以上的咳嗽、咳痰或气喘等症状。化学气体如一氧化氮、二氧化硫等烟雾，对支气管黏膜有刺激和细胞毒性作用。吸烟为慢性支气管炎最主要的发病因素。呼吸道感染是慢性支气管炎发病和加剧的另一个重要因素。本病在我国北方、山区、高原、寒冷地区及厂矿、农村发病率高。患者要积极治疗，若治疗不及时，容易发展为阻塞性肺气肿和慢性肺源性心脏病。

【症状剖析】

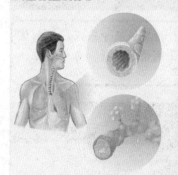

咳嗽：病初患者咳嗽有力，晨起咳多，白天少，睡前常有阵咳，合并肺气肿咳嗽多无力。

咳痰：清晨、夜间较多痰，呈白色黏液，偶有血丝，急性发作并细菌感染时痰量增多且呈黄稠脓性痰。

气喘：慢性支气管炎反复发作后，可出现过敏现象而发生窒息，症状加剧或继发感染时，常像哮样发作，气急不能平卧。呼吸困难一般不明显，但并发肺气肿后，随着肺气肿程度增加，则呼吸困难逐渐增剧，以老年人多见。

【日常生活调理】

慢性支气管炎伴有发热、气促、剧咳者，要适当卧床休息。吸烟患者戒烟，避免烟尘和有害气体侵入体内。冬天外出戴口罩和围巾，预防冷空气刺激气管及伤风感冒。鼓励患者参加力所能及的体育锻炼，以增强机体免疫力和主动咳痰排出的能力。发现患者有明显气促、发绀，甚至出现嗜睡现象，应考虑病情有变，要迅速送医院。

【民间小偏方】

1.取干品百部15~30克放进锅里，加水煎汁，取汁服用，每日1剂，1日3次，有润肺止咳的功效。

2.取川贝100克研为粉末，200克核桃仁捣碎，200克酥油炼化加入200克蜂蜜，然后将川贝、核桃仁一起加入并搅拌，倒入瓷罐内保存，每次取20克服用，早晚两次。

【特效药材、食物】

杏仁

◎本品味苦，性温，归肺、大肠经，具有润肺定喘、止咳化痰的功效，可抑制肺炎球菌的感染，常用于肺燥喘咳等患者的保健与治疗。治疗慢性支气管炎，可与桔梗、川贝等同用。

桑白皮

◎本品具有清热化痰、止咳平喘的作用，多用于慢性支气管炎以及肺热咳喘、痰多之症。此外，桑白皮还具有利尿、消炎作用，常配茯苓皮、大腹皮等，可治疗水肿、小便不利等症。

梨

◎梨有止咳化痰、清热降火、养血生津、润肺去燥、润五脏、镇静安神等功效。因此对支气管炎和上呼吸道感染的患者出现的咽喉干、痒、痛、音哑、痰稠均有良效。

猪肺

◎猪肺具有补肺、止咳、止血的功效，能增强人体肺功能，根据中医以脏补脏之理，凡肺虚之病，吃猪肺都能起到补肺的功用，常配伍麦冬、玉竹、太子参等辅助治疗阴虚咳嗽。

【饮食调养】

1.慢性支气管患者宜选择有抑制病菌感染的中药材和食物，如杏仁、百合、知母、枇杷叶、丹参、川芎、黄芪、梨等。

2.宜吃健脾养肺、补肾化痰的中药材和食物，如桑白皮、半夏、金橘、川贝、鱼腥草、百部、胡桃、柚子、栗子、猪肺、人参、花生、白果、山药、红糖、杏仁、无花果、银耳等。

3.宜吃蛋白质含量高的食物，如鸭肉、鸡蛋、鸡肉、瘦肉、牛奶、鲫鱼等。

4.忌吃油腻黏糯、助湿生痰、性寒生冷之物，如肥肉、香肠、糯米、海鲜等；忌吃辛辣刺激、过咸的食物，如咸鱼、辣椒、胡椒、芥末、咖喱、生姜、大蒜、桂皮等。

疗养药膳 桑白杏仁茶

|主 料|桑白皮、南杏仁、枇杷叶各10克，桑叶20克
|辅 料|绿茶12克，红糖20克
|制 作|

1. 将杏仁用清水洗净，打碎备用。

2. 桑白皮、绿茶、南杏仁、枇杷叶分别用清水洗净，一起放入洗净的锅中，注入适量清水，煎汁，去渣。

3. 加入红糖溶化，即可饮服。

药膳功效 桑叶祛风清热、凉血明目，治风温发热、头痛目赤、肺热咳嗽；杏仁祛痰止咳、平喘、润肠，治外感咳嗽、喘满、喉痹；枇杷叶能清肺和胃、降气化痰，治肺热痰嗽、咯血、衄血。因此，本品具有泻肺平喘、止咳化痰的功效。

疗养药膳 鸡骨草煲猪肺

|主 料|猪肺350克，鸡骨草30克，沙参片12克，高汤适量
|辅 料|盐少许，味精3克，高汤适量
|制 作|

1. 将猪肺洗净切片；鸡骨草、沙参片分别洗净。炒锅上火倒入水，下入猪肺焯去血渍；捞出冲净备用。

2. 净锅上火，倒入高汤，下入猪肺、鸡骨草、沙参片，大火煮开后转小火煲至熟，加盐、味精调味即可。

药膳功效 猪肺有补肺、止咳、止血的功效，主治肺虚咳嗽、咯血等症。凡肺气虚弱如肺气肿、肺结核、哮喘、肺痿等患者，以猪肺作为食疗之品，最为有益。本品清热解毒、润肺止咳，可辅助治疗慢性支气管炎。

疗养药膳 川贝蒸梨

|主 料|川贝母10克，水梨1个

|辅 料|冰糖20克

|制 作|

1. 水梨削皮去核，切块备用。

2. 净锅置火上，放入500毫升清水，将川贝母、冰糖、梨一起盛入碗盅内，加水至七分满，放入锅内，隔水炖30分钟即可。

> 药膳功效 川贝润肺、止咳、化痰；川贝蒸梨美味香甜，具有非常好的清热润肺、排毒养颜效果，不仅能止咳化痰，也能滋润肌肤，让肌肤光泽润滑。

疗养药膳 半夏桔梗薏米汤

|主 料|半夏15克，桔梗10克，薏米50克

|辅 料|冰糖、葱花各适量

|制 作|

1. 半夏、桔梗用水略冲。

2. 将半夏、桔梗、薏米一起放入锅中，加水1000毫升煮至薏米熟烂。

3. 加入冰糖调味，撒上葱花即可。

> 药膳功效 半夏能燥湿化痰、降逆止呕、消痞散结，治湿痰冷饮、咳喘痰多、胸膈胀满；桔梗能开宣肺气、祛痰排脓，治外感咳嗽、肺痈吐脓。因此，本品具有燥湿化痰、理气止咳的功效，适合痰湿蕴肺型的慢性支气管炎患者食用。

慢性咽炎

慢性咽炎为咽部黏膜、黏膜下及淋巴组织的弥漫性炎症，常为上呼吸道炎症的一部分。咽炎多由病毒和细菌感染引起，主要致病菌为链球菌、葡萄球菌和肺炎球菌等。好发于长期吸烟者、长期遭受有害气体刺激者、多语、嗜酒或夜生活过度者。鼻的疾病、扁桃体炎、龋齿、粉尘、化学气体、烟酒过度以及贫血、便秘、肝脏病、肾脏病也都可引起咽炎。

【症状剖析】

咽部不适：咽部有各种不适感，如灼热、干燥、微痛、发痒、异物感、痰黏感，迫使以咳嗽清除分泌物，常在晨起用力咳嗽清除分泌物时，引起作呕不适。

咳嗽：咽痒引起阵阵刺激性咳嗽，易干恶，咽部有异物感，咯之不出，咽之不下，尤其是在说话稍多、食用刺激性食物后、疲劳或天气变化时症状会加重。

干燥或萎缩性咽炎：咽干明显，讲话和咽唾液也感费劲，需频频饮水湿润，甚至夜间也需要起床喝几次水。

【日常生活调理】

进行适当体育锻炼、正常作息、保持良好的心理状态以通过增强自身整体免疫功能状态来提高咽部黏膜局部功能状态。积极治疗可能引发慢性咽炎的局部相关疾病：如鼻腔、鼻窦、鼻咽部的慢性炎症，慢性扁桃体炎，口腔炎症，胃食道反流等。避免接触粉尘、有害气体、刺激性食物、空气质量差的环境等对咽黏膜不利的刺激因素。避免长期过度用声，避免接触导致慢性过敏性咽炎的致敏原。

【民间小偏方】

1.玄参30克，麦冬、玉竹各20克，桔梗15克，川贝、薄荷各10克，甘草6克。水煎服，一日一剂，分两次服用。本方可清热利咽、生津润燥、止咳化痰，对阴虚津枯的慢性咽炎患者有很好的疗效。若患者热证较盛，可在此方的基础上加金银花、菊花、胖大海各10克，效果较好。

2.生地黄15克，麦冬、玄参、三棱、丹参各10克，罗汉果半个，甘草6克。水煎服，一日一剂，分两次服用。本方可滋阴利咽、化痰散结，对痰阻血瘀型慢性咽炎患者有很好的疗效。

【特效药材、食物】

玄参

◎本品性味苦咸寒，既能清热凉血，又能泻火解毒、滋阴生津，对咽喉干燥、肿痛、干咳等有很好的疗效，治疗慢性咽炎，可配伍麦冬、草决明同用。

薄荷

◎本品轻扬升浮、芳香通窍，疏散上焦风热，清头目、利咽喉，对急、慢性咽炎引起的咽喉干痒、灼热、咳嗽、疼痛不适等均有很好的效果。

罗汉果

◎本品味甘性凉，善清肺热，化痰饮，且可利咽止痛，常用治痰嗽，气喘，可单味煎服，或配伍百部、桑白皮同用；治咽痛失音，可单用罗汉果泡茶饮。

柚子

◎柚子果肉性寒，味甘、酸，能生津止渴、止咳平喘、清热化痰、健脾消食、解酒除烦。治疗慢性咽炎，可将柚子去皮留果肉，榨汁拌蜂蜜，时时含咽。

【饮食调养】

1.慢性干燥性咽炎的患者可选择具有滋阴润燥、清热利咽的中药材和食物，如玉竹、麦冬、玄参、银耳、木耳、菌菇类、雪梨、火龙果、猕猴桃、柚子等。

2.宜饮食清淡，多吃具有酸甘滋阴作用的食物及新鲜蔬菜、水果。宜多饮水，多饮果汁，豆浆，多喝汤等。

3.忌烟、酒、咖啡、葱、蒜、姜、花椒、辣椒、桂皮等辛辣刺激性食物；忌油腻食物，如肥肉、鸡等或油炸食品（炸猪排、油炸花生米、油煎饼等）等热性型食物；忌容易生痰化热的食物。

4.烹制菜肴时宜用蒸、煮等烹调方式，忌煎、炸、烤等方式，并少放调味料；忌食过热、过烫的食物，以免烫伤咽道黏膜，加重咽部溃疡。

疗养药膳 玄参萝卜清咽汤 ······

|主　料|白萝卜300克，玄参15克

|辅　料|蜂蜜30克，黄酒20毫升

|制　作|

1. 将白萝卜洗净，切成薄片，玄参洗净，用黄酒浸润备用。

2. 用碗1只，放入2层萝卜，再放入1层玄参，淋上蜂蜜10克，黄酒5毫升。

3. 如此放置四层，余下的蜂蜜加冷水20毫升，倒入碗中，武火隔水蒸2小时即可。

药膳功效 玄参能滋阴降火、除烦解毒，治热病伤阴、舌绛烦渴、咽喉肿痛、白喉；白萝卜能化痰清热、帮助消化、化积滞，对食积腹胀、咳痰失音、消渴等症有食疗作用。

疗养药膳 罗汉果瘦肉汤 ······

|主　料|罗汉果1只，枇杷叶15克，猪瘦肉500克

|辅　料|盐5克

|制　作|

1. 罗汉果洗净，打成碎块。

2. 枇杷叶洗净，浸泡30分钟；猪瘦肉洗净，切块。

3. 2000毫升水煮沸后加入罗汉果、枇杷叶、猪瘦肉，武火煮沸后，改用文火煲3小时，加盐调味。

药膳功效 罗汉果能清肺润肠，治百日咳、痰火咳嗽；枇杷叶能清肺和胃、降气化痰，治肺热痰嗽、咳血、衄血、胃热呕哕。因此，本品能清肺降气，主治百日咳、痰火咳嗽、血燥便秘等症；可辅助治疗肺炎、急性扁桃体炎等病症。

疗菜药膳 薄荷茶

|主 料|薄荷3克，茶叶10克

|辅 料|冰糖、热开水适量

|制 作|

1. 将薄荷叶、茶叶均洗净备用。

2. 净锅置于火上，加入400毫升清水，武火煮沸后倒入杯中，将薄荷叶、茶叶放在杯中，加盖闷5分钟。

3. 将冰糖放入，调匀即可饮用。

药膳功效 薄荷能疏风散热、辟秽解毒，治外感风热头痛、目赤、咽喉肿痛、食滞气胀、口疮；茶叶中的有机化学成分和无机矿物元素含有许多营养成分和药效成分，能抗炎症。因此，本品可清咽利喉，对慢性咽炎有食疗效果。

疗菜药膳 柚子炖鸡

|主 料|柚子1个，雄鸡1只

|辅 料|生姜片、葱段、食盐、味精、料酒各适量

|制 作|

1. 雄鸡去皮毛、内脏，洗净，斩件；柚子洗净，去皮，留肉。

2. 将柚子肉、鸡肉放入砂锅中，加入葱段、姜片、料酒、食盐、适量水。

3. 将盛鸡的炖盅置于有水的锅内，隔水炖熟，加味精调味即可。

药膳功效 柚子有助于下气消食、化痰生津、降低血脂等，对高血压患者有补益作用。鸡肉能温中益气、补精填髓，流感患者多喝鸡汤有助于缓解感冒引起的鼻塞、咳嗽等症状。本品健胃下气、化痰止咳，适合肺气郁痹的慢性支气管患者。

脂肪肝

　　脂肪肝是指由各种原因引起的肝细胞内脂肪堆积过多的病变。多发于肥胖者、过量饮酒者、缺少运动者、慢性肝病患者及中老年内分泌患者。一般而言，脂肪肝属可逆性疾病，早期诊断并及时治疗常可恢复正常。发病原因为：①长期饮酒，致使肝内脂肪氧化减少。②长期摄入高脂饮食或长期大量吃糖、淀粉等碳水化合物，使肝脏脂肪合成过多。③肥胖，缺乏运动，使肝内脂肪输入过多。④糖尿病。⑤肝炎。⑥某些药物引起的急性或慢性肝损害。脂肪肝已成为仅次于病毒性肝炎的第二大肝病，已被公认为隐蔽性肝硬化的常见原因。但此病属可逆性疾病，早期诊断并及时治疗常可恢复正常。

【症状剖析】

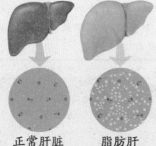

正常肝脏　　脂肪肝

轻度脂肪肝：患者多无明显症状，部分患者通常仅有疲乏感，而多数脂肪肝患者较胖，故更难发现轻微的自觉症状。

中度脂肪肝：有类似慢性肝炎的表现，可有食欲缺乏、疲倦乏力、恶心、呕吐、体重减轻、肝区或右上腹隐痛等。临床检查，75%的患者肝脏轻度肿大，少数患者可出现脾肿大、蜘蛛痣和肝掌。

【日常生活调理】

　　脂肪肝患者应保持一颗"平常心"，保持情绪稳定，饮食宜清淡，限制饮酒；可选择慢跑、乒乓球、羽毛球等运动，消耗体内的脂肪；慎用对肝脏损害的药物。另外，要补充足够的维生素、矿物质和微量元素、膳食纤维等。

【民间小偏方】

1.取泽泻15克，枸杞10克，洗净放入砂锅内加水煎汁，取汁服用，每日1次，具有利水减肥、保肝排毒的作用。

2.取冬瓜500克去皮洗净切块，薏米30克淘净放入锅内，注入高汤以武火烧沸，再改用文火继续炖至八成熟，然后加入冬瓜、盐、味精即可食用，有清热消肿的作用，有助于防止脂肪堆积。

3.取荷叶20克，玉米须30克，淡竹叶10克，一起入锅煎水服用，可利水渗湿，降脂减肥，对脂肪肝、肥胖患者均有效。

【特效药材、食物】

决明子

◎决明子具有清热平肝、降脂降压、润肠通便的功效，能降低血浆胆固醇、甘油三酯，并降低肝中甘油三酯的含量，有效防治脂肪肝及高血脂。

绿豆

◎绿豆中的多糖成分能增强血清脂蛋白酶的活性，使脂蛋白中甘油三酯水解达到降血脂的疗效，并可通过促进胆固醇异化或在肝脏内阻止胆固醇的生物合成，从而可以防治脂肪肝。

海带

◎海带中还含有大量的不饱合脂肪酸及食物纤维，它可以迅速清除血管管壁上多余的胆固醇，从而能有效防治脂肪肝、肥胖症。此外，常吃海带有很好的保肝排毒作用。

泽泻

◎中医理论认为其性寒，具有利水渗湿的功效。现代医学研究，泽泻可降低血清总胆固醇及甘油三酯含量，减缓动脉粥样硬化形成；泽泻及其制剂还用于治疗血脂异常、脂肪肝等病。

【饮食调养】

1.脂肪肝患者应该限制脂肪和碳水化合物的摄入，多吃高蛋白的食物，如豆腐、腐竹、瘦肉、鱼、虾等。

2.脂肪的堆积是引起脂肪肝的主要原因，所以，可多吃具有防止脂肪堆积功能的药材和食材，如薏米、泽泻、冬瓜、决明子、黄精、何首乌、丹参、郁金、黄瓜、芝麻、上海青、菠菜、干贝、淡菜等。

3.宜食具有降低血清胆固醇作用的食品，如玉米、燕麦、海带、苹果、牛奶、红薯、黑芝麻、黑木耳等。

4.慎食辛辣、刺激性强的食物，如葱、姜、蒜、辣椒等；慎食肥腻、胆固醇含量高的食物，如肥肉、动物内脏、巧克力等。

疗养药膳 绿豆莲子牛蛙汤

|主　料|牛蛙1只，绿豆150克，莲子20克
|辅　料|高汤适量，盐6克
|制　作|

1. 将牛蛙洗净，斩块，氽水。
2. 绿豆、莲子淘洗净，分别用温水浸泡50分钟备用。
3. 净锅上火，倒入高汤，放入牛蛙、绿豆、莲子煲至熟，加盐调味即可。

药膳功效　绿豆具有降压降脂、滋补强壮、调和五脏、清热解毒、消暑止渴、利水消肿的功效；莲子能帮助机体进行蛋白质、脂肪、糖类代谢，并维持酸碱平衡。二者同用，能降压消脂，对脂肪肝有一定的食疗作用。

疗养药膳 冬瓜薏米瘦肉汤

|主　料|冬瓜300克，瘦肉100克，薏米20克
|辅　料|盐5克，鸡精5克，姜10克
|制　作|

1. 瘦肉洗净，切件，氽水；冬瓜去皮，洗净，切块；薏米洗净，浸泡；姜洗净切片。
2. 瘦肉入水氽去沫后捞出备用；将冬瓜、瘦肉、薏米放入炖锅中，置大火上，炖1.8小时。
3. 调入盐和鸡精，转小火再稍炖一下即可。

药膳功效　冬瓜具有清热利水、降压降脂的功效；薏米可利水消肿、健脾去湿。二者都可防止脂肪堆积，适宜脂肪肝患者食用。

疗养药膳 泽泻枸杞粥

|主 料|泽泻、枸杞各适量，大米80克
|辅 料|盐1克
|制 作|

1. 大米泡发洗净；枸杞洗净；泽泻洗净，加水煮好，取汁待用。
2. 锅置火上，加入适量清水，放入大米、枸杞以大火煮开。
3. 再倒入熬煮好的泽泻汁，以小火煮至浓稠状，调入盐拌匀即可。

药膳功效 枸杞能滋肾润肺、补肝明目；泽泻能利水、渗湿、泄热；大米能补中益气、健脾养胃。三者合用，有利小便、清湿热、降脂瘦身的功效，适合脂肪肝、小便不畅、肥胖的患者食用。

疗养药膳 大米决明子粥

|主 料|大米100克，决明子适量
|辅 料|盐2克，葱8克
|制 作|

1. 大米泡发洗净；决明子洗净；葱洗净，切花。
2. 锅置火上，倒入清水，放入大米，以大火煮至米粒开花。
3. 加入决明子煮至粥呈浓稠状，调入盐拌匀，再撒上葱花即可。

药膳功效 决明子能清肝明目、利水通便，治风热赤眼、高血压症、肝炎、肝硬化、腹水；大米能补中益气、健脾养胃。此粥具有清热平肝、润肠通便，可有效抑制口腔细菌，对口腔溃疡有很好的防治作用。

慢性病毒性肝炎

肝炎病毒至少有5种，即甲、乙、丙、丁、戊型肝炎病毒，分别引起甲、乙、丙、丁、戊型病毒性肝炎。慢性病毒性肝炎是慢性肝炎中最常见的一种，由乙型肝炎病毒和丙型肝炎病毒感染所致。发病原因主要是：营养不良、治疗不当、同时患有其他传染病、饮酒、服用对肝有损害的药物等。主要症状有乏力、肝区疼痛、毛发脱落、齿龈出血、腹胀、蜘蛛痣、下肢浮肿等。慢性病毒性肝炎患者抽血化验，可发现有肝炎病毒以及肝功能异常。如不及时治疗，有可能会发展为肝硬化甚至肝癌。

【症状剖析】

慢性迁延性肝炎：急性肝炎病程达半年以上，仍有轻度乏力、食欲缺乏、腹胀、肝区痛等症状，多无黄疸。肝肿大伴有轻度触痛及叩击痛。肝功检查主要是谷丙转氨酶单项增高。病情迁迁不愈或反复波动可达1年至数年，但病情一般较轻。

慢性活动性肝炎：既往有肝炎史，目前有较明显的肝炎症状，如倦怠无力、食欲差、腹胀、溏便、肝区痛等，面色常晦暗，一般健康情况较差，耐力降低。肝肿大质较硬，伴有触痛及叩击痛，脾多肿大，可出现黄疸、蜘蛛痣、肝掌及明显痤疮。

【日常生活调理】

首先，慢性病毒性肝炎患者有要有乐观的情绪，正确对待疾病，有战胜疾病的信心，生活要有规律。其次，患者要坚持定期复查肝功能和病毒指标，依照肝功能是否正常，可每隔1~2个月复查一次，连续随访1~2年，这样可使患者本身了解自己的病情，也便于医生监测治疗效果，帮助患者确定下一步的用药。再次，慢性肝炎患者应戒酒，因酒精可直接损伤肝细胞。多食营养丰富的蛋白质、蔬菜水果等，忌暴饮暴食。

【民间小偏方】

1.将15克三七用清水润透，切片后放入锅内，加入150毫升清水，用中火煮25分钟后关火，加入白砂糖搅拌均匀即可，每日1次，有活血化瘀、消肿止痛的作用。

2.取白芍35克，栀子、川贝、丹皮各15克，没药、枳壳、金银花、甘草、蒲公英、青皮各10克，当归25克，茯苓20克，煎水服用，有助于肝细胞的修复。

【特效药材、食物】

茵陈蒿

◎本品苦泄下降，性寒清热，善清利脾胃肝胆湿热，使之从小便而出，为治黄疸之要药，对黄疸型肝炎有很好的疗效。

白芍

◎具有养血柔肝、缓中止痛、敛阴收汗的功效，其含芍药苷、牡丹酚、芍药花苷、苯甲酸等成分，可改善肝脏血液循环、增加氧利用度，促进肝细胞修复，保护肝脏。

玉米须

◎本品能利湿而退黄，药性平和，对黄疸以及病毒性肝炎、肝硬化等病均有效，阳黄或阴黄均可用。可单味大剂量煎汤服，亦可与金钱草、郁金、茵陈等配用。

牡蛎

◎牡蛎具有平肝潜阳、滋阴生津、软坚散结，对肝炎、肝硬化等病均有很好的食疗作用。病毒性肝炎患者常食，可有效抑制病情恶化。

【饮食调养】

1.慢性病毒性肝炎患者在食疗时，宜食用具有改善血液循环、促进肝细胞修复、增强免疫功能的药材和食物，如白芍、茵陈、三七、丹参、郁金、柴胡、黄芪、党参、山药、冬虫夏草、泽泻、生地、山楂、芹菜、白菜、萝卜等。

2.肝炎急性期如果食量正常，无恶心呕吐，可进清淡饮食，如白粥、西瓜、葡萄干、红枣等；宜食富含B族维生素、维生素C的食物，如胡萝卜、豌豆、豆腐、蘑菇等。

3.宜食疏肝利胆、保肝养肝的食物，如苹果、葡萄、柑橘、金橘、石榴等。

4.慎食辛辣、刺激性食物，如辣椒、姜、芥末、韭菜等；慎食富含脂肪、甜腻的食物，如猪肝、肥肉、鱼子、甜点等。忌食含有防腐剂的食物，如罐头、方便面、香肠等。

疗养药膳 茵陈甘草蛤蜊汤

|主 料|茵陈8克，甘草5克，红枣6颗，蛤蜊300克

|辅 料|盐适量

|制 作|

1. 蛤蜊冲净，以淡盐水浸泡，使其吐尽沙粒。

2. 茵陈、甘草、红枣均洗净，以1200毫升水熬汁，熬至约1000毫升，去渣留汁。

3. 将蛤蜊加入药汁中煮至开口，酌加盐调味即成。

药膳功效 茵陈可利胆退黄，蛤蜊保肝利尿，因此本品对乙肝、黄疸型肝炎有很好的疗效。

疗养药膳 牡蛎豆腐羹

|主 料|牡蛎肉150克，豆腐100克，鸡蛋1个，韭菜50克

|辅 料|盐少许，葱段2克，香油2毫升，高汤适量

|制 作|

1. 将牡蛎肉洗净；豆腐洗净切丝；韭菜洗净切末；鸡蛋打入碗中备用。

2. 热油，把葱炝香，放入高汤、牡蛎肉、豆腐丝，调入盐煲至入味。

3. 最后再下入韭菜末、鸡蛋，淋入香油即可。

药膳功效 牡蛎能敛阴、潜阳、止汗、涩精、化痰、软坚；豆腐能益气宽中、生津润燥、清热解毒、和脾胃、抗癌，还可以降低血铅浓度、保护肝脏、促进机体代谢。本品可滋阴潜阳、软坚散结，适合甲亢患者食用。

疗养药膳 玉米须煲蚌肉

主　料 玉米须50克，蚌肉150克

辅　料 生姜15克，盐适量

制　作

1. 蚌肉洗净；生姜洗净，切片；玉米须洗净。

2. 蚌肉、生姜和玉米须一同放入砂锅，加水，小火炖煮1小时。

3. 最后加盐调味即成。

药膳功效 玉米须能利尿、泄热、平肝、利胆，治肾炎水肿、脚气、黄疸肝炎、高血压、胆囊炎、胆结石、糖尿病、吐血衄血。因此，本品具有清热利胆、利水通淋的功效，对慢性病毒性肝炎、肝硬化、小便不利等症有食疗作用。

疗养药膳 白芍蒺藜山药排骨汤

主　料 白芍10克，白蒺藜5克，山药250克，香菇3朵，竹荪15克，排骨1千克，青菜适量

辅　料 盐2小匙

制　作

1. 排骨剁块，放入沸水氽烫，捞起冲洗；山药切块；香菇去蒂，洗净切片。

2. 竹荪以清水泡发，去伞帽、杂质，沥干，切段；排骨盛入锅中，放入白芍、白蒺藜，加水炖30分钟。

3. 加入山药、香菇、竹荪续煮10分钟，起锅前加青菜煮熟，再加盐调味即成。

药膳功效 白芍能养血柔肝、缓中止痛、敛阴收汗；山药能补脾养胃、生津益肺、补肾涩精；此汤能养肝补血，还能调经理带，改善血虚脸色青黄或苍白的症状。

肝硬化

　　肝硬化是指由于多种有害因素长期反复作用于肝脏，导致肝组织弥漫性纤维化，以假小叶和再生结节的形成为特征的慢性肝病。发病高峰年龄在35&48岁，长期酗酒、患有病毒性肝炎、有营养障碍者等是肝硬化的高发人群。引起肝硬化的病因很多，不同地区的主要病因也不相同。我国以肝炎病毒性肝硬化为多见，其次为血吸虫病肝纤维化，酒精性肝硬化亦逐年增加。长期嗜酒、饮食不节、病毒性肝炎、营养不良、大量用药等也是常见的病因。

【症状剖析】

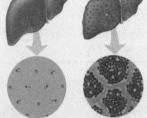

正常肝脏　　肝硬化

代偿期：起病隐匿，可有轻度乏力、腹胀、肝脾轻度肿大、轻度黄疸，肝掌、蜘蛛痣。检查有肝细胞合成功能障碍或门静脉高压症。

失代偿期：乏力消瘦、面色晦暗，纳差、腹胀、胃肠功能紊乱，尿少、下肢浮肿。

出血倾向及贫血：齿龈出血、鼻出血、紫癜、贫血。

内分泌障碍：蜘蛛痣、肝掌、男性乳房发育、腮腺肿大等。

低蛋白血症：双下肢浮肿、尿少、腹水、肝源性胸水。

门脉高压：腹水、胸水、肝脾肿大，肝脏边缘硬，常为结节状，伴有蜘蛛痣、肝掌、腹壁静脉曲张等。

【日常生活调理】

　　宜每日用温水帮患者擦身，保持皮肤清洁、干燥；有齿龈出血者，用毛刷或含漱液清洁口腔，切勿用牙签剔牙。注意观察用利尿药后的尿量变化及电解质情况，随时与医生取得联系。避免感冒等各种感染的不良刺激。肝功能代偿期患者，可参加力所能及的工作；肝功能失代偿期患者应卧床休息。

【民间小偏方】

1.气滞水停型肝硬化：苍术、白术各10克，青皮、陈皮、枳实各9克，厚朴8克，香附、丁香、灯芯草各6克，砂仁、茯苓各10克，腹皮、猪苓、泽泻各15克，生姜3片，煎汁服用。

2.阳虚水泛型肝硬化：猪苓20克、茯苓25克、桂枝10克、白术15克，煎水服用。

【特效药材、食物】

猪苓

◎本品甘淡渗泄，利水作用较强，用于水湿停滞的各种水肿，单味应用即可取效，对肝硬化腹水有很好的疗效。猪苓多糖有抗肿瘤、防治肝炎的作用。

赤小豆

◎赤小豆性平，味甘、酸，能利湿消肿、清热退黄、解毒排脓，对治疗水肿、腹水、黄疸、泻痢、便血、痈肿有很好的疗效。

鲫鱼

◎鲫鱼药用价值极高，其性味甘、平、温，入胃、肾，具有和中补虚、除湿利水、补虚赢、温胃进食、补中生气之功效，适宜慢性肾炎水肿，肝硬化腹水患者食用。

甲鱼

◎本品具有益气补虚、滋阴壮阳、益肾健体、净血散结等功效，其肉及其提取物能增强体质、提高人体的免疫功能，对预防和抑制胃癌、肝硬化、肝癌等症功效显著。

【饮食调养】

1.肝硬化患者应当选择具有益气健脾、利湿、养阴活血、散结作用，能改善肝功能，消除肝硬化症状的药材和食材，如猪苓、甲鱼、灵芝、黄芪、车前子、黄芪、茯苓、泽泻、茵陈、龙胆草、垂盆草、西洋参、红枣、红豆、青菜、香菇、鲫鱼、泥鳅、鲤鱼、蜂蜜等。

2.宜吃含锌、镁丰富的食物，有助于增强肝脏功能和抵抗力，增加凝血功能，如瘦肉、谷类、乳制品、鸡蛋、蹄筋、皮冻等。

3.多吃淀粉类食物，有利于人体储备肝糖原，如红薯、土豆等。

4.要合理摄入蛋白质，有利于肝细胞的修复，如奶酪、鸡肉、鱼肉、甲鱼等。

5.含粗纤维少，清热解毒、保护肝脏的食物，如莲藕、冬瓜、蘑菇、莴笋等。

疗养药膳 猪苓垂盆草粥

主　料 垂盆草30克，猪苓10克，粳米30克

辅　料 冰糖15克

制　作

1. 先将垂盆草、猪苓分别用清水洗净，一起放入锅中，加入适量清水煎煮10分钟左右，捞出垂盆草、猪苓，取药汁备用。

2. 另起锅，将药汁与淘洗干净的粳米一同放入锅中，加水煮成稀粥。

3. 最后加入冰糖即成。

药膳功效 垂盆草能清利湿热，有降低谷丙转氨酶作用，用于急性肝炎、迁延性肝炎、慢性肝炎；猪苓能利尿渗湿，治小便不利、水肿胀满。因此，本品具有利湿退黄、清热解毒的功效，对肝功能异常、肝硬化腹水等症有食疗作用。

疗养药膳 鲫鱼炖西蓝花

主　料 鲫鱼1条（约200克），西蓝花100克

辅　料 枸杞、植物油、生姜、盐各适量

制　作

1. 将鲫鱼宰杀，去鳞、鳃及内脏，洗净；西蓝花去粗梗洗净，掰成朵；生姜洗净切片。

2. 煎锅上火，下油烧热，用生姜炝锅，放入鲫鱼煎至两面呈金黄色，最后加入适量水下西蓝花煮至熟，撒入适量的枸杞，用适量盐调味即成。

药膳功效 鲫鱼可补阴血、通血脉、补体虚，还有益气健脾、利水消肿之功效。适合慢性肾炎水肿、肝硬化、肝腹水、营养不良性水肿以及脾胃虚弱等病症者。本品可利水消肿、防癌抗癌，对肝硬化、肝癌均有很好的食疗作用。

疗兼药膳 萝卜丝鲫鱼汤

|主　料|鲫鱼1条，胡萝卜和白萝卜各100克，半枝莲30克

|辅　料|盐、香油、味精、葱、姜片各适量

|制　作|

1. 鲫鱼洗净；两种萝卜去皮，洗净，切丝；半枝莲洗净，装入纱布袋，扎紧袋口。

2. 起油锅，将葱段、姜片炝香，下萝卜丝、鲫鱼、药袋煮至熟。

3. 除去药袋，放入调料即可。

药膳功效 此汤具有利尿通淋、除腹水的功效，适合肝硬化腹水者食用。

疗兼药膳 淮山枸杞炖甲鱼

|主　料|甲鱼250克，山药30克，枸杞20克，大枣15克

|辅　料|生姜10克，盐5克，味精2克

|制　作|

1. 山药洗净，用清水浸30分钟，枸杞、大枣洗净，生姜切片。

2. 甲鱼用热水焯烫后宰杀，洗净切块；将全部材料放入炖盅内。

3. 加入适量开水，炖盅加盖，文火隔水炖3小时，调入调味料即可。

药膳功效 甲鱼可软坚散结、滋阴利水；山药益气健脾；二者合用，既能保肝抗癌，又能改善患者体虚症状。

痔疮

痔疮又名痔、痔核、痔病、痔疾，是指人体直肠末端黏膜下和肛管皮肤下静脉丛发生扩张和屈曲所形成的柔软静脉团。由妊娠、局部炎症、辛辣食物刺激等原因导致直肠黏膜充血或静脉回流受阻，而使局部静脉扩大曲张，形成一个或多个柔软的静脉团的一种慢性病。本病以成人居多，发病率女性高于男性，易发于久坐、久立、少活动、便秘、腹泻、排便时间过长、饮酒、嗜好辛辣饮食者。内痔早期的症状不明显，以排便间断出鲜血为主，不痛，无其他不适；中、晚期则有排便痔脱出、流黏液、发痒和发作期疼痛等症状。外痔可看到肛缘的痔隆起或皮赘，以坠胀疼痛为主要表现。混合痔两种症状均有。

【症状剖析】

大便出血：这是痔疮早期常见症状，无痛性、间歇性出血，颜色鲜红，一般发生在便前或者便后，有单纯的便血，也会与大便混合而下。

排便疼痛：一般表现为轻微疼痛、刺痛、灼痛、胀痛等。

直肠坠痛：肛门直肠坠痛主要是内痔的症状。轻者有胀满下坠感，如果内痔被感染、嵌顿、出现绞窄性坏死，这样会导致剧烈的坠痛。

其他症状：肛门有肿物脱出，肛门有分泌物流出，肛周瘙痒，或伴有肛周湿疹。

【日常生活调理】

痔疮患者要加强体育锻炼，可根据个人条件，选择不同方式，如工间操、太极拳、气功等。这样，可以改善盆腔长时间充血状况，对预防痔疮有帮助。其次要避免久坐、久站、久蹲，保持大便通畅，谨防便秘，同时要养成定时排便的习惯，并且保持肛门周围清洁，每日用温水清洗，勤换内裤。

【民间小偏方】

1.痔疮出血偏方：取生地、苦参各30克，生地黄、槐花各9克，放入砂锅中加适量清水煎汁，取汁服用。

2.混合痔小偏方：取苦参60克加水煎浓汁，滤渣取汁，然后放入2个鸡蛋和60克红糖，煮至鸡蛋熟后去壳连汤一起服用，每日1剂，4日为1个疗程，病症轻者1个疗程即可，病症较重者则需2~3个疗程。

【特效药材、食物】

生地

◎生地具有滋阴清凉、凉血补血的功效，其中含有多种环烯醚萜苷类化合物，可以改善机体微循环，修复受损的毛细血管，促进表皮细胞增长，可用来防治痔疮。

槐米

◎本品性微寒，味苦，具有凉血止血、清肝泻火的功效，常用于治疗便血、痔血、血痢、崩漏、吐血、衄血等各种血热出血症，可配合地榆治疗如便血、尿血、痔血。

韭菜

◎韭菜含有丰富的膳食纤维，可以促进胃肠蠕动，保持大便通畅，并能促进有毒物质排出体外，可通过促进排便，缓解静脉压力，来治疗痔疮。

香蕉

◎香蕉味甘性寒，可清热润肠，促进胃肠蠕动，对便秘以及因长期便秘引起的痔疮患者均有很好的食疗作用。治疗便秘、痔疮，可搭配火龙果、苹果榨成果汁饮用。

【饮食调养】

1.应选择具有清热利湿、凉血消肿、润肠通便作用的药材和食物，如牛蒡根、生地、黄连、槐花、金银花、苦参、苦瓜、黄瓜、西红柿、乌梅、绿豆、杏仁、核桃仁、绿茶、荷叶等。

2.选择含纤维素多，有助于促进肠道蠕动的药材和食物，如生地、韭菜、红枣、麦冬、当归、牛蒡根、决明子、韭菜、绿茶、苹果、火龙果、香蕉、柚子、马铃薯、红薯、香菇、栗子、红枣、鸡肉、兔肉、猪肚、牛肚、粳米、籼米、糯米、扁豆等。

3.忌食辛辣刺激性食物，忌食燥热、肥腻、煎炸等助热上火的食物，如辣椒、胡椒、生姜、花椒、肉桂、砂仁、茴香、芥末等。

4.勿食发物，如羊肉、狗肉、虾、蟹等；忌烟、酒。

疗养药膳 生地绿茶饮

|主 料|绿茶6克，生地5克
|辅 料|冰糖适量
|制 作|

1. 将绿茶、生地洗净。
2. 先将生地入锅，放入适量清水，武火煮沸转文火煮30分钟即可关火。
3. 滤去药渣，放入绿茶，加入冰糖，加盖闷5分钟即可饮用。

药膳功效　本品具有清热解毒、润肠通便、养阴生津、改善微循环的功效，非常适合便秘、痔疮、癌症及心脑血管疾病患者食用。但是由于本品中的生地性寒而滞，故脾虚湿滞腹满便溏者均不宜食用。

疗养药膳 冰糖炖香蕉

|主 料|香蕉2只，红枣适量
|辅 料|冰糖适量
|制 作|

1. 香蕉剥皮，切段备用。
2. 锅中放入冰糖、红枣，加水适量，武火煮开，转文火续煮15分钟。
3. 最后放入香蕉续煮10分钟即可。

药膳功效　本品能清肠胃、通便秘、清肺热、整肠排毒作用，能调理排泄状况，帮助肠道清除毒素，协助抗忧郁及平衡体内钾离子，有益调降血压，防抽筋痉挛。

疗养药膳 槐花大米粥

| 主 料 | 槐花适量，大米80克，牛蒡15克
| 辅 料 | 白糖3克
| 制 作 |

1. 大米淘洗干净，置于冷水中泡发半小时后，捞出沥干水分；槐花、牛蒡洗净，装入纱布袋，下入锅中，加适量水熬取汁备用。

2. 锅置火上，倒入清水，放入大米，以大火煮至米粒开花。

3. 加入槐花牛蒡汁煮至浓稠状，调入白糖拌匀即可。

药膳功效 槐花能凉血止血，清肝泻火，用于血热出血证、目赤头胀头痛及眩晕证；大米温中健脾。因此，此粥具有清热润肠、凉血止血之功效，适合痔疮出血、便血等出血患者食用。

疗养药膳 金银花水鸭汤

| 主 料 | 老鸭350克，金银花、生姜、枸杞各20克
| 辅 料 | 盐4克，鸡精3克
| 制 作 |

1. 老鸭去毛和内脏洗净，切件；金银花洗净，浸泡；生姜洗净，切片；枸杞洗净，浸泡。

2. 锅中注水，烧沸，放入老鸭、生姜和枸杞，以文火慢炖。

3. 1小时后放入金银花，再炖1小时，调入盐和鸡精即可。

药膳功效 金银花能清热解毒，治温病发热、热毒血痢、痈疡、肿毒、瘰疬、痔漏；鸭肉具有养胃滋阴、清肺解热、大补虚劳、利水消肿之功效。二者合用，能清热解毒、利水消肿，对痔疮有一定的防治功效。

腹泻

腹泻是一种常见症状，是指排便次数明显超过平日习惯的频率，粪质稀薄，水分增加，每日排便量超过200克，或含未消化食物或脓血、黏液。腹泻常伴有排便急迫感、肛门不适、失禁等症状。腹泻分急性和慢性两类。急性腹泻发病急剧，病程在2&3周之内。慢性腹泻指病程在两个月以上或间歇期在2&4周内的复发性腹泻，其病因可为细菌、真菌、病毒、原虫等微生物感染，亦可为过敏、变态反应等原因所致，临床表现为长期慢性、或反复发作的腹痛、腹泻及消化不良等症，重者可有黏液便或水样便。

【症状剖析】

1.大便次数明显增多，大便变稀，形态、颜色、气味改变，含有脓血、黏液、不消化食物、脂肪，或便为黄色稀水，绿色稀糊，气味酸臭。

2.大便时有腹痛、下坠、里急后重、肛门灼痛等症状。

3.严重者可并发原发性小肠吸收不良综合征、肠结核、胃肠神经官能综合征、特发性溃疡性结肠炎等并发症。

【日常生活调理】

成人轻度腹泻，可控制饮食，禁食牛奶、肥腻或渣多的食物，给予清淡、易消化的半流质食物。而小儿轻度腹泻，婴儿可继续母乳喂养。若为人工喂养，年龄在6个月以内的，用等量的米汤或水稀释牛奶或其他代乳品喂养2天，以后恢复正常饮食。患儿年龄在6个月以上，给已经习惯的平常饮食，选用粥、面条或烂饭，加些蔬菜、鱼或肉末等。

【民间小偏方】

1.脾虚腹泻小偏方：取乌梅15&20克，粳米100克，冰糖适量。洗净乌梅入锅，加水适量，煎煮至汁浓时，去渣取汁，加入淘净的粳米煮粥，至米烂熟时，加入冰糖稍煮即可。每日2次，趁热服食，可作早晚餐服食，能泻肝补脾、涩肠止泻。

2.暑湿腹泻小偏方：藿香、马齿苋、苏叶、苍术各12克，加水1500毫升，煎汁，煎好的药汁平均分为3碗，早、中、晚各服用1碗，可清热解毒、祛湿解暑、止泻止呕。

【特效药材、食物】

白术

◎白术味苦而甘，既能燥湿实脾，又能缓脾生津，且其性最温，服则能以健食消谷，为脾脏补气第一要药，对脾虚湿盛引起的慢性腹泻有较好的食疗作用。

芡实

◎本品既能健脾除湿，又能收敛止泻，可用治脾虚湿盛，久泻不愈者，常与白术、茯苓、扁豆等药同用。治老幼脾肾虚热及久泄久痢，可与山药、茯苓、白术配伍同用。

山药

◎本品性味甘平，能补脾益气、滋养脾阴。多用于脾气虚弱或气阴两虚，消瘦乏力，食少便溏；或脾虚不运，湿浊下注之妇女带下。治慢性腹泻可用单味常服。

石榴

◎石榴味酸，含有生物碱、熊果酸等，有明显的收敛作用，能够涩肠止血，加之其具有良好的抑菌作用，所以是治疗痢疾、泄泻、便血及遗精、脱肛等病症的良品。

【饮食调养】

1.湿热性肠炎者宜多食马齿苋、大蒜、荸荠、苋菜、丝瓜、藿香、砂仁等清热解毒、消炎杀菌、化湿止泻的食物。

2.慢性肠炎大多因脾肾气虚引起，因此饮食宜多食补脾肾之气的食物，如芡实、莲子、扁豆、鲫鱼、猪肚、猪肠、薏米等。

3.忌食具有润肠通便功效的食物和药物，如杏仁、香蕉、大黄、火麻仁、芝麻、蜂蜜等。

4.忌生冷不洁食物；忌烟、酒、辣椒等辛辣刺激性食物；肠胃敏感者忌食海鲜类食物。

疗养药膳 | 芡实红枣生鱼汤

|主　料|生鱼200克，淮山、枸杞各适量，芡实20克，红枣3个

|辅　料|盐、胡椒粉各少许，姜2片

|制　作|

1. 生鱼去鳞和内脏，洗净，切段后下入沸水稍烫；淮山洗净浮尘。
2. 枸杞、芡实、红枣均洗净浸软。
3. 锅置火上，倒入适量清水，放入生鱼、姜片煮开，加入淮山、枸杞、芡实、红枣煲至熟，最后加入盐、胡椒粉调味。

药膳功效 鱼肉补体虚、健脾胃；芡实能固肾涩精、补脾止泄，治遗精、淋浊、小便不禁、大便泄泻；红枣益气补血、健脾和胃，对乏力便溏有疗效。几者结合食用，能对慢性肠炎有一定的食疗作用。

疗养药膳 | 苋菜头猪大肠汤

|主　料|猪大肠200克，苋菜头100克

|辅　料|枸杞少许，盐3克，姜片5克

|制　作|

1. 猪大肠洗净切段；苋菜头、枸杞均洗净。
2. 锅注水烧开，下猪大肠汆透。
3. 将猪大肠、姜片、枸杞、苋菜头一起放入炖盅内，注入清水，武火烧开后再用文火煲2.5小时，加盐调味即可。

药膳功效 苋菜能清热利湿，凉血止血，止痢，主治赤白痢疾，适合急慢性肠炎患者、痢疾患者、大便秘结者食用；大肠清热止痢；两者合用，可辅助治疗下痢脓血等症。

疗养药膳 蒜蓉马齿苋

主 料 马齿苋300克，蒜10克

辅 料 盐5克，味精3克

制 作

1. 马齿苋洗净；蒜洗净，去皮，剁成蓉。

2. 将洗净的马齿苋下入沸水中稍汆后，捞出。

3. 锅中加油烧热，下入蒜蓉爆香后，再下入马齿苋、盐、味精翻炒均匀即可。

药膳功效 马齿苋有清热解毒、消肿止痛的功效，对肠道传染病，如肠炎、痢疾等，有独特的食疗作用。因此，本品具有清热解毒、凉血止痢、消炎杀菌的功效，非常适合痢疾、急性肠炎患者食用。

疗养药膳 山药大蒜蒸鲫鱼

主 料 鲫鱼350克，山药100克

辅 料 大蒜、葱、姜、盐、味精、黄酒各适量

制 作

1. 鲫鱼治净，用黄酒、盐腌15分钟；大蒜、葱洗净，切小段；姜洗净，切小片。

2. 山药去皮洗净切片，铺于碗底，放入鲫鱼。

3. 加调味料上笼蒸30分钟即可。

药膳功效 大蒜能消炎杀菌，促进食欲，抗肿瘤，保护肝脏，增强生殖功能，保护胃黏膜。山药能补脾止泻、生津益肺、补肾涩精；鲫鱼健脾利水；本品具有益气健脾、消炎止泻的作用，适合慢性肠炎患者食用。

痛风

痛风是由于嘌呤代谢紊乱导致血尿酸增加而引起组织损伤的疾病。在任何年龄都可以发生，但最常见的是40岁以上的中年男人。多发人体最低部位的关节剧烈疼痛，一般1&7天后痛像"风"一样吹过去了，所以叫"痛风"。痛风发病的关键原因是血液中尿酸含量长期增高。由于各种原因导致形成尿酸的酶活性异常，从而导致尿酸生成过多，或者各种因素导致肾脏排泌尿酸发生障碍，使尿酸在血液中聚积，产生高尿酸血症，最终引发痛风。

【症状剖析】

急性发作期：发作时间通常是后半夜，症见脚踝关节或脚指，手臂、手指关节处疼痛、肿胀、发红，伴有剧烈疼痛。

间歇期：该阶段的痛风症状主要表现是血尿酸浓度偏高。所谓的间歇期是指痛风两次发病的间隔期，一般为几个月至一年。如果没有采用降尿酸的方法，发作会频繁，痛感加重，病程延长。

慢性期：此时痛风会频繁发作，身体部位开始出现痛风石，随着时间的延长痛风石逐步变大。此阶段的痛风容易引起尿酸结石、痛风性肾炎等并发症。

【日常生活调理】

痛风患者不要酗酒，荤腥不要过量。一旦诊断为痛风病，肉、鱼、海鲜都在限食之列。辛辣、刺激的食物也不宜多吃，还要下决心戒酒！多食含嘌呤低的碱性食物，如瓜果、蔬菜，少食肉、鱼等酸性食物，做到饮食清淡，低脂低糖，多饮水，以利体内尿酸排泄。

【民间小偏方】

1.取樱桃20颗洗净，去柄、核，苹果1个洗净去皮、核，切成小丁，一起放入榨汁机中榨汁；玉兰花（两朵，剥瓣）放入杯中，加入适量开水闷泡10分钟，将果汁倒入，加适量冰糖末搅拌均匀即可饮用，可祛风除湿、促进尿酸排泄。

2.取杜仲15克切丝，用盐水炒焦，熟地黄20克洗净切片，一起放入锅内，加入350毫升水，以武火烧沸，转文火煮25分钟后关火，滤渣取汁，加15克白糖搅匀代茶饮，有强筋补肾、抗痛风的功效。

【特效药材、食物】

木瓜

◎本品具有消暑解渴、利水祛湿作用，能够协助人体将摄入体内的营养物质分解代谢，并排出体外，因此可以纠正嘌呤代谢紊乱，平衡尿酸浓度，缓解痛风症状。

樱桃

◎本品具有益气补血、健脾和胃、祛风除湿的功效，其含有丰富的花青素和维生素E，具有很强的抗氧化能力，可促进尿酸排泄，缓解痛风、关节炎等不适症状。

薏米

◎本品性味甘淡微寒，有利水消肿、健脾去湿、舒筋除痹、清热排脓等功效，为常用的利水渗湿药，能够促进尿酸的排泄，稀释尿酸浓度，从而有效缓解痛风症状。

莴笋

◎莴笋具有清热利尿、活血通乳的功效，且不含嘌呤成分，富含钾，有利尿的作用，可促进体内尿酸的排泄，减轻痛风症状。

【饮食调养】

1.宜选用具有促进机体代谢功能的食物，如木瓜、胡萝卜、海带、大米、苹果、牛奶、洋葱、土豆、大蒜等。

2.宜选用具有促进尿酸排泄功能的中药材和食物，如樱桃、车前子、车前草、薏米、黄柏、泽泻、茯苓、地龙、山慈菇等。

3.宜食碱性蔬菜和水果，可以中和过量的尿酸，如茄子、黄瓜、土豆、白菜、海带、莴笋、竹笋等。

4.多食用含B族维生素和维生素C的食物，如芹菜、花菜、冬瓜、西瓜等。

5.慎食含有嘌呤类物质的食物，如豆腐、鸡汤、狗肉、鹅肉等；忌食易诱发旧病的发物，如螃蟹、虾、杏、桂圆等；忌食辛辣助火的食物，如胡椒、白酒、啤酒、羊肉等。

圆白菜胡萝卜汁 ···

|主　料|圆白菜2片，胡萝卜半根，苹果1个，饮用水200毫升

|制　作|

1. 将圆白菜、胡萝卜洗净切碎；将苹果洗净去核，切成块状。

2. 将圆白菜、胡萝卜、苹果和饮用水一起榨汁。

药膳功效　圆白菜有健脾养胃、缓急止痛、解毒消肿、清热利水的作用；胡萝卜素在机体内转变为维生素A能够增强机体的免疫功能。因此，本品具有清热利湿、消肿止痛的功效，能够预防痛风。

樱桃苹果胡萝卜汁 ···

|主　料|樱桃300克，苹果1个，胡萝卜1根

|制　作|

1. 将苹果、胡萝卜洗净，切小块，榨汁。

2. 将樱桃洗净，切小块，放入榨汁机中榨汁，以滤网去残渣。

3. 将以上两个步骤所得的果汁混合即可。

药膳功效　本品具有祛风除湿的功效，促进体内排泄的作用，可有效改善痛风所见的关节红、肿、热痛等症状。但要注意，樱桃中含钾量极高，肾病患者不宜食用。

疗养药膳 薏米瓜皮鲫鱼汤

|主 料| 冬瓜皮60克，薏米150克，鲫鱼250克

|辅 料| 生姜3片，盐少许

|制 作|

1. 将鲫鱼剖洗干净，去内脏，去鳃；冬瓜皮、薏米分别洗净。

2. 将冬瓜皮、薏米、鲫鱼、生姜片放进汤锅内，加适量清水，盖上锅盖。

3. 用中火烧开，转文火再煲1小时，加盐调味即可。

药膳功效 冬瓜皮可利水消肿、清热解毒；薏米可清热健脾、利尿排脓；鲫鱼补气健脾、利水通淋。三者配伍，对各种泌尿系统疾病均有一定的疗效，如尿频、尿急、尿痛、少尿、无尿、血尿、蛋白尿、水肿等症。

疗养药膳 苹果燕麦牛奶

|主 料| 苹果1个，燕麦20克，牛奶30毫升

|辅 料| 白糖适量

|制 作|

1. 苹果洗净，切小块。

2. 将苹果、燕麦、牛奶一起加入冰沙机中拌匀。

3. 盛出后，加入白糖调味即可。

药膳功效 本品具有加强尿酸排泄的功效，可缓解痛风症状。此外，长期食用本品，对于糖尿病、高血脂、脂肪肝也有很好的防治作用。

骨质疏松

骨质疏松可分为原发性骨质疏松症和继发性骨质疏松症，原发性骨质疏松症主要是骨量低和骨的微细结构有破坏，骨组织的矿物质和骨基质均有减少，导致骨的脆性增加和容易发生骨折。原发性骨质疏松症和内分泌因素、遗传因素、营养因素等有关。因为饮食、生活习惯、周围环境、情绪等的影响，人的体液很多时候都会趋于酸性，酸性体质是钙质流失、骨质疏松的重要原因。随着年龄的增长，钙调节激素的分泌失调致使骨代谢紊乱，也容易导致继发性骨质疏松；老年人由于牙齿脱落及消化功能降低，进食少，多有营养缺乏，使蛋白质、钙、磷、维生素及微量元素摄入不足。

【症状剖析】

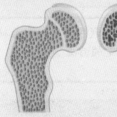

正常骨质

疏松骨质

疼痛： 原发性骨质疏松症最常见的症状，以腰背痛较多见，疼痛沿脊柱向两侧扩散，仰卧或坐位时减轻，久立、久坐时疼痛加剧，日间疼痛轻，夜间和清晨醒来时加重，弯腰、肌肉运动、咳嗽、大便用力时加重。

骨骼变形： 多在疼痛后出现，患者身长缩短、驼背弯腰。

易骨折： 骨折常发生在脊椎、腕部和髋部。脊椎骨折常是压缩性、楔形骨折，使整个脊椎骨变扁变形，这也是老年人身材变矮的原因之一。

【日常生活调理】

锻炼可使骨量增加，骨骼负重和肌肉锻炼可获理想效果，包括散步、慢跑和站立的锻炼，同时需补充足够的钙量，如果钙剂在进餐后服，同时喝200毫升液体则吸收较好。补钙剂以每天500&1000毫升为宜。

【民间小偏方】

1.取酒炒川芎10克放入锅内，注入100毫升水，煮25分钟，取药液放入炖锅内，加入牛奶，以大火烧沸，放入适量冰糖末，搅拌均匀代茶饮用，有活血行气、补充钙质的作用，适用于骨质疏松患者。

2.取枸杞20克、红枣12颗，一同放入锅内加水煮沸，打入2个鸡蛋，稍煮片刻，最后加入适量的红糖调味即可，每次使用1小碗，1日2次，有健脾和胃、补虚益中的功效，可为机体补充维生素D，促进机体对钙的吸收，适合骨质疏松患者。

【特效药材、食物】

猪骨

◎具有补中益气、养血健骨的功效，其富含骨胶原和钙元素，能及时补充人体所必需的骨胶原等物质，增强骨髓造血功能。中老年人喝猪骨汤可延缓衰老，防治骨质疏松。

鸡蛋

◎鸡蛋含有丰富的蛋白质、维生素D、钙、铁、锌等营养成分。蛋黄中的维生素D有助于机体对钙的吸收，对骨骼的生长发育具有良好的作用，可预防老年人骨质疏松。

板栗

◎中医认为板栗性味甘温，无毒，有健脾补肝、强身壮骨的医疗作用。对肾虚有良好的疗效，故又称为"肾之果"，特别是老年肾虚，经常生食可治腰腿无力、骨质疏松等症。

核桃

◎核桃仁中所含维生素E，可使细胞免受自由基的氧化损害，是医学界公认的抗衰老物质，且其富含维生素D及钙质，常食可预防骨质疏松、骨折等症，所以核桃有"长寿果"之称。

【饮食调养】

1.宜选用具有补充钙元素作用的中药材和食物，如猪骨、紫菜、海带、发菜、黑木耳、黑芝麻、牛奶、虾、螃蟹、青菜、石膏、珍珠、龙骨、牡蛎、钟乳石、花蕊石、海浮石、鹅管石、紫石英等。

2.宜选用具有补充维生素D作用的中药材和食物，如鸡蛋、奶油、鸡肝、鱼肝油、沙丁鱼、鳜鱼、青鱼、鸡蛋、薏米、山楂、鲑鱼、黑芝麻、人参、核桃等。

3.少吃含磷较多的食物，如动物肝脏、虾、蟹、蚌等。

4.少吃咖啡或含咖啡因较多的饮料和食物，如咖啡、碳酸饮料、巧克力、茶。

疗养药膳 板栗玉米排骨汤

|主 料| 猪排骨350克，玉米200克，板栗50克

|辅 料| 盐3克，葱花、姜末各5克，高汤适量

|制 作|

1. 将猪排骨洗净，剁成块，汆水。
2. 玉米洗净，切块；板栗洗净，备用。
3. 净锅上火倒入油，将葱、姜爆香，下入高汤、猪排骨、玉米、板栗，调入盐煲至熟即可。

药膳功效 板栗具有养胃健脾、补肾强腰之功效，可防治高血压、冠心病、动脉硬化、骨质疏松等疾病，是抗衰老、延年益寿的滋补佳品。本品可补肾壮骨、补充钙质，可缓解骨质疏松的症状。

疗养药膳 蛤蜊炖蛋

|主 料| 蛤蜊250克，鸡蛋3个

|辅 料| 葱6克，盐6克，味精2克，鸡精3克

|制 作|

1. 蛤蜊洗净下入开水锅中煮至开壳，取出洗净泥沙。
2. 鸡蛋打入碗中，加入调味料搅散。
3. 将蛤蜊放入鸡蛋中，入蒸锅蒸10分钟即可。

药膳功效 蛤蜊和鸡蛋均富含维生素D，对骨骼有很好的益处，常食对骨质增生的患者也有一定食疗效果。

疗菜药膳 韭菜核桃炒猪腰

主料 韭菜、猪腰各150克，核桃仁20克，红椒30克

辅料 盐、味精各3克，鲜汤、水淀粉各适量

制作

1. 韭菜洗净切段；猪腰治净，切花刀，再横切成条，入沸水中汆烫去血水，捞出控干；红椒洗净，切丝。

2. 盐、味精、水淀粉和鲜汤搅成芡汁，备用。油锅烧热，加入腰花、韭菜、核桃仁、红椒翻炒，调入芡汁炒匀即可。

药膳功效 肾主骨，韭菜、猪腰、核桃均是补肾的佳肴，对骨质疏松有很好的防治作用。

疗菜药膳 黑豆猪皮汤

主料 猪皮200克，黑豆50克，红枣10颗（去核）

辅料 盐、鸡精各适量

制作

1. 猪皮刮干净，或者可用火炙烤去毛，入开水汆烫后，待冷却之后，切块。

2. 黑豆、红枣分别用清水洗净，泡发半小时，放入砂锅里，加适量水，煲至豆烂。

3. 加猪皮煲半小时，直到猪皮软化，便可加入适量盐、鸡精，用勺子搅拌均匀即可。

药膳功效 黑豆具有祛风除湿、调中下气、活血、解毒、利尿、明目等功效。本品具有补肾壮骨、补充钙质、补血养颜等功效，适合骨质疏松、腰椎间盘突出、皮肤粗糙的患者食用。

骨质增生

　　骨质增生是骨关节退行性改变的一种表现，可分为原发性和继发性两种，多发生于45岁以上的中年人或老年人，男性多于女性。多由于中年以后体质虚弱及退行性变。长期站立或行走及长时间保持某种姿势，由于肌肉的牵拉或撕脱，血肿机化，形成刺状或唇样的骨质增生。骨刺对软组织产生机械性的刺激和外伤后软组织损伤、出血、肿胀等因素也会导致骨质增生。

【症状剖析】

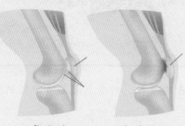

正常骨质　　骨质增生

颈椎骨质增生：以颈椎第4、5、6椎体最常见，有颈背疼痛，上肢无力，手指发麻有触电样感觉，头晕、恶心甚至视物模糊。

腰椎骨质增生：好发部位以第4腰椎与第5腰椎间隙、第5腰椎与第1骶椎间隙最常见。临床上常出现腰椎及腰部软组织酸痛、胀痛、僵硬与疲乏感，甚至不能弯腰。

膝关节骨质增生：膝关节疼痛僵硬、发软，易摔倒，伸屈时有弹响声，部分患者会出现关节积液，局部有明显肿胀、压缩现象。

足跟骨质增生：足根压痛，脚底疼痛，早晨重，下午轻，起床下地第一步痛不可忍，时轻时有石硌、针刺的感觉，活动开后症状减轻，跟骨部位长骨刺，多见于中老年人。

【日常生活调理】

　　骨质增生患者要避免在潮湿处躺卧，不要汗出当风，不要在出汗后立即洗凉水浴，以防邪气对骨关节的侵害。不要让膝关节过于劳累或负荷过重。关节肿胀、疼痛加重时应休息。要适当增加户外活动，尽量避免长期卧床休息。

【民间小偏方】

1.将200克黑豆炒熟，桂枝、丹参、制川乌（各150克）捣碎，装入3升料酒坛子里，密封浸泡3日。每日饮用30毫升，可祛瘀除痹、温通脉，主治骨质增生。

2.取人参、枸杞、何首乌、天冬、麦冬、熟地、当归各60克，白茯苓30克一同捣碎，装入6升白酒酒坛中密封浸泡7天后饮用，可补血活血，主治骨质增生。

【特效药材、食物】

续断

◎本品辛温破散之性，既能活血祛瘀；甘温补益之功，又能壮骨强筋，而有续筋接骨、疗伤止痛之能。用治跌打损伤，瘀血肿痛，筋伤骨折。常与桃仁、红花等配伍同用。

补骨脂

◎《开宝本草》："补骨脂治五劳七伤，风虚冷，骨髓伤败，肾冷精流及妇人血气堕胎。"补骨脂是通过调节神经和血液系统，促进骨髓造血，从而发挥抗衰老、抗骨质增生的作用。

黑豆

◎黑豆乃肾之谷，黑色属水，水走肾，所以黑豆入肾功能多。肾主骨，人的衰老往往从肾功能开始，常食黑豆，可抗衰老，预防骨质退行性病变。

三七

◎本品活血化瘀而消肿定痛，为治瘀血诸证之佳品，为伤科之要药，凡跌打损伤，或筋骨肿痛等，本品皆为首选药物，对骨质增生引起的关节压痛、肢体麻木均有疗效。

【饮食调养】

1.宜食用可增强体质的中药材和食物，如补骨脂、骨碎补、续断、熟地黄、桂枝、牡蛎、板栗、黑芝麻、黑豆、鳝鱼、猪腰、羊腰等。

2.宜食用可抗衰老的中药材和食物，如人参、冬虫夏草、三七、天麻、枸杞、山药、白术、西洋参、菠菜、洋葱等。

3.宜食含钙量丰富的食物，以供应机体充足的钙质，如排骨、脆骨、海带、木耳、虾皮、发菜、核桃仁等。

4.宜食蛋白质含量丰富的食物，如鱼、鸡、瘦肉、牛奶、鸡蛋、豆类及豆制品等。

5.宜食含维生素C和维生素D丰富的食物，如苋菜、雪里蕻、香菜、小白菜以及新鲜水果等。

6.忌食辛辣、过咸、过甜等刺激性食物，如茴香、辣椒、花椒、胡椒、桂皮等。

疗养药膳 补骨脂红枣粥

|主　料|补骨脂20克，糯米100克

|辅　料|红枣6枚

|制　作|

1. 补骨脂洗净，入锅加水适量，武火煮开后转文火煎15分钟。

2. 糯米洗净入锅，加入补骨脂药汁、红枣，煮成粥即可。

3. 趁热分2次服用。

药膳功效　补骨脂补肾助阳，且能通过调节神经和血液系统，促进骨髓造血，增强免疫和内分泌功能，从而发挥抗衰老、抗骨质增生的作用。因此，本品具有温补脾肾、益气健脾，对骨质增生有一定的食疗效果。

疗养药膳 三七冬菇炖鸡

|主　料|三七12克，冬菇30克，鸡肉500克，红枣15枚

|辅　料|姜丝、蒜泥各少许，盐6克

|制　作|

1. 将三七洗净，冬菇洗净，温水泡发。

2. 把鸡肉洗净，斩件；红枣洗净。

3. 将所有材料放入砂煲中，加入姜、蒜，注入适量水，文火炖至鸡肉烂熟，加盐调味即可。

药膳功效　三七能散瘀止痛，活血消肿，对骨质增生引起的关节压痛、肢体麻木均有疗效；冬菇能补肝肾、健脾胃、益气血；鸡肉能温中益气、补精填髓、益五脏、补虚损，因此，本品对体质虚弱、骨质增生有一定的食用功效。

疗养药膳 养生黑豆奶

| 主 料 | 青仁黑豆200克,生地黄8克,玄参、麦冬各10克
| 辅 料 | 白糖30克
| 制 作 |

1. 青仁黑豆洗净,浸泡约4小时至豆子膨胀,沥水备用。

2. 生地黄、玄参、麦冬洗净后放入棉布袋内,置入锅中,以小火加热至沸腾,约5分钟后滤取药汁备用。

3. 将青仁黑豆与药汁混合,放入豆浆机内搅拌均匀,过滤出豆浆加白糖即可。

药膳功效 常食黑豆可抗衰老,预防骨质退行性病变。本品具有滋阴养血、补肾壮骨、补充钙质的功效,适合骨质疏松的患者食用。

疗养药膳 排骨板栗鸡爪汤

| 主 料 | 鸡爪2只,猪排骨175克,板栗肉120克
| 辅 料 | 盐3克,酱油少许
| 制 作 |

1. 将鸡爪用清水洗净,放入沸水中汆烫后捞出,备用;猪排骨用清水洗净,斩大块,放入沸水中汆烫后捞出,备用。

2. 板栗肉放清水中洗净备用。

3. 锅洗净,置于火上,倒入适量清水,调入盐、酱油,下入鸡爪、猪排骨、板栗肉,煲至熟即可。

药膳功效 板栗能养胃健脾、补肾强腰,可防治高血压、冠心病、动脉硬化、骨质疏松等疾病;猪排骨能补脾润肠、养血健骨。因此,本品具有补肾壮骨的功效,适合颈椎病患者、骨质疏松患者食用。

风湿性关节炎

　　风湿性关节炎是一种常见的急性或慢性结缔组织炎症，临床以关节和肌肉游走性酸楚、重着、疼痛为特征。常反复发作，易累及心脏，引起风湿性心脏病。此病多发于中老年人，男性多于女性。致病因素较为复杂，最常见的病因主要是自身免疫性结缔组织病以及遗传因素。风湿出现之前会出现不规则的发热现象，不会出现寒战，并且用抗生素治疗无效。关节红、肿、热、痛明显，不能活动，发病部位常常是膝、髋、踝等下肢大关节，其次是肩、肘、腕关节，手足的小关节少见。疼痛游走不定，但疼痛持续时间不长，几天就可消退。治愈后很少复发，关节不留畸形，有的患者可遗留心脏病变。

【症状剖析】

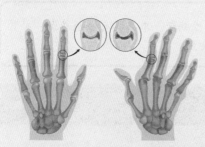

正常关节　　　　风湿性关节炎

不规则发热： 风湿出现之前会出现不规则的发热现象，不会出现寒颤，并且用抗生素治疗无效。

关节症状： 关节红、肿、热、痛明显，不能活动，发病部位常是膝、髋、踝等下肢大关节，其次是肩、肘、腕关节，手足的小关节少见。

疼痛症状： 疼痛游走不定，但疼痛持续时间不长，几天就可消退。治愈后很少复发，关节不留畸形，有的患者可遗留心脏病变。

【日常生活调理】

　　患者平时要加强锻炼，增强身体素质。防止受寒、淋雨和受潮，关节处要注意保暖。夏季时不要贪凉暴饮冷饮、空调温度要适宜；秋季和冬季要添衣保暖，防止风寒侵袭。保持正常的心理状态及愉悦的心情，有利于维持机体正常的免疫功能。

【民间小偏方】

1.取牛黄0.6克，蜂蜜100克一同放入杯内，冲入适量的温水，搅匀即可，隔日服1次，连服数日，有清热解毒、祛除风湿的功效。

2.取薏米60克装入纱布袋中，放入装有500毫升白酒的酒罐中，密封浸泡7天即可，每次取适量饮用，有健脾祛湿的功效。

【特效药材、食物】

连翘

◎含有连翘酚、香豆精、齐墩果酸、皂苷、维生素P等成分，具有清热解毒、散结排脓等功效，可消除风湿病的发热症状，对关节红、肿、热、痛症状有很好的缓解作用。

肉桂

◎肉桂所含的黄酮类化合物等成分具有类皮质激素作用，可在体内转变为皮质激素，从而提高机体应激能力，对感受寒湿邪气引起的关节冷痛、喜温喜按者有一定的食疗效果。

土茯苓

◎本品甘淡，具有解毒利湿、通利关节的功效，治疗杨梅疮可与金银花、白鲜皮、威灵仙、甘草同用；治疗风湿性关节炎、肢体拘挛者，常与薏米、防风、木瓜等配伍。

赤小豆

◎赤小豆具有清热解毒、消肿止痛、祛湿除痹等功效，对风湿热痹引起的关节红、肿、热、痛有较好的疗效，可取赤小豆50&70粒研成细粉，和入鸡蛋清或蜜敷于患处。

【饮食调养】

1.消除发热症状是治疗风湿病的前提，常见的中药材和食物有：连翘、柴胡、薄荷、金银花、菊花、梨、甘蔗、西瓜、莲藕、赤小豆、丝瓜、绿豆等。

2.具有促进皮质激素分泌功能的中药材和食物有：肉桂、附子、干姜、巴戟天、党参、花椒、茶叶、薏米等。

3.宜吃富含维生素和钾盐的瓜果蔬菜及碱性食物，如西红柿、土豆、红薯、白菜、苹果、牛奶、玉米、花菜等。

4.慎食高热量和高脂肪的食物，如狗肉、螃蟹、虾、咖啡等。

5.慎食含嘌呤多的食物，如牛肉、动物内脏、鹅肉、鹌鹑等。

6.慎食辛辣温补性食物，如荔枝、桂皮、茴香、花椒、白酒、啤酒、人参等。

桑寄生连翘鸡爪汤

|主　料|桑寄生30克，连翘15克，鸡爪400克

|辅　料|红枣2颗，盐5克

|制　作|

1. 桑寄生、连翘、红枣均洗净。
2. 鸡爪洗净，去爪甲，斩件，汆烫。
3. 1600毫升清水放入瓦煲内，煮沸后加入以上用料，武火煮开后，改用文火煲2小时，加盐调味即可。

药膳功效　桑寄生能补肝肾、强筋骨、除风湿、通经络、益血，还可治疗风湿痹痛，适用于风湿性关节炎，风湿性肌炎而有腰膝酸软、痛痹和其他血虚表现者，取其有舒筋活络、镇痛的作用。

土茯苓鳝鱼汤

|主　料|鳝鱼、蘑菇各100克，当归8克，土茯苓、赤芍各10克

|辅　料|盐5克，米酒10克

|制　作|

1. 将鳝鱼洗净，切小段；当归、土茯苓、赤芍、蘑菇洗净。
2. 将全部原材料放入锅中，以武火煮沸后转文火续煮20分钟。
3. 加入盐、米酒即可。

药膳功效　土茯苓可祛风除湿、清热解毒；鳝鱼可祛风通经络。二者合用，对湿热痹痛型风湿性关节炎有很好的疗效。

疗养药膳 丝瓜银花饮

|主 料|金银花藤40克，丝瓜500克

|制 作|

1. 金银花藤洗净，切段；丝瓜洗净，切成菱形块状。

2. 锅中下入丝瓜、金银花藤，加水1000毫升，武火煮开后转中火煮5分钟即可。

3. 可分数次食用，每次300毫升，每日3&5次。

药膳功效 丝瓜有清暑凉血、解毒通便、祛风化痰、通经络、行血脉等功效；金银花藤能清热解表，祛风活络。两者合用，常用于治疗风湿痹痛。

疗养药膳 莲藕赤小豆汤

|主 料|猪瘦肉250克，莲藕300克，赤小豆50克，蒲公英15克

|辅 料|姜丝、葱末各适量，盐、味精、料酒各适量

|制 作|

1. 将猪瘦肉洗净，切块；莲藕去节，去皮，洗净，切段；赤小豆去杂质，洗净备用；蒲公英洗净，用纱布包好，扎紧。

2. 锅内加适量水，放入猪肉、莲藕、赤小豆、蒲公英药袋，武火烧沸，再用文火煮1小时，最后调味即可。

药膳功效 蒲公英清热解毒，利尿散结；赤小豆具有清热解毒、消肿止痛、祛湿除痹等功效，对风湿热痹引起的关节红、肿、热、痛有较好的疗效；莲藕滋阴养血，强壮筋骨。三者配伍，对辅助治疗风湿性关节炎有一定的食疗作用。

肩周炎

肩周炎是肩关节周围肌肉、肌腱、滑囊和关节囊等软组织的慢性无菌性炎症。炎症导致关节内外粘连，从而影响肩关节的活动。本病多发于40岁以上人群，多发于中老年男性。多因年老体衰，全身退行性变，活动功能减退，气血不旺盛，肝肾亏虚，复感风寒湿邪的侵袭，久之筋凝气聚、气血凝涩、筋脉失养、经脉拘急而发病。肩关节疼痛难耐、活动受限，严重者影响日常生活。

【症状剖析】

肩部疼痛： 肩部疼痛难忍，呈钝痛、刀割样痛或撕裂样剧痛，呈阵发性发作，尤以夜间为甚，睡觉时常因肩怕压而取特定卧位，翻身困难，影响入睡，多因气候变化或劳累后加重，疼痛可向颈项及上肢（特别是肘部）扩散。

肩关节活动受限： 肩关节向各方向活动均受限，以外展、上举、内外旋更为明显，特别是梳头、穿衣、洗脸、叉腰等动作均难以完成，严重时肘关节功能也可受影响。

怕冷： 患肩怕冷，不少患者终年用棉垫包肩，暑天也不敢吹风。

肌肉痉挛或萎缩： 肩周围肌肉早期可出现痉挛，晚期可发生肌肉萎缩，患肩比健肩略高耸、短窄，肩周有压痛点。

【日常生活调理】

受凉常是肩周炎的诱发因素，因此要注意防寒保暖，尤其是肩部，一旦受凉，应及时就诊治疗。其次要加强功能锻炼，特别是肩关节肌肉的锻炼，经常伏案、双肩经常处于外展工作的人，要注意纠正不良姿势，要加强营养，补充足够的钙质。另外，除积极治疗患侧肩周炎外，还应对健侧肩周进行预防。

【民间小偏方】

1.取熟附子20克与羊肉300克、适量的姜片一同放入砂锅内，注入2500毫升清水，以武火烧沸，转文火继续煲2小时，捞起熟附子丢弃，调入适量的盐即可，可壮阳补肾、消炎止痛，主治肩周炎。

2.取15克附片、10克川芎、300克羊肉一起放入炖锅内，加入适量的葱、盐、料酒煲汤食用。将6克全蝎磨成细粉，分两次用羊肉汤送服，有补气活血、消炎止痛的功效，适合肩周炎患者。

【特效药材、食物】

附子

◎性热，味辛、甘。具有回阳救逆、散寒止痛的作用，对寒湿型肩周炎、关节炎有很好的疗效，具有良好的镇痛作用。治疗寒湿型肩周炎可配伍肉桂、干姜、川芎、元胡等药材同用。

细辛

◎性温，味辛，归肺、胃经。具有疏散风寒、解热镇痛、杀菌消炎的作用，镇痛作用较为显著，可用于感受风寒湿邪所致的肩周炎，可缓解肩周疼痛症状。

川乌

◎本品辛热升散苦燥，"疏利迅速，开通关腠，驱逐寒湿"，善于祛风除湿、温经散寒，有明显的止痛作用，为治风寒湿痹证之佳品，尤宜于寒邪偏盛之风湿痹痛。

生姜

◎性微温，味辛，归脾、胃、肺经。具有发汗解表、温中止呕、温肺止咳、解毒的功效，可缓解肩周疼痛症状。

【饮食调养】

1.发病期间，应选择具有温通经脉、祛风散寒、除湿镇痛作用的中药材和食物，如附子、丹参、当归、鸡血藤、川芎、羌活、枳壳、蕲蛇、蚕沙、川乌、肉桂、桂枝、三棱、莪术、黄柏、胆南星、两面针、青风藤、天仙子、薏米、细辛、木瓜、葱、白花椒、豆卷、樱桃、胡椒、狗肉、生姜等。

2.静养期间则应以补气养血或滋养肝肾等扶正法为主，宜吃桂皮、桑葚、葡萄、板栗、黄鳝、鲤鱼、牛肝、红枣、阿胶等。

3.少吃生冷性凉的食物，如地瓜、豆腐、绿豆、海带、香蕉、柿子、西瓜等。

疗养药膳 散寒排骨汤

|主　料| 羌活、独活、川芎、细辛各5克，党参15克，柴胡10克，茯苓、甘草、枳壳、干姜各5克，排骨250克

|辅　料| 盐4克

|制　作|

1. 药材洗净煎汁。

2. 排骨斩块，入沸水中氽烫，捞起冲净，放入炖锅，加药汁，再加水至盖过材料，以大火煮开，转小火炖约30分钟。

3. 加盐调味即可。

药膳功效　川芎能行气开郁、祛风燥湿、活血止痛；细辛能疏散风寒、解热镇痛，可用于感受风寒湿邪所致的肩周炎，可缓解肩周疼痛症状。因此，本品具有祛湿散寒、理气止痛的功效，适合肩周炎、风湿性关节炎、风湿夹痰者食用。

疗养药膳 当归生姜羊肉汤

|主　料| 当归10克，生姜20克，羊肉100克

|辅　料| 盐适量

|制　作|

1. 将羊肉洗净后切成方块；当归、生姜洗净备用。

2. 羊肉入锅，加适量水、当归、生姜同炖至羊肉熟透。

3. 加入盐调味即可。

药膳功效　本品具有散寒除湿、活血化瘀、益气补虚的功效，适合寒湿型肩周炎患者食用。

疗养药膳 蝎子炖鸡

| 主 料 | 蝎子25克，鸡1只，猪肉100克，火腿20克
| 辅 料 | 盐、糖、鸡汁各适量
| 制 作 |

1. 锅中注水烧开，分别放入蝎子、鸡、猪肉、火腿氽烫，捞出沥水。
2. 锅中油烧热，放入氽烫过的蝎子炒香，盛出。
3. 将所有原材料放入炖盅内，调入盐、糖、鸡汁猛火炖4小时即可。

药膳功效 蝎子可通经活络、消肿止痛、攻毒散结，对治疗风湿痹痛引起的肩周炎、风湿性关节炎，中风、惊风等均有疗效。

疗养药膳 川乌生姜粥

| 主 料 | 川乌5克，粳米50克
| 辅 料 | 姜少许，蜂蜜适量
| 制 作 |

1. 把川乌洗净备用。
2. 粳米加水煮粥，粥快成时加入川乌，改用文火慢煎，待熟后加入生姜，待冷后加蜂蜜，搅匀即可。
3. 每日1剂，趁热服用。

药膳功效 川乌善于祛风除湿、温经散寒，有明显的止痛作用，可祛散寒湿、通利关节、温经止痛，与生姜同食，散寒除湿的效果更佳，对肩周炎有一定的食疗作用。

颈椎病

颈椎病是指因为颈椎的退行性变引起颈椎管或椎间孔变形、狭窄，刺激、压迫颈部脊髓、神经根，并引起相应的临床症状的疾病。此病多见于40岁以上患者，男性发病率高于女性。外伤是导致颈椎病的直接原因，其次，据统计，其发病率随年龄升高而增长。在颈椎病的发生发展中，慢性劳损是罪魁祸首，不良的姿势如长时间伏案工作，躺在床上看电视、看书，长时间用电脑，枕头过高，剧烈旋转颈部或头部等引起长期的局部肌肉、韧带、关节囊的损伤，可以引起局部出血水肿，发生炎症改变，最终导致颈椎病。

【症状剖析】

颈肩酸痛：疼痛可放射至头枕部和上肢，常伴有头颈肩背手臂酸痛，颈部僵硬，活动受限。

肢体麻木：患侧肩背部有沉重感，上肢无力，手指发麻，肢体皮肤感觉减退，手握物无力，有时不自觉地握物落地。下肢麻木无力，行走不稳，如踩踏棉花的感觉。

全身症状：最严重者甚至出现大、小便失禁，性功能障碍，甚至四肢瘫痪。有的伴有头晕，感觉天旋地转，重者伴有恶心呕吐，卧床不起，少数可有眩晕，猝倒。

【日常生活调理】

患者在平常的生活中，要注意防寒保暖，避免颈肩部受到寒冷和潮湿的侵袭；避免参加重体力劳动、提取重物等，以免加重颈椎病症状；避免长时间地持续低头工作，最好可定时改变头颈部体位，并且要注意休息，保证充足的睡眠，选用中间低，略内向凹的蝶形保健枕，有助于保持颈椎正常的生理曲度。

【民间小偏方】

1.取红花、地鳖各10克与白酒200毫升一起以文火煎煮30分钟，滤去药渣，取药酒适量饮用，有活血祛瘀、通络止痛的功效，适用于颈椎病患者。

2.取川芎、当归各15克，桃仁、白芷、丹皮、红花、乳香、没药各9克，苏木、泽泻各12克捣碎，放入2升白酒中，密封浸泡7天后饮用，祛瘀消肿、活血止痛。

【特效药材、食物】

羌活

◎性温,味辛、苦。具有散寒解表、祛风胜湿、止痛的功效,用于治疗风湿,凡有关节肌肉风湿者都可应用。常用于治疗外感风寒,对有寒热、骨痛、头痛等表证者,尤为适宜。

桂枝

◎性温,味辛、甘。具有发汗解肌、温经通脉的功效,其中含有的桂皮醛可使皮肤血管扩张,调整血液循环,舒筋通络,可化解颈椎疼痛、内生结节的症状。

鸡血藤

◎本品具有活血、舒筋、通络的功效,为治疗经脉不畅,络脉不和等病症的常用药。治疗肩颈肢体麻木痹证,也可单用浸酒服,或配伍鸡血藤、海风藤、延胡索等同用。

骨碎补

◎本品能活血散瘀、消肿止痛、续筋接骨。以其入肾治骨,能治骨伤而得名,为伤科要药。骨碎补能促进骨对钙的吸收,改善软骨细胞,推迟骨细胞的退行性病变。

【饮食调养】

1.治疗颈椎病可从疏通颈椎部的经络,促进血液运行着手,防治疼痛、麻木、颈部结节等症状。常用的中药材有:桂枝、丝瓜络、川芎、延胡索、钩藤、鸡血藤、苏木、骨碎补、三七、生地、红花等。

2.风寒湿邪的侵袭也会加重颈椎病,常用来除湿止痛的中药材和食材有:羌活、白芷、细辛、藁本、川芎、桂枝、荆芥、蛇肉、地龙、鳝鱼等。

3.在饮食中应注意补充钙,钙是骨骼的主要成分,可多食黑豆、板栗、排骨、鳝鱼、菠菜、鸡爪等。

4.应该多吃新鲜蔬菜和水果,如豆芽、菠菜、海带、木耳、大蒜、芹菜、红薯、冬瓜、绿豆等。

5.忌食油腻厚味、过冷过热的食品,如肥肉、荔枝、花椒、白酒、雪糕等。

疗养药膳 羌活川芎排骨汤

|主 料| 羌活、独活、川芎、鸡血藤各10克，党参、茯苓、枳壳各8克，排骨250克

|辅 料| 姜片5克，盐4克

|制 作|

1. 将所有药材洗净，煎取药汁，去渣备用。

2. 排骨斩件，氽烫，捞起冲净，放入炖锅，加入熬好的药汁和姜片，再加水至盖过材料，以武火煮开。

3. 转文火炖约30分钟，加盐调味即可。

药膳功效 羌活具有散寒解表、祛风胜湿、止痛的功效，用于治疗风湿，凡有关节肌肉风湿者都可应用。因此，本品散寒除湿、行气活血、益气强身等功效，适合颈椎病患者食用。

疗养药膳 排骨桂枝板栗汤

|主 料| 排骨350克，桂枝20克，板栗100克，玉竹20克

|辅 料| 盐少许，味精3克，高汤适量

|制 作|

1. 将排骨洗净、切块、氽水。

2. 桂枝洗净，备用。

3. 净锅上火倒入高汤，调入盐、味精，放入排骨、桂枝、板栗、玉竹煲至熟即可。

药膳功效 桂枝能发汗解肌、温经通脉，能调整血液循环，舒筋通络，可化解颈椎疼痛。因此，本品具有温经散寒、行气活血的功效，适合气血运行不畅的颈椎病患者食用。

疗兼药膳 山药鳝鱼汤

|主 料|鳝鱼2尾，山药25克，枸杞5克，补骨脂10克

|辅 料|盐5克，葱段、姜片各2克

|制 作|

1. 将鳝鱼洗净切段，汆水。

2. 山药去皮洗净，切片；补骨脂、枸杞洗净备用。

3. 净锅上火，调入盐、葱、姜，下入鳝鱼、山药、补骨脂、枸杞煲至熟即可。

> **药膳功效** 补骨脂具有补肾助阳的功效，治肾虚冷泻、遗尿、滑精、小便频数、阳痿、腰膝冷痛、虚寒喘嗽。山药调补气虚，强身健体；二者合用，能行气活血、补肾壮骨的功效，适合颈椎病患者、腰膝酸痛患者食用。

疗兼药膳 骨碎补脊骨汤

|主 料|骨碎补15克，猪脊骨500克

|辅 料|红枣4颗，盐5克

|制 作|

1. 骨碎补洗净，浸泡1小时；红枣洗净。

2. 猪脊骨斩件，洗净，汆水。

3. 将2000毫升清水放入瓦煲内，煮沸后加入骨碎补、猪脊骨、红枣，武火煮开后，改用文火煲3小时，再加盐调味即可。

> **药膳功效** 骨碎补有活血续伤、补肾强骨之功效，能活血散瘀、消肿止痛、续筋接骨。因此，本品具有活血祛瘀、强筋壮骨的功效，适合颈椎病、腰椎间盘突出症以及瘀血凝滞之骨折患者食用。

脱发症

脱发是指头发脱落的现象。正常脱落的头发都是处于退行期及休止期的毛发，由于进入退行期与新进入生长期的毛发处于动态平衡。病理性脱发是指头发异常或过度脱落。引起脱发的原因有很多，主要有：①病理性原因，由于病毒、细菌、高热使毛囊细胞受到损伤。②物理性原因，空气污染物堵塞毛囊导致的脱发。③化学性原因，有害化学物质对头皮组织毛囊细胞的损害导致脱发。④营养性原因，消化吸收功能障碍造成营养不良导致脱发。

【症状剖析】

脂溢性皮炎：患者头发油腻，如同擦油一样，亦有焦枯发蓬，缺乏光泽，有黄色鳞屑固着难脱，或灰白色鳞屑飞扬，自觉瘙痒。主要是前头与头顶部，前额的发际与鬓角往上移，前头与顶部的头发稀疏、变黄、变软，终使额顶部一片光秃或有些茸毛。

斑秃：常骤然发生，脱发呈局限性斑片状，其病变处头皮正常，无炎症及自觉症状。严重者可在几天或几个月内头发全部脱落而成全秃，可累及眉毛、胡须、腋毛、阴毛等，极少数严重者全身毳毛亦可脱光。

【日常生活调理】

保证睡眠充足，不熬夜；不使用刺激性强的染发剂、烫发剂及劣质洗发用品；不使用易产生静电的尼龙梳子和尼龙头刷，在空气粉尘污染严重的环境中要戴防护帽并及时洗头。正确的洗发周期对于脱发症的治疗有很重要的意义，一般来说，油性发质皮脂分泌较多，可1~2天洗一次，而干性发质皮脂分泌量少，可3~4天洗一次，对于中性发质，一般2~3次洗一次即可。

【民间小偏方】

1.肾虚型脱发小偏方：取何首乌、女贞子、旱莲草、生地、泽泻、桑葚、山药各20克，菟丝子、党参、枣皮、茯苓各15克，骨碎补、当归各10克，甘草5克分别洗净加水煎汤，取液加适量白砂糖搅匀宜用，每次服200毫升，每日2次。

2.血虚型脱发小偏方：取何首乌、当归、柏子仁等分研成细粉，加适量的炼蜜制成约9克重药丸，每次取1粒服用，1日3次，对于脱发症有较好的辅助疗效。

【特效药材、食物】

何首乌

◎具有补肝益肾、养血祛风的功效，也有很好的抗衰老作用，能增强机体的免疫力，延缓细胞衰老，增强造血功能，抵抗毛发衰老，对须发早白、脱发等症均有很好的疗效。

乌鸡

◎乌鸡内含丰富的黑色素、蛋白质、B族维生素、18种氨基酸和18种微量元素，而且含铁元素也比普通鸡高很多，是营养价值极高的滋补品，对肾虚、血虚引起的脱发症均有疗效。

黑芝麻

◎中医认为，黑芝麻具有补肝肾、润五脏、益气力、长肌肉、填脑髓的作用，可用于治疗肝肾精血不足所致的眩晕、须发早白、脱发、皮燥发枯、肠燥便秘等病症。

熟地

◎本品具有补血养阴、填精益髓的功效，可益精血、乌须发，常与何首乌、牛膝、菟丝子等配伍，治精血亏虚须发早白、发枯、脱发等症，如七宝美髯丹。

【饮食调养】

1.治疗脱发要抵抗毛发衰老，常用的中药材和食物有：何首乌、阿胶、黑芝麻、黑豆、核桃、葵花子、黑米、莴笋等。

2.宜食具有补充肾气、调节内分泌功能的中药材和食物，如菟丝子、肉苁蓉、枸杞、杜仲、女贞子、猪腰、羊腰等。

3.宜多喝生水，多食用含有丰富铁质的食品，如瘦肉、菠菜、包菜、紫菜等。

4.宜食含碱性物质的新鲜蔬菜和水果，如海带、葡萄、柿子、无花果等。

5.宜食富含锌的食物，如牡蛎、板栗、核桃、花生等。

6.宜食补充维生素E的食物，可抵抗毛发衰老，如莴笋、包菜、麻花菜等。

7.宜食富含维生素B_6的食物，如土豆、豌豆、柑橘、蚕豆等。

8.慎食酒、辛辣刺激、肥腻食物，如辣椒、芥末、白酒、肥肉等。

疗养药膳 首乌核桃羹

|主　料|大米70克，薏米30克，红枣、何首乌、熟地黄、核桃仁各适量

|辅　料|盐3克

|制　作|

1. 大米、薏米均泡发洗净；红枣洗净，去核，切片；核桃仁洗净；何首乌、熟地黄均洗净，加水煮好，取汁待用。

2. 锅置火上，加入适量清水，倒入煮好的汁，放入大米、薏米，以武火煮至开花。

3. 加入红枣、核桃仁以文火煮至浓稠状，调入盐拌匀即可。

药膳功效　何首乌能补肝益肾、养血祛风、滋补肝肾、强健筋骨。核桃能润肌肤、乌须发，并有润肺强肾、降低血脂的功效。因此，本品具有滋阴养血、滋补肝肾、乌发防脱的功效，适合肝肾亏虚、须发早白、头发脱落的患者食用。

疗养药膳 核桃芝麻糊

|主　料|核桃仁50克，芝麻50克

|辅　料|白砂糖适量

|制　作|

1. 核桃仁洗净，芝麻去杂质，洗净备用。

2. 将核桃、芝麻放入豆浆机内，加热开水适量，搅打成糊。

3. 加入白糖，搅拌均匀即可食用。

药膳功效　核桃具有补肾气的作用，芝麻可滋补肝肾、乌发防脱，两者合用，对肾气亏虚引起的脱发、须发早白等症均有一定的食疗效果。

第五章
14 种常见男科
疾病食疗药膳

　　男人"以肾为本，以精为用"，因此很多特殊病症均会发生在生殖系统。又由于种种原因，男性往往对自身生殖系统疾病缺乏认识，对自我保健知识知之甚少，加上自尊心强的原因，男性看医生的频度也比女性低很多，这些都为男科疾病的发生埋下了隐患。

　　针对男性朋友所关心的困惑：肾炎、肾结石、阳痿、早泄、遗精、前列腺炎、男性更年期综合征等男科常见的症状疾病，本章从疾病简介、症状剖析、日常生活调理、民间小偏方、特效药材食材、饮食调养等方面做了详细讲解，并为患者搭配了合理的药膳进行调理，以助您早日摆脱"难言之隐"。

肾炎

肾炎是两侧肾脏非化脓性的炎性病变，分为急性肾炎和慢性肾炎两种。急性肾炎是一种由于感染后变态反应引起的两侧肾脏弥漫性肾小球损害为主的急性疾病，本病的特点是起病较急，在感染后1&3周出现血尿、蛋白尿、管型尿、水肿、少尿、高血压等系列临床表现。慢性肾炎是各种原发性肾小球疾病导致的一组长病程的（甚至数十年）以蛋白尿、血尿、水肿、高血压为临床表现的疾病，此病尤以青壮年男性发病率高。肾炎的病因多种多样，临床所见的肾小球疾病大部分属于原发性。

【症状剖析】

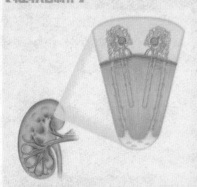

水肿：程度可轻可重，轻者仅早晨起床后发现眼眶周围、面部肿胀或午后双下肢踝部出现水肿。严重者可出现全身水肿。

高血压：有些患者是以高血压症状来医院求治的，化验小便后，才知道是慢性肾炎引起的血压升高。

尿异常改变：尿异常几乎是慢性肾炎患者必有的现象。

【日常生活调理】

慢性肾炎患者的抵抗力、免疫功能、体力均较差，容易受到感染，使慢性肾炎急性发作，或导致肾功能恶化，所以平时的生活与工作要保持规律。要劳逸结合，避免过劳过累，尽量避免长途旅游，同时应该适量运动，增强自身的抗病能力。切忌盲目进补；切忌使用庆大霉素等具有肾毒性的药物，以免引起肾功能的恶化。

【民间小偏方】

1.血热瘀结型慢性肾炎小偏方：取金银花、连翘、石苇各20克，紫丹参、益母草、白茅根各30克，加水煎服，每日1次，分3次服用，有清热解毒、活血化瘀的功效，对于慢性肾小球肾炎有很好的辅助疗效。

2.阴虚火旺型慢性肾炎小偏方：慢性肾炎取冬瓜皮、西瓜翠衣各30克一同放入锅内，再加入适量的白砂糖和3000毫升水，以武火烧沸，转文火继续煮30分钟，滤渣取液代茶饮，可清热解毒、除烦止渴。

【特效药材、食物】

赤小豆

◎本品性平，味甘、酸，具有利尿、解毒、消炎、泻下的功效，治疗肾炎水肿或下肢水肿，可配鲤鱼，能治脚肿，而且在慢性肾炎的稳定阶段经常服用，可巩固疗效。

茯苓

◎本品性平，味甘、淡，具有渗湿利水、益脾和胃、宁心安神的功效，富含钾元素，抑制肾小管的重吸收。茯苓还具有利水消肿的作用，可治疗肾炎引起的水肿。

西瓜翠衣

◎本品性味甘凉，煎饮代茶，可治暑热烦渴、肾炎水肿、口舌生疮、中暑和秋冬因气候干燥引起的咽喉干痛、烦咳不止等疾病。治疗急性肾炎，可配伍茯苓、玉米须、马蹄等同用。

鲤鱼

◎鲤鱼味甘，性平，煮食能通利小便、消除水肿，宜于脾虚水肿、脚气患者服食。用于慢性肾炎水肿有明显利尿消肿的效果。

【饮食调养】

1.慢性肾炎患者宜选用具有消除肾炎水肿功能的中药材和食物，如赤小豆、海金沙、茯苓、泽泻、玉米须、车前子、西瓜翠衣、竹笋、黄瓜、薏米、海带等。

2.宜吃低蛋白、补充热能的食物，如鱼汤、米饭、植物油、淡水鱼。

3.宜吃维生素含量高的食物，如山楂、西红柿、胡萝卜、南瓜、苹果、草莓、葡萄、橙子等。

4.忌食钠、钾含量高的食物，如咸菜、皮蛋、香蕉、榨菜、玉米、红薯、糙米。

5.慎食辛辣、油腻的食物，如动物内脏、肥肉、酒、浓茶、咖喱、芥末、辣椒等。

6.慎食含挥发油多的蔬菜，会影响肾功能，如茴香、芹菜、蒿子秆、菠菜、白萝卜、竹笋、苋菜。

赤小豆茉莉粥

主料 赤小豆、红枣各20克，茉莉花8克，大米80克

辅料 白糖4克

制作

1. 大米、赤小豆均洗净泡发；红枣洗净，去核，切片；茉莉花洗净。

2. 锅置火上，倒入清水，放入大米与赤小豆，以武火煮开。

3. 再加入红枣、茉莉花同煮至粥呈浓稠状，调入白糖拌匀，出锅即可食用。

药膳功效 赤小豆能利水除湿、和血排脓、消肿解毒，治水肿、脚气、黄疸、泻痢、便血、痈肿，茉莉花能理气和中，开郁辟秽，主治脾胃湿浊不化、腹泻或下痢腹痛。结合食用，对肾炎有一定的食疗作用。

玉米须大米粥

主料 玉米须适量，大米100克

辅料 盐1克，葱5克

制作

1. 大米置冷水中泡发半小时后捞出沥干水分备用；玉米须洗净，稍浸泡后，捞出沥干水分；葱洗净，切花。

2. 锅置火上，放入大米和水同煮至米粒开花。

3. 加入玉米须，煮至浓稠，调入盐拌匀，撒上葱花即可。

药膳功效 玉米须能利尿、泄热、平肝、利胆，治肾炎水肿、脚气、黄疸肝炎、高血压症、胆囊炎、糖尿病。玉米须对人和家兔均有利尿作用，可增加氯化物排出量，但作用较弱。

疗荣 药膳 木耳海藻猪蹄汤

|主 料| 猪蹄150克，海藻10克，黑木
耳、枸杞各少许
|辅 料| 盐、鸡精各3克
|制 作|

1. 猪蹄洗净，斩块；海藻洗净，浸水；黑
木耳洗净，泡发，撕片；枸杞洗净泡发。

2. 锅入水烧开，下入猪蹄，煮尽血水，
捞起洗净。

3. 将猪蹄、枸杞放入砂煲，倒上适量清
水，武火烧开，下入海藻、黑木耳，改文
火炖煮1.5小时，加盐、鸡精调味即可。

药膳功效 黑木耳能补气养血、润肺止咳、降压、益气、润肺、补脑、凉血、止
血、活血等功效。主治气虚或血热所致腹泻、崩漏、尿血、齿龈疼痛、便血等病
症，对胆结石、肾结石等也有比较显著的化解功能，对肾炎有一定的食疗作用。

疗荣 药膳 茯苓鸽子煲

|主 料| 鸽子300克，茯苓10克
|辅 料| 盐4克，姜片2克
|制 作|

1. 将鸽子宰杀洗净，斩成块，入沸水中
氽去血水；茯苓洗净备用。

2. 净锅上火倒入水，放入姜片，下入
鸽子、茯苓武火煮开，转文火续煮2小
时，加盐调味即可。

药膳功效 茯苓具有渗湿利水、益脾和胃、宁心安神的功效，治小便不利、水肿
胀满、痰饮咳逆、呕哕、泄泻；鸽肉能补肾、益气、养血，二者合用，对体虚、
水肿、肾炎等有一定的食疗作用。

肾结石

肾结石是指发生于肾盏、肾盂以及输尿管连接部的结石病。在泌尿系统的各个器官中，肾脏通常是结石形成的部位。肾结石是泌尿系统的常见疾病之一，其发病率较高，青壮年是高发人群，发病的高峰年龄是20~50岁，也就是好发于正值壮年的劳动力人群，其中男性是女性的2~3倍；儿童的肾结石发病率很低。肾结石的发病原因有：草酸钙过高，如摄入过多的菠菜、茶叶、咖啡等；嘌呤代谢失常，如摄入过多的动物内脏、海产食品等；脂肪摄取太多，如嗜食肥肉；糖分增高；蛋白质过量等。

【症状剖析】

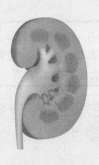

结石

无症状期：不少患者没有任何症状，只在体检时偶然发现肾结石。

腰部绞痛：肾绞痛是肾结石的典型症状，疼痛剧烈，呈"刀割样"，患者坐卧不宁，非常痛苦。通常在运动后或夜间突然发生，同时可出现下腹部及大腿内侧疼痛，伴恶心呕吐、面色苍白等。很多患者平时表现为腰部隐痛、胀痛。

血尿：排尿不畅，约80%的结石患者出现血尿，只有一部分能够发现肉眼血尿，大部分需通过化验尿才能发现。

肾积水：结石堵塞了肾盂、输尿管，尿液排出不畅，会造成肾积水。细菌感染导致的肾结石或是结石诱发细菌感染时，均有发热症状。

【日常生活调理】

要保持良好的心情，压力过重可能会导致酸性物质的沉积；保持生活规律，切忌熬夜，养成良好的生活习惯；改变饮食结构，多吃碱性食品，改善酸性体质；远离烟、酒等典型的酸性物质；适当地锻炼身体，一方面可增强抗病能力，另一方面，运动出汗有助于排出体内多余的酸性物质。

【民间小偏方】

取车前草50克、金钱草30克洗净装入纱布袋，放入淘米水中浸泡1小时，取药汁放入锅内，加入白砂糖，烧至沸腾停火待凉饮用，1日1次，有清热止痛、利尿排石的作用。

【特效药材、食物】

车前草

◎性寒、味甘；归肝、肾、膀胱、经。具有利尿排石、清热明目、祛痰的功效，常用来治疗小便不通、尿路结石、尿液浑浊、带下、尿血、暑湿泻痢、咳嗽多痰、湿痹、目赤障翳等症。

核桃

◎性温、味甘；归肺、肾经。具有温补肺肾、定喘润肠、排石溶石的功效。用于肾虚腰痛、脚软、虚寒喘咳、大便燥结、结石症等，还可用于治疗由于肝肾亏虚引起的多种症状。

海金沙

◎性寒，味甘；归膀胱、小肠经。具有清利湿热、利水通淋的功效，常用于热淋、砂淋、血淋、膏淋、尿道涩痛等症。也可治疗尿路感染、尿路结石、肾炎水肿、痢疾、皮肤湿疹。

金钱草

◎性凉，味甘、微苦；归肝、胆、肾、膀胱经。具有利水通淋、清热解毒、散瘀消肿的功效，常用来治疗肝胆结石、尿路结石、热淋、肾炎水肿、湿热黄疸、疮毒痈肿、跌打损伤等症。

【饮食调养】

1.肾结石患者宜选用具有利尿排石作用的中药材和食物，如金钱草、车前草、海金沙、核桃、鸡内金、白茅根、紫菜等。

2.肾结石患者尿酸浓度高，应选用具有平衡酸碱度功能的中药材和食物，如竹笋、土豆、白菜、包菜、荷叶、海带、西瓜、葡萄、草莓、栗子等。

3.多喝水，保证一天的饮水量在2升左右。

4.多食富含纤维素、维生素A的食物，如胡萝卜、西蓝花、杏仁、香瓜、南瓜、牛肝等。

5.忌食富含草酸盐的食物，如芹菜、青椒、香菜、菠菜、葡萄、草莓、巧克力等。

6.慎食高钙食物，如黄豆、牛奶、干酪、奶油及其他乳制品等。

7.慎食嘌呤含量高的食物，如鸭肝、鳗鱼、草鱼、鲍鱼、虾等。

疗养药膳 山药茅根粥

|主 料|山药30克，白茅根15克，大米100克

|辅 料|盐3克，葱少许

|制 作|

1. 山药去皮洗净，切块；白茅根洗净；大米洗净，泡发；葱洗净，切为葱花。

2. 锅置火上，将大米、山药、白茅根一起放入锅中，再加入1800毫升水，用武火烧开。

3. 最后改用文火煮至粥浓稠时，下盐调味，撒上葱花即可。

药膳功效　白茅根能凉血、止血、清热、利尿；山药能补脾养胃、生津益肺、补肾涩精，用于脾虚食少、久泻不止、肾虚遗精、带下、尿频、虚热消渴等。因此，本品具有清热凉血、利尿排石的功效，适合结石病的患者食用。

疗养药膳 马蹄茅根茶

|主 料|鲜马蹄、鲜茅根各100克

|辅 料|白糖少许

|制 作|

1. 鲜马蹄、鲜茅根分别用清水洗净，切碎备用。

2. 锅洗净，置于火上，注入适量清水，以大火烧沸，将鲜马蹄、鲜茅根一起入沸水煮20分钟左右，去渣。

3. 加白糖适量，饮服。

药膳功效　马蹄具有清热解毒、凉血生津、利尿通便、化湿祛痰、消食除胀的功效；白茅根能凉血、止血、清热、利尿。因此，本品具有凉血止血、利尿通淋的作用，可用于尿道刺痛、排尿不畅、肾结石、尿路结石等症的辅助治疗。

疗养药膳 凉拌双笋

| 主 料 | 竹笋500克，莴笋250克，海金沙10克

| 辅 料 | 盐、味精、白糖、香油各适量

| 制 作 |

1. 竹笋、莴笋分别去皮，洗净，切成滚刀片，再将竹笋投入开水锅中煮熟，捞出沥干水分；莴笋于锅中略焯水，捞出沥干水分。

2. 海金沙洗净，入锅加水煎汁，取汁待用。

3. 双笋盛入碗内，加入海金沙汁、盐、味精和白糖拌匀，淋入香油调味即成。

药膳功效 莴笋具有促进利尿、降低血压、预防心律失常的作用；竹笋具有清热化痰、益气和胃、治消渴、利水道、助消化、防便秘等功效。因此，本品具有清热利尿、排石以及排泄尿酸的功效，适合尿路结石、胆结石等结石病的患者食用。

疗养药膳 金钱草煲蛙

| 主 料 | 牛蛙2只（约200克），金钱草30克

| 辅 料 | 盐5克

| 制 作 |

1. 金钱草洗净，入锅加水，用小火约煲30分钟后，倒出药汁，除去药渣。

2. 牛蛙宰洗干净，去皮斩块，投入砂锅内。

3. 加入盐与药汁，一同煲至熟烂即可。

药膳功效 金钱草能利水通淋、清热解毒、散瘀消肿，常用来治疗各类结石症、热淋、肾炎水肿、湿热黄疸。因此，本品清热利尿、排石软坚，对膀胱结石、肾结石、淋病尿道涩痛、小便急迫、尿道刺痛等病症有明显疗效。

尿路感染

尿路感染是指尿道黏膜或组织受到病原体的侵犯从而引发的炎症，根据感染部位，尿路感染可分为上尿路感染和下尿路感染，前者为肾盂肾炎，后者主要为膀胱炎。根据有无基础疾病，尿路感染还可分为复杂性尿路感染和非复杂性尿路感染。几乎各种感染源均可引起下尿路感染，但以细菌感染最为常见。通常把尿道炎分为淋球菌性和非淋球菌性两类。在常规检查和细菌培养时，大约90%的非淋球菌性尿道炎均无致病原发现，故将此种感染称为"非特异性尿道炎"。如应用特异性方法检查，则可从42%的男性非淋病性尿道中分离出沙眼衣原体。此外，滴虫和念珠菌也是"非淋球菌性尿道炎"的常见致病原。

【症状剖析】

肾盂肾炎：寒战、发热、头痛、恶心、呕吐、食欲缺乏等全身症状，排尿困难（排尿时疼痛或烧灼感）及尿频、尿急、尿痛等膀胱刺激征，腰痛或下腹部痛。

膀胱炎：耻骨上疼痛及触痛，尿频、尿急、尿痛、白细胞尿、血尿等尿路刺激症状，少数患者也可出现腰痛、低热等。

不典型尿路感染：①以全身急性感染症状为主要表现，而尿路局部症状不明显；②尿路症状不明显，而主要表现为急性腹痛和胃肠道功能紊乱的症状；③以血尿、轻度发热和腰痛等为主要表现；④无明显的尿路症状，仅表现为背痛或腰痛。

【日常生活调理】

尿路感染患者最有效的自我保健方法是多饮水，勤排尿。肾脏排泄的尿液，对膀胱和尿道起着冲洗作用，有利于细菌的排出，所以每天饮水至少2升以上，每2&3小时排尿一次为宜，能避免细菌在尿路繁殖，可降低尿路感染的发病率，这是预防尿路感染最实用有效的方法。同时，要注意外生殖器的清洁，避免细菌经尿道口进入尿路，引发尿路感染，也要注意性生活的卫生。

【民间小偏方】

取马齿苋60克、生甘草6克放入砂锅内，加入适量清水煎汤服用，每日1次，可清热解毒、利尿。

【特效药材、食物】

车前子

◎性寒，味甘。具有清热、利水、明目、祛痰的功效，可消除炎症，加速排尿，从而有利于细菌的排除，多用于湿热下注、小便淋漓、涩痛等症，常与木通、滑石等配伍应用。

马蹄

◎性微凉，味甘；归肺、胃、大肠经。具有清热解毒、凉血生津、利尿通便、化湿祛痰、消食除胀的功效，临床上可用于热病烦渴、痰热咳嗽、咽喉疼痛、小便不利、便血等症。

绿豆

◎性凉，味甘；归心、胃经。具有降压、降脂、滋补强壮、调和五脏、保肝、清热解毒、消暑止渴、利尿通淋的功效。绿豆搭配蒲公英，两者同食，适用于多种炎症及尿路感染。

赤小豆

◎性平，味甘、酸。具有利水除湿、和血排脓、消肿解毒的功效。常用于治疗尿痛、血尿、泻痢、便血、痈肿等症。治疗尿路感染，可配马蹄、白茅根、金银花等解毒利尿的药材同用。

【饮食调养】

1.宜选用具有加速消炎排尿功能的中药材和食物，如车前子、金钱草、马齿苋、柳叶、石韦、苦瓜、青螺、西瓜、梨等。

2.宜多饮水，最好可以保证每天的摄入量为1500&2000毫升。

3.宜以清淡、富含水分的食物为主，如各种新鲜蔬果、汤类等。

4.宜多吃有增强肾脏免疫功能、清热解毒、利尿通淋作用的食物，如冬瓜、荠菜等。

5.忌食猪头肉、鸡肉、蘑菇、带鱼、螃蟹、竹笋、桃子等发物。

6.忌食刺激性食品，如葱、韭菜、蒜、胡椒、生姜等。

7.忌酸性食物，如猪肉、牛肉、鸡肉、鸭、蛋类、鲤鱼、牡蛎、虾，以及面粉、大米、花生、大麦、啤酒等。忌食酸性食物的目的，是使尿液呈碱性环境，增强抗生素的作用能力。

薏米绿豆粥

|主　料|大米60克，薏米40克，玉米粒、绿豆各30克
|辅　料|盐2克
|制　作|

1. 大米、薏米、绿豆均泡发洗净；玉米粒洗净。
2. 锅置火上，倒入适量清水，放入大米、薏米、绿豆，以武火煮至开花。
3. 加入玉米粒煮至浓稠状，调入盐拌匀即可。

药膳功效　薏米可利水消肿、健脾去湿、舒筋除痹、清热排脓；绿豆可消肿通气、清热解毒。此粥具有清热解毒、利水消肿的功效，适宜尿路感染患者食用。

苦瓜牛蛙汤

|主　料|牛蛙250克，苦瓜200克，冬瓜100克
|辅　料|清汤适量，盐6克，姜片3克
|制　作|

1. 将苦瓜去瓤，洗净，切厚片，用盐水稍泡；冬瓜洗净，切片备用。
2. 牛蛙洗净，斩块，氽水备用。
3. 净锅上火倒入清汤，调入盐、姜片烧开，下入牛蛙、苦瓜、冬瓜煲至成熟即可。

药膳功效　苦瓜清热解暑、明目解毒；冬瓜清热化痰、除烦止渴。本品具有清热利尿、祛湿消肿等功效，适合尿路感染引起的尿道刺痛、小便不利的患者食用。

疗菜药膳 石韦蒸鸭

|主 料|石韦10克，鸭肉300克

|辅 料|盐、清汤各适量

|制 作|

1. 石韦用清水冲洗干净，用布袋包好。

2. 将石韦与鸭肉一同放入碗内，加清汤，上笼蒸至鸭肉熟烂。

3. 捞起布袋丢弃，加盐调味即可。

药膳功效 石韦利水通淋、清肺泄热；鸭肉养胃生津、清热健脾、虚弱浮肿。本品具有清热生津、利水通淋的功效，适合肾结石、尿路感染、急性肾炎等患者食用。

疗菜药膳 通草车前子茶

|主 料|通草、车前子、玉米须各5克

|辅 料|砂糖15克

|制 作|

1. 将通草、车前子、玉米须洗净，放入锅中，加350毫升水煮茶。

2. 武火煮开后，转文火续煮15分钟。

3. 最后加入砂糖即成。

药膳功效 通草清热利尿、通气下乳；车前子能祛痰、镇咳、平喘。本品清泄湿热、通利小便，可治尿道炎、尿石症，小便涩痛、困难、短赤、尿血等症。

阳痿

阳痿又称为勃起功能障碍，指男性在有性欲的情况下，阴茎不能勃起或能勃起但不坚硬，不能进行性交活动。阳痿的发病率占成年男性的50%左右。阳痿的发病原因包括：精神方面的因素，因某些原因产生紧张心情；手淫成习或性交次数过多，使勃起中枢经常处于紧张状态；阴茎勃起中枢发生异常；一些重要器官患严重疾病时以及患脑垂体疾病、睾丸因损伤或疾病被切除以后；患肾上腺功能不全或糖尿病等。

【症状剖析】

主要症状： 阴茎不能完全勃起或勃起不坚，不能顺利完成正常的性生活，阳痿虽然频繁发生，但于清晨或自慰时阴茎可以勃起并可维持一段时间。

伴随症状： 部分患者常有神疲乏力、腰膝酸软、自汗盗汗、性欲低下、畏寒肢冷等身体虚弱现象。

【日常生活调理】

1.预防阳痿，要从其病因出发。如与恣情纵欲有关，应清心寡欲，戒除手淫，减少房事次数。

2.如与全身衰弱、营养不良或身心过劳等因素有关，应适当补充相关营养成分，进补，并且注意劳逸结合。

3.要树立起战胜疾病的信心，对性知识有充分的了解，消除心理因素。进行体育锻炼以增强体质。

【民间小偏方】

1.取山药50克、核桃仁30克、肉苁蓉20克、菟丝子10克分别洗净装入纱布袋中，放入砂锅内，加水煎煮30分钟，加入冰糖末搅拌均匀，待凉后捞起药袋丢弃，取液分早晚两次服，有温肾助阳、补气养血的作用。

2.取淫羊藿20克、狗肾鞭1条一同放入炖锅内，以武火烧沸后转文火继续炖40分钟，每日1次，有温肾助阳之功效。

【特效药材、食物】

淫羊藿

◎具有补肾壮阳、祛风除湿的功效，能增加精液分泌，刺激感觉神经，起到间接兴奋作用。淫羊藿提取液具有增加雄性激素的作用，可使精液变浓、精量增加。

鹿茸

◎具有补肾壮阳、益精生血、强筋壮骨的功效，可以提高人体的性腺功能，改善性功能低下引起的阳痿症状，还可用来治疗肾阳不足、精血亏虚所致的畏寒肢冷、早泄遗精。

海参

◎性温，味甘、咸，归肝、肾经。具有补肾益精，壮阳疗痿的功效，可降火滋肾、通肠润燥、除劳祛症。海参具有提高记忆力、延缓性腺衰老，防止动脉硬化、糖尿病以及抗肿瘤等作用。

动物鞭

◎动物鞭主要有牛鞭、狗鞭、鹿鞭、驴鞭、羊鞭等。动物鞭有温补肾阳的功效，对肾阳不足所致的性欲低下、阳痿、遗精、男子不育、阴囊湿冷、腰膝酸软等症均有疗效。

【饮食调养】

1.阳痿患者宜选择具有提高性欲功能的中药材和食物，如淫羊藿、牛鞭、羊鞭、肉苁蓉、肉桂、人参、韭菜、泥鳅、鸡蛋、海藻、洋葱等。

2.宜选用具有促进性功能的中药材和食材，如鹿茸、冬虫夏草、杜仲、枸杞、羊腰、猪腰、菟丝子等。

3.下焦湿热引起的阳痿患者应选择解毒利湿的中药材和食物，如龙胆草、车前草、黄柏、木通、栀子、泽泻等。

4.慎食降低性能力的饮品，如咖啡、碳酸饮料、浓茶、酒等。

5.慎食肥腻、过甜、过咸的食物，如动物内脏、肥肉、奶油等。

三参炖三鞭

|主 料| 牛鞭、鹿鞭、羊鞭各200克，花旗参、人参、沙参各5克，老母鸡1只

|辅 料| 盐5克，味精3克

|制 作|

1. 将各种鞭削去尿管，切成片。
2. 各种参洗干净；老母鸡洗净。
3. 用小火将老母鸡、三参、三鞭一起煲3小时，调入盐和味精调味即可。

药膳功效 牛鞭、鹿鞭、羊鞭均是补肾壮阳的良药，人参、花旗参、沙参可益气补虚、滋阴润燥，可改善阳痿症状。

葱烧海参

|主 料| 水发海参1个，葱段、黄瓜、圣女果各适量

|辅 料| 盐、花椒、料酒、胡椒粉、鸡精各适量

|制 作|

1. 黄瓜洗净，切片；圣女果洗净，对半切；海参洗净切段，锅中注水烧热，下海参，加料酒文火煨20分钟，捞出。
2. 起油锅，下花椒，放葱段、海参、盐、料酒、胡椒粉、水，文火烧入味。放鸡精调味装盘，再将黄瓜、圣女果摆盘即可。

药膳功效 海参是上等滋补佳品，具有补肾壮阳、遗精养血的功效，对肾阳亏虚引起的阳痿遗精、虚劳瘦弱等均有很好的疗效。

疗兼药膳 牛鞭汤

主　料 牛鞭1根

辅　料 姜1块，盐适量

制　作

1. 牛鞭切段，放入沸水中汆烫，捞出洗净备用；姜洗净，切片。
2. 锅洗净，置于火上，将牛鞭、姜片一起放入锅中，加水至盖过所有材料，以武火煮开后转文火慢炖约30分钟关火。
3. 起锅前加盐调味即成。

药膳功效 本品具有改善心理性性功能障碍的功效，适合心理紧张引起的阳痿、早泄等患者食用，但不宜多食，成年男性一天最多食一根牛鞭。

疗兼药膳 鹿茸黄芪煲鸡汤

主　料 鸡500克，瘦肉300克，鹿茸20克，黄芪20克

辅　料 生姜10克，盐5克，味精3克

制　作

1. 将鹿茸片放置清水中洗净；黄芪洗净；生姜去皮，切片；瘦肉切成厚块。
2. 将鸡洗净，斩成块，放入沸水中焯去血水后，捞出。
3. 锅内注入适量水，下入所有原材料武火煲沸后，再改文火煲3小时，调入调味料即可。

药膳功效 鹿茸可补肾壮阳、益精生血；黄芪可健脾益气、补虚；两者合用，对肾阳不足、脾胃虚弱、精血亏虚所致的阳痿早泄、尿频遗尿、腰膝酸软、筋骨无力等症均有较好的效果。

异常勃起症

　　阴茎异常勃起是指与性欲无关的阴茎持续勃起状态。阴茎持续勃起超过6小时已属于异常勃起。传统上阴茎异常勃起分为原发性和继发性。按血流动力学分为低血流量型（缺血性）和高血流量型（非缺血性），前者因静脉阻塞（静脉阻塞性），后者因异常动脉血注入（动脉性）。本病65%原因不明，40%可能与下述病因有关：阴茎或会阴部损伤；盆腔肿瘤或感染；白血病；镰状细胞性贫血；脊髓损伤；阴茎背静脉栓塞；应用大麻、罂粟碱等药物等。近年来为治疗阳痿而经海绵体内注射血管活性药物，使阴茎异常勃起的发病率增多。

【症状剖析】

　　1.发病突然，以夜间发病多见，阴茎勃起后较长时间不松软。

　　2.阴茎、腰部与骨盆部位疼痛。

　　3.体查见阴茎海绵体坚硬，充血，压痛，龟头及尿道海绵体正常柔软，排尿大多数正常。

【日常生活调理】

　　出现阴茎异常勃起后，患者由于缺乏对疾病的正确认识，害怕同事及亲友知道，发病后羞于就医，在治疗和护理时不肯暴露下半身。同时，担心疾病无法治愈及遗留严重的并发症。家人和医护人员要给予更多的关心和鼓励，由年长的护士护理患者，向患者及其亲属做好解释工作，使患者及亲属对该病有正确的认识，消除害羞心理。

【民间小偏方】

　　1.丹参20克、地龙20克、滑石20克、乳香15克、三棱20克、当归15克、没药10克、甘草10克，将以上药材煎水服用，每日一剂，可有效治疗阴茎异常勃起症。

　　2.柴胡6克、甘草梢6克、炒泽泻10克、车前子10克、生地10克、栀子10克、黄芩10克、当归10克、木通5克、龙胆草5克，将以上药材煎水服用，每日一剂。初期可加桃仁10克、红花5克，琥珀粉2克，冲服；后期可加甲珠、元胡各10克，土茯苓15克。

【特效药材、食物】

夜交藤

◎性平，味甘、微苦，归心、脾、肾、肝经。具有养心安神、通经活络的功效，对心肾不交引起的情绪亢奋、失眠多梦、梦遗、滑精以及异常勃起症均有一定的镇静作用。

生地

◎性微寒，味甘、苦；归心、肝、肾经。具有滋阴清肝、凉血补血的功效。能清热、生津、润燥、滑肠、破瘀、止痛、凉血、止血，对肝火旺盛引起的阴茎异常勃起症有很好的疗效。

丹参

◎性微寒，味苦。归心、心包、肝经。具有活血调经、祛瘀止痛、凉血散结、除烦安神的功效，对血热瘀滞所引起的阴茎异常勃起有一定的改善作用，可活血通络、化瘀散结。

红花

◎味辛，性温，归心、肝经。能活血通经、祛瘀消癥，可治疗癥瘕积聚，对血瘀引起的阴茎异常勃起有一定的疗效，常配伍三棱、莪术、香附等药同用。

【饮食调养】

1.异常勃起症患者宜选择具有镇静安神、清热利湿、清肝泻火、软坚散结的中药材和食物，如夜交藤、生地、当归、龙胆草、栀子、甘草、黄芩、车前子、女贞子、枸杞、黄柏、白芍、鳖甲、龟板、芦荟等。

2.异常勃起症患者宜选择具有化瘀通窍、消肿止痛的中药材和食物，如丹参、红花、赤芍、川芎、桃仁、麝香、降香、荔枝核、泽兰、泽泻、土鳖虫、老葱等。

3.慎食辛辣、助火兴阳、伤阴的食物，如辣椒、胡椒、花椒、肉桂、葱、姜、蒜、茴香、河蚌、鸭、冬瓜、茄子等。

4.忌食辣椒、生姜、狗肉、羊肉、榴莲等辛辣刺激性食物及烟、酒。

疗养药膳 竹叶地黄粥

主料 竹叶、生地黄各适量，枸杞10克，大米100克

辅料 香菜少量，盐2克

制作

1. 大米泡发洗净；竹叶、生地黄均洗净，加适量清水熬煮，滤出渣叶，取汁待用；枸杞洗净备用。

2. 锅置火上，加水适量，下大米，武火煮开后倒入已经熬煮好的汁液、枸杞。

3. 以文火煮至粥呈浓稠状，调入盐拌匀，放入香菜即可。

药膳功效 生地具有滋阴清肝、凉血补血的功效，对肝火旺盛引起的阴茎异常勃起症有很好的疗效。

疗养药膳 猪骨黄豆丹参汤

主料 猪骨400克，黄豆250克，丹参20克，桂皮10克

辅料 料酒5毫升，盐、味精各适量

制作

1. 将猪骨洗净、捣碎；黄豆去杂，洗净。

2. 丹参、桂皮用干净纱布包好，扎紧备用，砂锅加水，加入猪骨、黄豆、纱布袋，武火烧沸，改用文火炖煮约1小时，拣出布袋，调入盐、味精、料酒即可。

药膳功效 丹参具有活血调经、祛瘀止痛、凉血散结、除烦安神的功效，对血热瘀滞所引起的阴茎异常勃起有一定的改善作用。

疗茶药膳 青皮红花茶

|主　料|青皮10克，红花10克

|制　作|

1. 青皮晾干后切成丝，与红花同入砂锅，加水浸泡30分钟，煎煮30分钟，用洁净纱布过滤，去渣，取汁即成。

2. 当茶频频饮用，或早晚2次分服。

药膳功效　红花能活血通经、祛瘀消癥，可治疗癥瘕积聚，对血瘀引起的阴茎异常勃起有一定的疗效。

疗茶药膳 丹参槐花酒

|主　料|丹参、槐花各300克

|辅　料|米酒适量

|制　作|

1. 将丹参、槐花切碎，倒入适量的米酒浸泡15天。

2. 滤出药渣压榨出汁，将药汁与药酒合并。

3. 再加入适量米酒，过滤后装入瓶中即可。每次10毫升，每日3次，饭前将酒温热服用。

药膳功效　槐花味道清香甘甜，同时还具有清热解毒、凉血止血的功效；丹参既止血又活血；米酒能活血化瘀，益气补虚；三者合用，对血瘀引起的异常勃起有一定疗效。

早泄

早泄是指男子在阴茎勃起之后，未进入阴道之前或正当纳入以及刚刚进入而尚未抽动时便已射精，阴茎也随之疲软并进入不应期。中医认为，早泄是由于肾脏的封藏功能失调，肾中阳气不足以固摄精液，精关不固所致。西医认为，引发早泄的病因可分为器质性和心理性两种。器质性原因是指各种相关系统的疾病（如肥胖症、糖尿病、高血脂等症）以及身体素质（如房事频繁、手淫过度）的差异影响；心理性原因多数是焦虑和恐惧情绪的存在（如工作压力大、精神紧张等）。

【症状剖析】

主要症状： 患者性交时未接触或刚接触到女方外阴，抑或插入阴道时间短暂，尚未达到性高潮便射精，随后阴茎疲软，双方达不到性满足即泄精而萎软。

伴随症状： 伴有精神抑郁、焦虑或头晕、神疲乏力、记忆力减退等全身症状。

【日常生活调理】

早泄患者平时要注意多运动锻炼，多做慢跑、游泳、仰卧起坐、俯卧撑等有氧运动；注意控制体重，少烟酒；适当的手淫对身体有益处，但是要控制好频率；在性生活中应放松心情，调整好自己的情绪，消除紧张、自卑与恐惧的心理。

【民间小偏方】

1.肾阴亏虚型早泄小偏方：取枸杞80克、熟地60克、何首乌50克、茯苓20克、红参15克一同研碎为粗末，装入纱布袋中，放入1000毫升白酒中密封浸泡，每隔1日摇1次，14天后取饮，每次50毫升，每日1次，有补虚五脏、益精活血的功效，适用于早泄患者。

2.肾阳亏虚型早泄小偏方：取海龙10克、海马5克研碎为粉末，与猪腰子一起放入炖锅内炖熟服用，2天1剂，每天服用3次，兑酒饮，可补肾壮阳，适用于早泄、阳痿患者。

3.肝经湿热型早泄：取龙胆草20克，黄芩8克，栀子10克，木通5克，泽泻、车前草各10克，柴胡12克，甘草3克，煎水服用。

【特效药材、食物】

桑螵蛸

◎具有补肾固精的功效，治肾虚遗精、滑泄，属无梦而遗较适宜以桑螵蛸为辅助药，佐以补肾药和其他收涩药，虚甚者加芡实、锁阳、肉苁蓉、覆盆子等。

金樱子

◎性平，味酸、涩。具有固精涩肠、缩尿止泻的功效。主治滑精、遗尿、脾虚泻痢、肺虚喘咳、自汗盗汗、崩漏带下等症。金樱子与芡实同用，可治肾虚遗精、尿频、脾虚泄泻。

莲子

◎性平，味甘、涩，归脾、肾、心经。具有固精止带、补脾止泻、益肾养心的功效。主治早泄、遗精、滑精、腰膝酸软、脾虚泄泻、虚烦失眠等症。莲子的止遗涩精的功效是公认的。

海马

◎味甘性温，归肝、肾经。具有补肾壮阳、调气活血的功效。本品甘温，温肾阳，壮阳道，用治肾阳亏虚，阳痿不举，肾关不固，遗精遗尿等症，常与鹿茸、人参、熟地黄等配伍应用。

【饮食调养】

1.早泄患者宜选用有助于增强肾功能、壮阳益精的中药材和食物，如枸杞、巴戟天、淫羊藿、菟丝子、杜仲、龙骨、海马、狗肉、羊肾、猪腰、牡蛎、鹿鞭、牛鞭等。

2.宜选用具有抑制精液过早排出的中药材和食物，如桑螵蛸、海螵蛸、覆盆子、金樱子、芡实、五味子等。

3.宜食用蔬菜和水果，特别是维生素B_1能维持神经系统兴奋与抑制的平衡，如枣、青枣、葡萄、蜂蜜、芝麻、核桃、山药等。

4.慎食辛辣、助火兴阳、伤阴的食物，如辣椒、胡椒、花椒、肉桂、葱、姜、蒜、茴香等。

5.慎食生冷性寒、损伤阳气的食物，如冷饮、苦瓜、薄荷、西瓜等。

莲子百合芡实排骨汤

主 料 排骨200克，莲子、芡实、百合各适量

辅 料 盐3克

制 作

1. 排骨洗净，斩件，汆去血渍；莲子去皮，去心，洗净；芡实洗净；百合洗净泡发。
2. 将排骨、莲子、芡实、百合放入砂煲，注入清水，武火烧沸。
3. 改为文火煲2小时，加盐调味即可。

药膳功效 莲子可止泻固精、益肾健脾；芡实具有收敛固精、补肾助阳的功效。此品适宜由肾虚引起的早泄、阳痿等患者食用。

板栗猪腰汤

主 料 板栗50克，猪腰100克，红枣、姜各适量

辅 料 盐1克，鸡精适量

制 作

1. 将猪腰洗净，切开，除去白色筋膜，入沸水汆去表面血水，倒出洗净。
2. 板栗洗净剥开；红枣洗净；姜洗净，去皮切片。
3. 用瓦煲装水，在大火上滚开后放入猪腰、板栗、姜片、红枣，以文火煲2小时，调入盐、鸡精即可。

药膳功效 板栗可补肾强骨、健脾养胃、活血止血；猪腰可理肾气、通膀胱、消积滞、止消渴。此品对肾虚所致的腰酸痛、肾虚遗精、耳聋、水肿、小便不利有很好的疗效。

疗养药膳 枸杞水蛇汤

|主　料|水蛇250克，枸杞30克，油菜10克
|辅　料|高汤适量，盐5克
|制　作|

1. 将水蛇治净切片，汆水待用；枸杞洗净；油菜洗净。
2. 净锅上火，倒入高汤，下入水蛇、枸杞，煲至熟时下入油菜稍煮。
3. 最后加入盐调味即可。

> 药膳功效 枸杞能清肝明目、补肾助阳，可治肝肾亏虚、头晕目眩、目视不清、腰膝酸软、阳痿遗精、虚劳咳嗽、消渴引饮等症。

疗养药膳 海马龙骨汤

|主　料|龙骨220克，海马2只，胡萝卜50克
|辅　料|鸡精2克，盐5克
|制　作|

1. 将龙骨斩件，洗净汆水；胡萝卜洗净去皮，切块；海马洗净。
2. 将龙骨、海马、胡萝卜放入炖盅内，加适量清水炖2小时。
3. 最后放入盐和鸡精调味即可。

> 药膳功效 海马具有强身健体、补肾壮阳、舒筋活络等功效；龙骨能敛汗固精、止血涩肠、生肌敛疮。此品对早泄患者有很好的食疗功效。

遗精

遗精是指男性在没有性交的情况下精液自行泄出的现象，又名遗泄、失精。其分为梦遗和滑精两种，在梦境中之遗精，称梦遗；无梦而自遗者，称为滑精。引发遗精的相关因素有：患者性知识缺乏，常看黄色书刊或者色情电影，过度疲劳，外生殖器以及附属性腺的炎症刺激等，此外，体内贮存精子达到一定量时，没有以上的引发因素，也有可能发生遗精情况。中医认为遗精多由肾虚精关不固，或心肾不交，或湿热下注所致。常见病机有肾气不固、肾精不足而致肾虚不藏。可由劳心过度、妄想不遂造成。

【症状剖析】

梦遗：是指睡眠过程中，有梦时发生精液外泄，醒后方知的病症，一夜2~3次或每周2次以上。

滑精：又称"滑泄"，指夜间无梦而遗或清醒时精液自动滑出的病症，一夜2~3次或每周2次以上。

全身症状：伴有神疲乏力、精神萎靡、困倦、腰膝酸软、失眠多梦或记忆力衰退等症。

【日常生活调理】

1.遗精患者首先要意识到此症乃是一种生理现象，切勿因此而增加自身的精神负担，同时也应该消除杂念，少看色情电影、电视、书画等，适当地参加其他文娱活动，同时加强体育锻炼，以陶冶情操、增强体质。

2.如发生遗精，切勿中途忍精，切勿用手捏住阴茎使精液不能流出，遗精后宜用温水清洗，切勿用冷水。

【民间小偏方】

1.取合欢皮15克、甘草8克分别洗净放入锅内，加入适量的清水，以中火煎煮20分钟后，放入10克合欢花烧沸，滤去药汁，取液代茶饮，可补血益气、安神除烦，适用于遗精患者。

2.取酸枣仁30克研碎，加适量的白砂糖制成丸剂或者散剂，每次取2克服用，每日2次，对于肾虚引起的遗精、早泄有很好的疗效。

【特效药材、食物】

芡实

◎性平，味甘、涩。具有固肾涩精、补脾止泄的功效，可以帮助提高性功能。可治遗精、早泄，此外，芡实还具有缩尿、止泻的功效，常配金樱子、莲须、沙苑子治疗夜尿、小便频数。

五味子

◎五味子具有敛肺、滋肾、生津、收汗、涩精的功效。主治肺虚喘咳、口干作渴、自汗、梦遗滑精、遗精、久泻久痢等症。可治疗肝肾阴虚所引起的遗精滑泄、潮热盗汗、失眠多梦等症。

山茱萸

◎性微温、味酸，归肝、肾经。具有补肝肾、涩精气、固虚脱的功效。治腰膝酸痛、眩晕、耳鸣、阳痿、遗精、小便频数、肝虚寒热、虚汗不止、心悸脉散。

远志

◎性温，味苦、辛，归心、肾、肺经。具有安神益智、祛痰、消肿的功效。用于心肾不交引起的失眠多梦、梦遗滑泄、健忘惊悸、咳痰不爽、疮疡肿毒、乳房肿痛等症均有一定疗效。

【饮食调养】

1.遗精患者宜选用具有抑制精液排出功能的中药材和食物，如芡实、龙骨、山茱萸、莲子、牡蛎、紫菜、羊肉、猪腰、山药、枸杞、核桃等。

2.宜选用具有抑制中枢神经功能的中药材和食物，如甲鱼、柏子仁、酸枣仁、朱砂、远志、合欢皮等。

3.宜食高蛋白、营养丰富的汤粥类食物，如龙骨粥、鸡蛋芡实汤、莲子百合煲等。

4.慎食过于辛辣之物，如酒、辣椒、胡椒、葱、姜、蒜、肉桂等。

5.慎食含有咖啡因和茶碱的饮品，如咖啡、浓茶、碳酸饮料等。

疗养药膳 莲子芡实猪尾汤

主 料 猪尾100克，芡实、莲子各适量

辅 料 盐3克

制 作

1. 将猪尾洗净，剁成块；芡实洗净；莲子去皮，去心，洗净。

2. 热锅注水烧开，将猪尾的血水滚尽，捞起洗净。

3. 把猪尾、芡实、莲子放入炖盅，注入清水，武火烧开，改文火煲煮2小时，加盐调味即可。

药膳功效 莲子可止泻固精、益肾健脾；芡实具有收敛固精、补肾助阳的功效。此品适宜由肾虚引起的遗精、早泄、阳痿等患者食用。

疗养药膳 五子下水汤

主 料 鸡内脏（鸡心、鸡肝、鸡胗）1份，茺蔚子、蒺藜子、覆盆子、车前子、菟丝子各10克

辅 料 姜2片，葱1根，盐5克

制 作

1. 将鸡内脏洗净，切片；姜洗净，切丝；葱洗净，切丝；药材洗净。

2. 将药材放入棉布袋内，放入锅中，加水煎汁。

3. 捞起棉布袋丢弃，转中火，放入鸡内脏、姜丝、葱丝煮至熟，加盐调味即可。

药膳功效 覆盆子可补肝益肾、固精缩尿；菟丝子可补肾益精、养肝明目。本品具有益肾固精的功效，十分适合肾虚阳痿、早泄滑精、腰酸胀痛等病症者食用。

疗养药膳 三味鸡蛋汤

|主　料| 鸡蛋1个，去心莲子、芡实、山药各9克

|辅　料| 冰糖适量

|制　作|

1. 芡实、山药、莲子分别用清水洗净，备用。

2. 将莲子、芡实、山药放入锅中，加入适量清水熬成药汤。

3. 加入鸡蛋煮熟，汤内再加入冰糖即可。

药膳功效 莲子可止泻固精、益肾健脾；芡实收敛固精、补肾助阳；山药补脾养胃、生津益肺、补肾涩精。本品具有补脾益肾、固精安神的功效，可治疗遗精、早泄、心悸失眠、烦躁、盗汗等症。

疗养药膳 金锁固精鸭汤

|主　料| 鸭肉600克，龙骨、牡蛎、蒺藜子各10克，芡实50克，莲须、鲜莲子各100克

|辅　料| 盐1小匙

|制　作|

1. 鸭肉洗净氽烫；将莲子、芡实冲净，沥干。

2. 药材洗净，放入纱布袋中，扎紧袋口。

3. 将莲子、芡实、鸭肉及纱布袋放入煮锅中，加水至没过材料，以大火煮沸，再转小火续炖40分钟左右，加盐调味即可。

药膳功效 龙骨能敛汗固精、止血涩肠、生肌敛疮；芡实可收敛固精、补肾助阳。本品有补肾固精、温阳涩精的功效，适用于阳痿早泄、多汗盗汗、遗精等，对于不育症等也有很好的疗效。

 血精

血精是男性生殖系统疾病之一，其主要症状是性交时射出红色精液，多见于现代医学的精囊炎，临床较为少见。本病常与前列腺炎并发，其感染途径多为尿道和前列腺感染直接蔓延；其次是淋巴感染和血行感染。由于细菌的侵入，炎症的刺激，引致精囊充血，当性交时，平滑肌和血管收缩，以致精液中渗混大量的红细胞和脓细胞。中医认为，血精多由于患者肾阴不足，相火偏旺，迫血妄行；或因房事过多，血络受损，血随精流；或因湿热下注，熏蒸精室，血热妄行所致。因此治疗本病应分清证型，辨证施治。

【症状剖析】

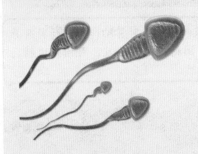

1.下焦湿热型血精患者常出现排精胀痛感，精液呈鲜红色或暗红色。

2.阴虚火旺型患者常出现排精坠痛感，精液呈深红色。

3.瘀血阻滞者多出现阴部疼痛或刺痛，痛引睾丸、阴茎，精液呈暗紫或夹有血块。

【日常生活调理】

1.患者在患病期间要适当减少工作量，避免高强度的锻炼。

2.在治疗期间要注意生殖器的卫生，因为血精多由生殖泌尿系统不卫生，导致感染引起的。

3.患者要保持良好轻松的心态，多运动，运动可以增加身体的免疫能力对于生殖感染的抵抗力会增强。

【民间小偏方】

1. 生地15克、丹皮12克、泽泻12克、知母12克、山萸肉10克、茯苓18克、女贞子15克、仙鹤草18克、旱莲草12克、山药15克、黄芪24克、乌梅9克，将以上药材煎水服用，可治疗血精症。

2.车前子15克、赤芍10克、丹皮10克、苦参10克、黄柏5克、通草8克、泽泻10克、甘草3克，将以上药材煎水服用，对湿热下注引起的血精症有较好的疗效。

【特效药材、食物】

白茅根

◎味甘，性寒，归肺、胃、膀胱经，具有凉血止血、清热利尿的作用，可用治多种血热出血之证。治疗血热引起的血精，可与槐花、小蓟、生地、丹皮等药材配伍同用。

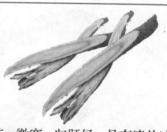

赤芍

◎味苦、微寒，归肝经，具有清热凉血、散瘀止痛的功效。本品苦寒入血分，有活血散瘀止痛之功效，对因血络受损等引起的血精症，可配小蓟、牡丹皮、丹参、三七等活血止血药同用。

马齿苋

◎马齿苋具有清热解毒、凉血止血的功效。本品味酸而寒，有清热凉血，收敛止血之效。故用治血热妄行引起的血精症，可单味药捣汁服，也可与白茅根、赤小豆等凉血利尿药同用。

苋菜

◎性凉、味微甘，入肺、大肠经。具有清热利湿、凉血止血的功效。对湿热下注引起的血精症患者有较好的疗效，可配木耳、马蹄、芹菜等同食。

【饮食调养】

1.下焦湿热引起血精的患者可选择白茅根、车前草、苦参、通草、马齿苋、黄柏、绿豆、赤小豆、马蹄、苋菜、木耳、西瓜、甘蔗等中药材和食物。

2.阴虚火旺的血精患者可选择生地、玄参、枸杞、女贞子、黄精、旱莲草、知母、石斛、银耳、菌菇类、西红柿、桑葚、百合等滋阴清热的药材和食物。

3.瘀血阻滞者可选择当归、赤芍、丹参、川芎、红花、三七、元胡等活血化瘀的药材。

4.饮食中患者不能够吃辛辣以及刺激性强的食物，如生姜、辣椒、花椒，特别是生活中的烟酒尤其需要避免，因为烟酒会加重前列腺以及精囊的负担。

疗系药膳 莲子茅根炖乌鸡

|主 料| 萹蓄、土茯苓、茅根各15克，红花8克，莲子50克，乌鸡肉200克

|辅 料| 盐适量

|制 作|

1. 将莲子、萹蓄、土茯苓、茅根、红花洗净备用。

2. 乌鸡肉洗净，切小块，入沸水中氽烫，去血水。

3. 把全部用料一起放入炖盅内，加适量开水，炖盅加盖，文火隔水炖3小时，加盐调味即可。

药膳功效 萹蓄、土茯苓、茅根均可清热利湿、消炎杀菌；莲子可健脾补肾、固涩止带；乌鸡可益气养血、滋补肝肾。此品适宜血精患者食用。

疗系药膳 赤芍银耳饮

|主 料| 赤芍、柴胡、黄芩、知母、夏枯草、麦冬各10克，牡丹皮8克，玄参8克，梨1个，白糖120克，水发银耳300克

|制 作|

1. 将所有的药材洗净，梨洗净切块，备用。

2. 锅中加入所有药材，加上适量的清水煎煮成药汁。

3. 去渣取汁后加入梨、银耳、白糖，煮至滚开即可。

药膳功效 赤芍具有行瘀止痛、凉血消肿的功效，对因血络受损等引起的血精症及因阴虚火旺引起的血精症均有很好的疗效。

疗菜药膳 绿豆苋菜枸杞粥

|主 料|大米、绿豆各40克，苋菜30克，枸杞5克

|辅 料|冰糖10克

|制 作|

1. 大米、绿豆均泡发洗净；苋菜洗净，切碎；枸杞洗净，备用。

2. 锅置火上，倒入清水，放入大米、绿豆、枸杞煮至开花。

3. 待煮至浓稠状时，加入苋菜、冰糖稍煮即可。

药膳功效 苋菜味甘、微苦，性凉，具有清热解毒、收敛止血、抗菌消炎、消肿、止痢等功效；苋菜可清热利湿、凉血止血。二者同食对血精有很好的食疗效果。

疗菜药膳 马齿苋荠菜汁

|主 料|萆薢10克，鲜马齿苋、鲜荠菜各50克

|制 作|

1. 把马齿苋、荠菜洗净，在温开水中浸泡30分钟，取出后连根切碎，放到榨汁机中，榨成汁。

2. 把榨后的马齿苋、荠菜渣及萆薢用温开水浸泡10分钟，重复绞榨取汁，合并两次的汁，过滤，放在锅里，用文火煮沸即可。

药膳功效 马齿苋具有清热解毒、凉血止血的功效；荠菜可凉血止血、利尿除湿。此品清热解毒、利湿泻火，对急性前列腺炎、尿路感染、痢疾、血精均有疗效。

少精、无精症

少精，是指精液中精子的数量低于正常健康有生育能力男子。无精指的是连续3次以上精液离心沉淀检查，均发现没有精子，一般可分为原发性无精症和梗阻性无精症两种。男性精索静脉曲张、隐睾症、生殖道感染、内分泌异常，以及长期酗酒、吸烟等，都会造成少精、无精，中医称为"精冷""精少""精稀"等范畴，多因先天不足，禀赋虚弱，肾精亏损，或恣意纵欲，房事不节，肾阴亏虚，虚火内生，灼伤肾精所致。因此，治疗本病主要从补肾强精、滋阴泻火两个方面着手，辨证施治。

【症状剖析】

主要症状为：精液稀薄如水，精子数量低于正常水平，甚至没有精子分泌。

伴随症状：伴有阴毛稀疏，性欲低下，阳痿早泄，神疲乏力，小腹会阴疼痛，睾丸、附睾肿痛等症状。

【日常生活调理】

1.患者保证足够的休息时间，避免熬夜。保持良好的心态，淡然对待，积极配合治疗，这些对预防和治疗有很大的帮助。

2.经常按压足三里、涌泉穴；用艾条灸疗关元穴、中极穴，对此病也有良好的辅助治疗作用。

【民间小偏方】

1.血热瘀结型少精、无精小偏方：取蛇床子、五味子、石菖蒲、路路通、白芍各15克，穿山甲、王不留行、薏米各30克，莪术、柴胡各12克，车前子、酸枣仁粉各10克。水煎服，每日1剂，睡前顿服，15天为1疗程。填精种子，适用于少精、无精症。

2.肾阳亏虚型少精、无精小偏方：取羊肉（肥瘦）600克，山茱萸、肉苁蓉、桂圆肉各20克，姜、精盐少许。药材洗净备用，羊肉切成小块放入滚水中煮5分钟，捞起。加水煮开，放入全部材料，用中火煮约3小时后加调料食用。适宜肾冷、精稀患者食用。

【特效药材、食物】

菟丝子

◎菟丝子具有滋补肝肾、固精缩尿、安胎、明目、止泻的功效，可明显提高精子体外活动的功能。可用于肾虚少精无精、腰膝酸软、肾虚胎漏、胎动不安、脾肾虚泻、遗精、消渴等症。

覆盆子

◎本品甘酸微温，主入肝肾，既能收涩固精缩尿，又能补益肝肾。治肾虚少精、无精而致不育者有一定疗效，常与枸杞、菟丝子、五味子等同用，如五子衍宗丸(《丹溪心法》)。

鳝鱼

◎鳝鱼具有补气养血、温阳健脾、滋补肝肾、祛风通络等医疗保健功能，对气血亏虚所致的少精、无精症有一定的改善作用，常食还可强健肾脏，改善肾功能。

鹌鹑

◎鹌鹑的药用价值被视为"动物人参"。《本草纲目》中记载鹌鹑有"补五脏，益精气，实筋骨"的功用，对身体虚弱、肾精亏虚引起的少精、无精者有较好的食疗效果。

【饮食调养】

1.日常可多吃一些富含赖氨酸、锌的食物，如鳝鱼、泥鳅、山药、银杏、黄豆、鸡肉、牡蛎等，注意不要酗酒，尽快戒掉烟瘾，及时舒缓情绪和工作压力。

2.少精、无精多因肾虚引起，所以宜摄入具有补肾益精、涩精固泻的食物，如海参、菟丝子、覆盆子、山茱萸、莲子、山药、枸杞、猪腰、鸽子肉等。

3.忌烟酒，肾阴虚者少食燥热、辛辣刺激性食物，如羊肉、狗肉、花椒、辣椒、荔枝、肉桂、生姜等。

4.肾阳虚怕冷者少食寒凉、生冷食物，如冷饮、苦瓜、凉瓜、绿豆、西瓜、凉拌菜等。

疗养药膳 菟丝子煲鹌鹑蛋

主料 菟丝子9克，红枣、枸杞各12克，鹌鹑蛋（熟）400克

辅料 黄酒1克，盐适量

制作

1. 菟丝子洗净，装入小布袋中，绑紧口；红枣及枸杞均洗净。

2. 红枣、枸杞及装有菟丝子的小布袋放入锅内，加入水。

3. 再加入鹌鹑蛋，最后加入黄酒煮开，改文火继续煮约60分钟，加入盐调味即可。

药膳功效 菟丝子可滋补肝肾、固精缩尿，可用于肾虚少精无精、腰膝酸软、目昏耳鸣、肾虚胎漏、胎动不安、脾肾虚泻、遗精、消渴、尿有余沥、目暗等症。

疗养药膳 淡菜枸杞煲乳鸽

主料 乳鸽1只，淡菜50克，枸杞、红枣各适量

辅料 盐3克

制作

1. 乳鸽宰净，去毛及内脏，洗净；淡菜、枸杞均洗净泡发；红枣洗净。

2. 锅上水烧热，将乳鸽放入稍滚5分钟，捞起。

3. 将乳鸽、枸杞、红枣放入瓦煲内，注入水，武火煮沸，放入淡菜，改文火煲2小时，加盐调味即可。

药膳功效 淡菜具有补肝肾、益精血的功效；乳鸽能补肝壮肾、益气补血、清热解毒、生津止渴。此品对少精无精患者有很好的食疗功效。

疗养药膳 鳝鱼苦瓜枸杞汤

| 主　料 | 鳝鱼300克，苦瓜40克，枸杞10克
| 辅　料 | 高汤适量，盐少许
| 制　作 |

1. 将鳝鱼洗净切段，汆水；苦瓜洗净，去瓤切片；枸杞洗净备用。

2. 净锅上火倒入高汤，下入鳝段、苦瓜、枸杞烧开，调入盐煲至熟即可。

药膳功效　鳝鱼可补气养血、温阳健脾、滋补肝肾；枸杞能清肝明目、补肾助阳。此品对气血亏虚所致的少精、无精症有一定的改善作用。

疗养药膳 鹌鹑笋菇汤

| 主　料 | 鹌鹑1只，冬笋20克，水发香菇、金华火腿各10克
| 辅　料 | 葱末、鲜汤各适量，黄酒、鸡精、胡椒粉、盐各少许
| 制　作 |

1. 鹌鹑洗净去内脏；冬笋、香菇洗净，切碎；火腿切末。

2. 砂锅上火，下油烧热，倒入鲜汤，下入以上除火腿外的各种原料，用武火煮沸。

3. 改文火煮60分钟，加火腿末稍煮，加入黄酒、盐、葱末、鸡精、胡椒粉即可。

药膳功效　鹌鹑具有补中益气、清利湿热的功效，对身体虚弱、肾精亏虚引起的少精、无精者有较好的食疗效果。

不射精症

不射精症又称射精不能，是指具有正常的性欲，阴茎勃起正常，能在阴道内维持勃起及性交一段时间，甚至很长时间，但无性高潮出现，且不能射精。原发性不射精，其特点是无论在清醒状态还是在睡梦之中，从未有射精，多为先天器质性疾病所引起；这种情况较为少见。继发性不射精较为多见，通常有两种情况：其一是曾有在阴道内射精经历，由于某些原因而目前在阴道内不能射精；其二是在阴道内不能射精，而以手淫或其他方式可以射精。中医认为此病是淫欲过度，房事不节，导致肾阴亏损。肾阴不足，化源不足，精少不泄。也有因思虑过度，劳伤心脾，情志不遂所致。

【症状剖析】

1.性欲正常，阴茎勃起正常。
2.性交时无性欲高潮及快感，即性交过程中始终没有出现生殖器的阵发性抽搐感。
3.性交时无随意射精动作，无精液射出。
4.功能性不射精有遗精，器质性不射精无遗精。

【日常生活调理】

1.纠正错误的性观念，协调夫妻关系，鼓励女方主动配合协助男方治疗。
2.养成良好的生活习惯，戒除频繁手淫；戒烟酒；增加营养，强壮体魄，提高全身素质。
3.加强体育锻炼，可以采用传统的健身疗法，如气功、太极拳等，保持身心愉快。
4.改善居室环境，营造良好的性爱环境。
5.包皮过长者行包皮环切术。

【民间小偏方】

1.五味子、覆盆子、枸杞、桑葚、女贞子、菟丝子各20克，车前子、补骨脂各15克，甲鱼1只。将以上药材放入纱布袋中做成药包与甲鱼（连鳖甲）一起煲汤，汤成后拣去药包即可。本品有滋补肝肾、益精通络，对肾阴不足导致的男子不能射精症有一定疗效。
2.菟丝子、覆盆子、枸杞、五味子、仙灵脾、紫河车、车前子、牛膝、路路通、肉苁蓉各10克，山药、黄精各30克，甘草5克，水煎服，每日1剂。本品适合肾精亏虚型不射精患者。症见阴茎尚能勃起但不坚硬，性交而不射精，腰酸腿痛，头晕目眩，毛发不荣，记忆力下降，舌质淡，苔薄白。

【特效药材、食物】

菟丝子

◎味辛、甘，性平，归肾、肝、脾经，具有补肾益精、养肝明目的功效，对于肾虚精少引起的不射精症有较好的疗效，可配伍与枸杞、覆盆子、熟地、山萸肉等同用。

巴戟天

◎味辛、甘，性微温，归肾、肝经，具有补肾助阳、祛风除湿的功效。可配淫羊藿、仙茅、枸杞，用治肾阳虚弱，命门火衰所致阳痿不育、不射精症有一定疗效。

附子

◎味辛、甘，性大热，归心、肾、脾经。具有补火助阳、散寒止痛的功效，对肾阳亏虚、命名火衰引起的精冷稀少不泄、腰膝酸软冷痛、四肢不温的不射精患者有很好的改善作用。

核桃

◎核桃具有补肾温肺、润肠通便的功效，可治疗肾阳虚衰、腰痛脚弱、小便频数等症。本品温补肾阳，其力较弱，多入复方。常与杜仲、补骨脂、大蒜等同用，治肾亏腰酸，头晕耳鸣。

【饮食调养】

1.肾精不足、腰膝酸痛、头晕目眩的不射精患者应选择滋补肝肾的药材和食物，如菟丝子、杜仲、肉苁蓉、女贞子、山药、熟地、韭菜、核桃、乳鸽、鹌鹑等。

2.阴虚火旺所致的性欲亢进，阴茎易举，性交而不射精，心烦少寐，遗精盗汗，两颧潮红者应选择滋阴清热的食物，如生地、知母、黄柏、五味子、丹皮、地骨皮、桑葚、百合、银耳等。

3.肾阳亏虚所致的性欲低下，性交而不射精，腰酸腿冷，四肢不温，夜尿频多者应选择温补肾阳的食物，如附子、肉桂、吴茱萸、鹿茸、巴戟天、动物鞭、羊肉等。

4.阴虚火旺所致的性欲亢进者应忌食燥热辛辣食物。

5.肾阳亏虚所致的性欲低下者应忌食寒凉生冷食物，以免耗伤阳气。

疗养药膳 核桃生姜粥

| 主 料 | 核桃仁15克，生姜5克，红枣10克，糯米80克
| 辅 料 | 盐2克，姜汁、香菜各适量
| 制 作 |

1. 糯米置于清水中泡发后洗净；生姜去皮，洗净，切丝；红枣洗净，去核，切片；核桃仁洗净。

2. 锅置火上，倒入清水，放入糯米，大火煮开，再淋入姜汁。

3. 加入核桃仁、生姜、红枣同煮至浓稠，调入盐拌匀，撒上香菜即可。

药膳功效 核桃仁具有补肾温肺、润肠通便的功效，可治疗肾阳虚衰、腰痛脚弱、小便频数、不射精等症。

疗养药膳 鸽子瘦肉粥

| 主 料 | 鸽子1只，猪肉100克，大米80克
| 辅 料 | 料酒5克，生抽3克，姜末2克，盐3克，味精3克，胡椒粉4克，麻油、葱花各适量
| 制 作 |

1. 猪肉洗净，剁成末；大米淘净，泡好；鸽子洗净，切块，用料酒、生抽腌渍，炖好。

2. 锅中注水，下入大米以旺火煮沸，下入猪肉、姜末，中火熬煮至米粒绽开。

3. 下入鸽肉，将粥熬出香味，加盐、味精、胡椒粉调味，淋麻油，撒上葱花即可。

药膳功效 鸽子肉具有补肝壮肾、益气补血、清热解毒、生津止渴的功效，对肾虚引起的不射精症有很好的食疗功效。

疗养药膳 灵芝鹌鹑汤

|主　料|鹌鹑1只，党参20克，灵芝8克，枸杞10克

|辅　料|红枣5颗，盐适量

|制　作|

1. 灵芝洗净，泡发撕片；党参洗净，切薄片；枸杞、红枣均洗净，泡发。

2. 鹌鹑宰杀，去毛、内脏，洗净后氽水。

3. 炖盅注水，武火烧开，下灵芝、党参、枸杞、红枣以武火烧开，放入鹌鹑，用文火煲3小时，加盐调味即可。

药膳功效　鹌鹑具有补中益气、清利湿热的功效，对身体虚弱、肾精亏虚引起的少精、无精、不射精者有较好的食疗效果。

疗养药膳 菟丝子大米粥

|主　料|大米100克，菟丝子适量

|辅　料|白糖4克，葱5克

|制　作|

1. 大米淘洗干净，置于冷水中浸泡半小时后捞出沥干水分，备用；菟丝子洗净；葱洗净，切为葱花。

2. 锅置火上，倒入清水，放入大米，以大火煮至米粒开花。

3. 再加入菟丝子煮至浓稠状，调入白糖拌匀，撒上葱花即可。

药膳功效　菟丝子具有补肾益精、养肝明目的功效，对于肾虚精少引起的不射精症有较好的疗效。

前列腺炎

前列腺炎是指前列腺特异性和非特异性感染所致的急慢性炎症，从而引起全身或局部的某些症状。是成年男性的常见病之一，虽然不是一种直接威胁生命的疾病，但严重影响患者的生活质量。前列腺炎患者占泌尿外科门诊患者的8%&25%，约有50%的男性在一生中的某个时期会受到前列腺炎的影响。其症状多样，轻重也千差万别。引起前列腺炎的原因包括：前列腺结石或前列腺增生、淋菌性尿道炎等疾病，经常性酗酒，不注意时受凉，邻近器官炎性病变，支原体、衣原体、脲原体、滴虫等非细菌性感染。经常大量饮酒、吃刺激性食物者，长时间固定坐姿者很容易导致前列腺炎。

【症状剖析】

骨盆区疼痛： 疼痛见于会阴、阴茎、肛周部、尿道、耻骨部或腰骶部等部位。

排尿异常： 尿急、尿频、尿痛和夜尿增多等，可伴有血尿或尿道脓性分泌物。

其他症状： 急性感染期，伴有寒战、高热、乏力等全身症状。而慢性前列腺炎患者由于慢性疼痛久治不愈，患者生活质量下降，并可能有性功能障碍、焦虑、抑郁、失眠、记忆力下降等症状。

【日常生活调理】

前列腺炎患者应注重自我保健调理，建议多穿通风透气、散热好的内裤，冬春季节尤其注意防寒保暖，同时可在临睡前做自我按摩。具体方法如下：仰卧，左腿伸直，左手放在肚脐的神阙穴上，用中指、食指、无名指三指旋转，同时，右手同样的三指放在会阴穴做旋转按摩，做100次后换手，做同样的动作。

【民间小偏方】

1.湿热下注型前列腺炎小偏方：取干荷叶、车前子、枸杞各5克分别洗净，一起放入锅中，加水煮沸后熄火，加盖焖泡10&15分钟，滤出茶渣后调入蜂蜜即可饮用，具有清热解暑、利尿消肿的功效，适合前列腺炎、尿路感染、水肿等患者服用。

2.气血亏虚型前列腺炎小偏方：取牡蛎肉200克、党参30克、桂圆肉25克一同入锅炖汤食用，有补血益气的功效。

【特效药材、食物】

桑葚

◎桑葚具有补血滋阴、生津润燥的功效，其富含锌元素，锌元素含量越高，前列腺自行消炎抗菌的能力越强，所以常食桑葚对防治前列腺炎大有益处。

白茅根

◎白茅根具有凉血止血、清热利尿的功效，其煎剂在试管内对福氏及宋内氏痢疾杆菌有明显的抑制作用，有清热利尿、消炎杀菌的功效。

西瓜

◎《本经逢原》记载：西瓜能引心包之热，从小肠、膀胱下泻。能解太阳、阳明中渴及热病大渴。因此对湿热下注引起的前列腺炎有很好的辅助治疗作用，可配伍西红柿、猕猴桃榨汁饮用。

花生

◎花生富含多种不饱和脂肪酸，可加强前列腺功能，并有一定的延缓衰老的作用，对男性前列腺炎、前列腺增生均有一定的食疗作用。

【饮食调养】

1.前列腺炎患者宜选用具有增加锌含量功能的中药材和食物，如枸杞、熟地黄、杜仲、牡蛎、腰果、金针菇、苹果、鱼类、贝类、莴笋、西红柿等。

2.宜选用具有消炎杀菌功能的中药材和食物，如白茅根、苦参、冬瓜皮、车前草、洋葱、葱、蒜、花菜等。

3.宜食含脂肪酸多的食物，如南瓜子、花生、核桃等果仁类食物。

4.宜食新鲜水果、蔬菜、粗粮及大豆制品，如西瓜、马蹄、柚子、小麦、糙米、牛肉、鸡蛋等。

5.宜食具有利尿通便作用的食物，如蜂蜜、绿豆、红豆等。

6.忌食辣椒、生姜、狗肉、羊肉、榴莲等辛辣刺激性食物及烟、酒。

西红柿烩鲜贝

疗养药膳

|主　料|鲜贝200克，小西红柿150克

|辅　料|葱段、鸡精各5克，盐3克，高汤、淀粉各10克

|制　作|

1. 鲜贝、小西红柿洗净，将小西红柿切成两半。

2. 炒锅入油，以中火烧至三成热时加入鲜贝及小西红柿滑炒至熟，捞出沥干油。

3. 锅中留少许底油，爆香葱段，放入鲜贝、小西红柿炒匀，放入盐、鸡精、高汤调味，以淀粉勾芡即可。

药膳功效　鲜贝和西红柿均富含锌，对男性前列腺炎有很好的食疗效果。

白菜薏米粥

疗养药膳

|主　料|大米、薏米各50克，芹菜、白菜各适量

|辅　料|盐少许

|制　作|

1. 大米、薏米均泡发洗净，芹菜、白菜均洗净，切碎。

2. 锅置火上，倒入清水，放入大米、薏米煮至米粒开花。

3. 加入芹菜、白菜煮至粥稠时，调入盐拌匀即可。

药膳功效　薏米具有利水消肿、健脾去湿、舒筋除痹、清热排脓的功效。本品可清热利水、解毒排脓，患有前列腺炎的男性可经常食用。

疗兼药膳 茅根冰糖粥

|主　料|鲜白茅根适量，粳米100克
|辅　料|冰糖10克
|制　作|

1. 粳米泡发洗净；白茅根洗净，切段。
2. 锅置火上，倒入清水，放入粳米，以大火煮至米粒开花。
3. 加入白茅根煮至浓稠状，调入冰糖煮融即可。

药膳功效　白茅根具有清热利尿、凉血止血的功效，对尿道炎、前列腺炎、急性肾炎、急性肾盂肾炎、膀胱炎皆有很好的疗效。

疗兼药膳 花生松子粥

|主　料|花生米30克，松子仁20克，大米80克
|辅　料|盐2克，葱8克
|制　作|

1. 大米泡发洗净；松子仁、花生米均洗净；葱洗净，切花。
2. 锅置火上，倒入清水，放入大米煮开。
3. 加入松子仁、花生米同煮至浓稠状，调入盐拌匀，撒上葱花即可。

药膳功效　松子可强阳补骨、滑肠通便；花生富含多种不饱和脂肪酸，可加强前列腺功能，对男性前列腺炎、前列腺增生均有一定的食疗作用。

前列腺增生

前列腺增生是老年男性常见疾病，其病因是由于前列腺的逐渐增大对尿道及膀胱出口产生压迫作用，导致泌尿系统感染、膀胱结石和血尿等并发症，对老年男性的生活质量产生严重影响。前列腺增生症，旧称前列腺肥大，是老年男性常见疾病之一，为前列腺的一种良性病变。其发病原因与人体内雄激素与雌激素的平衡失调有关。病变起源于后尿道黏膜下的中叶或侧叶的腺组织、结缔组织及平滑肌组织，形成混合性圆球状结节。

【症状剖析】

正常前列腺　　　　前列腺增生

尿频： 前列腺增生的早期信号，最明显的早期迹象为夜尿次数增加，且随着尿路梗阻的进展而逐渐增多。

尿意不爽： 排尿后尿道内有隐痛或尿后余沥、残尿滴出或下腹部不适。

尿线(流)变细： 由于排尿能力减弱，尿线变细，尤其腺体增生使尿道口边缘不整齐，严重影响了尿线射流。

排尿费力： 尿道发生梗阻，尿液排泄的阻力就会增加。

尿液改变： 有些患者由于前列腺充血或前列腺内血管扩张，使血管破裂出血，此时可见血尿。有的患者由于尿路梗阻，尿流阻滞，容易并发尿路感染，则可出现脓尿。

后尿道不适和会阴部压迫感： 由于前列腺增生使后尿道受刺激所致。

【日常生活调理】

前列腺增生虽然是中老年人的多发病常见病，但也是可以预防和减轻的。对于性生活，既不纵欲，亦不禁欲。切忌长时间憋尿，以免损害逼尿肌功能加重病情。适度进行体育活动，有助于机体抵抗力的增强，并可改善前列腺局部的血液循环。少食辛辣刺激之品，戒烟酒，并慎用壮阳之食品与药品，以减少前列腺充血的机会。坚持清洗会阴部是前列腺增生症护理的一个重要环节。清洗要习惯用温水洗，经常洗温水澡可以舒解肌肉与前列腺的紧张，对前列腺增生症患者十分有好处。

【民间小偏方】

党参15克，黄芪20克，冬瓜50克，香油、盐适量。将党参、黄芪放入砂锅内，加水煎15分钟，去渣滤清，趁热加入冬瓜片，继续煮至冬瓜熟透，加盐调味皆可。本方可健脾益气，升阳利尿。

【特效药材、食物】

玉米须

◎本品甘淡渗泄，功专利水渗湿消肿。治疗湿热下注引起的前列腺增生，小便不利，可单用玉米须大剂量煎服；或与泽泻、冬瓜皮、赤小豆等利尿通淋药同用。

桃仁

◎味苦、甘，性平，归心、肝、大肠经，具有活血祛瘀、润肠通便、止咳平喘的作用，对治疗血瘀型前列腺增生有一定的疗效，可配伍车前草、玉米须、白茅根等利尿药同用。

南瓜子

◎南瓜子富含锌和不饱和脂肪酸，常食对男性前列腺有较好的保护作用，临床上将新鲜南瓜子晒干，每天嚼服30克（剥壳），同时按压关元穴100次，每天1次，1月为1疗程，治疗前列腺增生。

西红柿

◎西红柿富含番茄红素，番茄红素吸收后聚集于前列腺、肾上腺等处，促使前列腺液分泌旺盛，可维护射精功能；番茄红素能清除自由基，保护细胞，对前列腺癌有很好的预防作用。

【饮食调养】

1.前列腺增生患者宜选用具有增加锌含量的中药材和食物，如桑葚、枸杞、熟地黄、杜仲、人参、牡蛎、腰果、金针菇、苹果、鱼类、贝类、莴笋、西红柿等。

2.宜选用具有消炎杀菌功能的中药材和食物，如白茅根、冬瓜皮、南瓜子、洋葱、葱、蒜、花菜等。

3.种子类食物对前列腺增生患者很有好处，其含脂肪酸多，如南瓜子、葵花子、花生、板栗、核桃等；可每日食用一撮。

4.宜食具有利尿通便作用的食物，如车前子、玉米须、马蹄、西葫芦、冬瓜、蜂蜜、绿豆、红豆等。

5.忌食辣椒、生姜、狗肉、羊肉、榴莲等辛辣刺激性食物，忌烟、酒。

6.饮食应以清淡、易消化者为佳，多吃蔬果，少食辛辣刺激及肥甘之品。

疗养药膳 玉米须鲫鱼汤

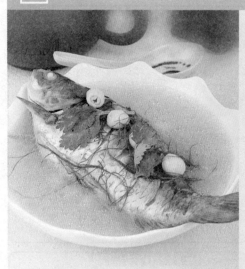

|主　料|鲫鱼450克，玉米须150克，莲子5克

|辅　料|盐少许，味精3克，葱段、姜片各5克

|制　作|

1. 鲫鱼洗净，在鱼身上打几刀。
2. 玉米须洗净；莲子洗净。
3. 油锅炝香葱、姜，下入鲫鱼略煎，加入水、玉米须、莲子煲至熟，调入盐、味精即可。

药膳功效 玉米须具有清热利湿、利尿通淋的功效，本品对湿热下注引起的前列腺增生有很好的食疗作用。

疗养药膳 腰果糯米甜粥

|主　料|腰果20克，糯米80克

|辅　料|白糖3克，葱8克

|制　作|

1. 糯米泡发洗净；腰果洗净；葱洗净，切花。
2. 锅置火上，倒入清水，放入糯米煮至米粒开花。
3. 加入腰果同煮至浓稠状，调入白糖拌匀，撒上葱花即可。

药膳功效 腰果含有丰富的锌，能补脑养血、补肾健脾、止久渴，对前列腺增生患者有很好的食疗作用。经常食用腰果可提高机体抗病能力，增进食欲，使体重增加。

疗兼药膳 核桃仁红米粥

| 主 料 | 核桃仁30克，红米80克

| 辅 料 | 枸杞少许，白糖3克

| 制 作 |

1. 红米淘洗干净，置于冷水中泡发半小时后捞出沥干水分；核桃仁洗净；枸杞洗净，备用。

2. 锅置火上，倒入清水，放入红米煮至米粒开花。

3. 加入核桃仁、枸杞同煮至浓稠状，调入白糖拌匀即可。

药膳功效 核桃仁具有活血祛瘀、润肠通便、止咳平喘的功效。本品对治疗血瘀型前列腺增生有一定的疗效。

疗兼药膳 西红柿炖棒骨

| 主 料 | 棒骨300克，西红柿100克

| 辅 料 | 盐4克，鸡精1克，白糖2克，葱3克

| 制 作 |

1. 棒骨洗净剁成块；西红柿洗净切块；葱洗净切碎。

2. 锅中倒少许油烧热，下入西红柿略加煸炒，倒水加热，下入棒骨煮熟。

3. 加盐、鸡精和白糖调味，撒上葱末，即可出锅。

药膳功效 西红柿所含的番茄红素具有独特的抗氧化能力，能清除自由基，保护细胞，对前列腺癌有很好的预防作用。此品适宜前列腺增生患者食用。

男性不育症

男性不育症是指夫妇婚后同居2年以上，未采取避孕措施而未受孕，其原因属于男方者，亦称男性生育力低下。引起男性不育的常见原因包括先天发育异常、遗传、精液异常、精子不能进入阴道、炎症、输精管阻塞、精索静脉曲张、精子生成障碍、纤毛不动综合征、精神心理性因素和免疫、营养及代谢性因素等。内分泌疾病是导致男性不育的一个重要原因，部分不育症患者是由于促性腺激素的缺失，造成性腺发育不正常，导致精子或性功能出现问题，引起不育症。男性性功能障碍，如早泄、阳痿等，也是导致不育症的另一原因，因此对于这种情况，治疗以提高男性性功能，促进精液分泌为主。

【症状剖析】

原发性不育症：是指一个男子从未使一个女子受孕。

继发性不育：是指一个男子曾使一个女子受孕，而近2年内有不避孕性生活史而未受孕，这种不育恢复生育能力的可能性较大。

精液分析：患者少精、血精、精液不液化、精子活动能力低、死精或精子畸形率高。

【日常生活调理】

保持心情愉快，长期精神压抑、沮丧、悲观、忧愁，往往引起不育。这是由于其影响了大脑皮质的功能，于是全身的神经、内分泌功能及睾丸生精功能和性功能均呈不稳定状态；内衣要宽松；禁烟、酒。

【民间小偏方】

1.肾精亏虚型男性不育小偏方：取淫羊藿250克、生地120克、胡桃仁120克、枸杞60克、五加皮60克分别洗净放入纱布袋中，放入装有5000毫升酒的罐内浸泡，每日摇晃1次，7天后取饮，有补肾益精的功效。

2.肝肾亏虚型男性不育小偏方：取杜仲25克、猪腰1个放入锅内，注入适量的水，加入葱、姜、料酒等调味料，以大火烧沸后转小火煮1小时，每周3次，有补益肝肾的作用。

【特效药材、食物】

杜仲

◎杜仲具有补肝肾、强筋骨、安胎的功效，其具有性激素和促性激素样作用，可促进性腺发育。同时，还能增强垂体——肾上腺皮质功能，增强机体的免疫力，改善不育症。

巴戟天

◎巴戟天具有补肾阳、壮筋骨、祛风湿的功效，具有类肾上腺皮质激素样作用，可促进精液分泌，充满精囊，增强肾虚患者T淋巴细胞的比值，提高机体免疫功能等。

淫羊藿

◎本品辛甘性温燥烈，长于补肾壮阳，可治疗男性肾阳虚衰引起的阳痿、尿频、腰膝无力、遗精滑泄、不育等症。单用有效，亦可与其他补肾壮阳药同用。

鹿茸

◎本品甘温补阳，甘咸滋肾，禀纯阳之性，具生发之气，故能壮肾阳，益精血。若肾阳虚，精血不足，而见阳痿早泄、精冷不育、尿频、腰膝酸痛、精神疲乏等均可以本品单用或配入复方。

【饮食调养】

1.不育症患者宜选用具有促进性腺发育功能的中药材，如杜仲、菟丝子、仙茅、牛鞭等。

2.宜选择具有促进精液分泌作用的中药材和食物，如巴戟天、淫羊藿、人参等。

3.宜食具有补肾益精作用的食物，如山药、鳝鱼、白果、海参、花生、芝麻等。

4.宜食能够提高性欲，增加生育能力的食物，如红枣、蜂蜜、葡萄、莲子、狗肉、羊肉、动物鞭类、胡萝卜、菠菜、动物肝脏、豆类、苹果、柑橘、杏等。

5.宜摄入可以提升生育能力的微量元素（如锌、锰、硒类）食物，如大米、小米、面粉、红薯等。

6.慎食辛辣油腻的食物，如酒、辣椒、咖喱、葱、姜、蒜、烤鸭、肥肉等。

疗养药膳 女贞子鸭汤

|主　料|白鸭500克，枸杞15克，熟地黄20克，淮山20克，女贞子30克，牡丹皮10克，泽泻10克

|辅　料|盐适量

|制　作|

1. 将白鸭宰杀，去毛及内脏，洗净切块。
2. 将枸杞、熟地黄、淮山、女贞子、牡丹皮、泽泻洗净，与鸭肉同放入锅中，加适量清水，煎煮至白鸭肉熟烂。
3. 以盐调味即可。

药膳功效 　女贞子具有补益肝肾、清热明目的功效；熟地黄可滋阴补血、益精填髓。此品对男性不育症有很好的改善作用。

疗养药膳 虫草海马四宝汤

|主　料|新鲜大鲍鱼1只，海马4只，冬虫夏草2克，光鸡500克，猪瘦肉200克，金华火腿30克

|辅　料|食盐2克，鸡精2克，味精3克，浓缩鸡汁2克

|制　作|

1. 先将鲍鱼去肠，洗净；海马用瓦煲煸好。
2. 光鸡斩件，猪瘦肉切大粒，金华火腿切小粒，将切好的材料飞水去杂质。
3. 把所有的原材料装入炖盅炖4小时后，放入所有调味料即可。

药膳功效 　海马补肾壮阳，冬虫夏草补肾气，鲍鱼滋阴益气；三者合用，对肾虚所致的少精、精冷不育有很好的食疗效果。

男性更年期综合征

男性更年期综合征是由睾丸功能退化所引起的。而睾丸的退化萎缩是缓慢渐进的，性激素分泌减少也是缓慢的，精子的生成在更年期也不完全消失，而男性更年期来得较晚，出现的时间很不一致，发病年龄一般在55&65岁，临床表现轻重不一，轻者甚至无所觉察，重者影响生活及工作，患者感到很痛苦。男性更年期综合征多由于肾气衰，天癸竭，精少等生理变化，身体往往出现一种肾阴不足，阳失潜藏，或肾阳虚少，经脉失于温养的阴阳显著不平衡现象。辨证临床常见有命门火衰型和肝郁脾虚型。命门火衰型，伴有阳痿、早泄、小便清长、畏寒肢冷等。肝郁脾虚型，伴有烦躁易怒、神疲乏力、纳减便溏等。总的治法以温肾壮阳，疏肝健脾为主。

【症状剖析】

性功能障碍：性欲减退、阳痿、早泄、精液量少。

体态变化：全身肌肉开始松弛，皮下脂肪较以前丰富，身体变胖。

精神症状：情绪低落、忧愁伤感、沉闷欲哭，或精神紧张、神经过敏、喜怒无常，或胡思乱想、捕风捉影，缺乏信任感。

神经症状：心悸怔忡、心前区不适，或血压波动、头晕耳鸣、烘热汗出；胃肠道症状，如食欲缺乏、腹脘胀闷、大便时秘时泻；神经衰弱表现，如失眠、少寐多梦、易惊醒、记忆力减退、健忘、反应迟钝。

【日常生活调理】

男性更年期综合征患者应多从事户外活动，不要自己闷在家中，有条件的可以参加一些体育锻炼，如打球、跳舞、打太极拳等。遇到令人头痛的事情不要憋闷在心里，而应想办法将其发泄出来。合理安排作息时间，生活要有规律，避免过度劳累和精神刺激。应早睡早起，睡眠、工作和休息时间大致各占三分之一。注意保暖，宜用温水洗澡，水温在40℃左右。进行体力活动和体育锻炼，有利于减肥，降低血压和血脂，防止动脉硬化。

【民间小偏方】

取灵芝9克、蜜枣8颗一起放入砂锅中，加水烧沸，转文火续煮10分钟，捞起灵芝丢弃，留蜜枣及汁，加入蜂蜜，搅匀即可，吃枣喝汤，每日早、晚各1杯。

【特效药材、食物】

柏子仁

◎本品味甘质润，药性平和，主入心经，具有养心安神之功效，治疗更年期男性心神失养之虚烦不眠、头晕健忘、心神不宁、遗精盗汗等症状，常与人参、五味子、白术等配伍，如柏子仁丸。

熟地

◎本品质润入肾，善滋补肾阴，添精益髓，为补肾阴之要药。常与山药、山茱萸等同用，治疗更年期男性肝肾阴虚、腰膝酸软、遗精、盗汗、耳鸣、耳聋等症状。

牛肉

◎牛肉有补中益气、滋养脾胃、强健筋骨、化痰息风、止渴止涎的功能，适用于中气下陷、气短体虚，筋骨酸软和贫血久病及面黄目眩之人，适合肝郁脾虚的更年期男性食用。

板栗

◎板栗能补脾健胃、补肾强筋、活血止血，对肾虚有良好疗效，对更年期男性有很好的保健作用，可补肝肾、强腰膝，是抗衰老、延年益寿的滋补佳品。

【饮食调养】

1.宜选用具有滋补肝肾作用的中药材和食物，如熟地、鹿茸、巴戟天、山茱萸、杜仲、补骨脂、板栗、莲子、白果等。

2.宜选用具有疏肝养心、镇静安神的药材和食物：柏子仁、郁金、酸枣仁、柴胡、合欢皮、猕猴桃、黄花菜、百合、龙眼肉等。

3.宜食富含丰富的铁、铜、抗坏血酸及维生素的新鲜水果和绿叶菜，如苹果、梨、香蕉、柑橘、山楂、青枣、菠菜、油菜、西红柿、胡萝卜等。

4.忌食破坏神经系统的辛辣调味品及刺激性食物，如酒、咖啡、浓茶、葱、姜、蒜、辣椒、胡椒等。

5.慎食胆固醇高的食物，如蛋黄、肥肉、动物内脏等。

板栗土鸡汤

|主　料|土鸡1只，板栗200克，姜片10克，红枣10克
|辅　料|盐5克，味精2克，鸡精2克
|制　作|

1. 将土鸡宰杀去毛和内脏，洗净，切件备用；板栗剥壳，去皮备用。
2. 锅上火，加入适量清水，烧沸，放入鸡件、板栗，滤去血水，备用。
3. 将鸡、板栗转入炖盅里，放入姜片、红枣，置文火上炖熟，调入调味料即可。

药膳功效　板栗具有补脾健胃、补肾强筋、活血止血的功效，对更年期男性有很好的保健作用。

红枣柏子仁小米粥

|主　料|小米100克，红枣10颗，柏子仁15克
|辅　料|白糖少许
|制　作|

1. 红枣、小米洗净，分别放入碗内泡发；柏子仁洗净备用。
2. 砂锅洗净，置于火上，将红枣、柏子仁放入锅内，加水煮熟后转小火。
3. 最后加入小米共煮成粥，至黏稠时加白糖搅拌即可。

药膳功效　红枣可益气补血、健脾和胃；柏子仁可养心安神，对更年期男性心神失养之虚烦不眠、头晕健忘、心神不宁、遗精盗汗等有食疗功效。